U0156159

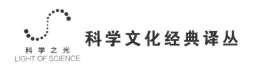

科学文化经典译丛

人类最伟大的冒险

太空探索史

THE GREATEST ADVENTURE
A HISTORY OF HUMAN SPACE EXPLORATION

[澳] 科林·伯吉斯　著

燕 子 译

中国科学技术出版社

·北 京·

图书在版编目（CIP）数据

人类最伟大的冒险：太空探索史 /（澳）科林·伯吉斯著；
燕子译 . —北京：中国科学技术出版社，2023.1
（科学文化经典译从）
书名原文：The Greatest Adventure：A History
of Human Space Exploration
ISBN 978-7-5046-9841-4

Ⅰ.①人… Ⅱ.①科… ②燕… Ⅲ.①空间探索—历
史—普及读物 Ⅳ.① V11-49

中国版本图书馆 CIP 数据核字（2022）第 202466 号

原书版权声明：
The Greatest Adventure: *A History of Human Space Exploration* by Colin Burgess was first
published by Reaktion Books, London, UK, 2021. Copyright © Colin Burgess 2021
Rights arranged through the Copyright Agency of China
本书中文版由 Colin Burgess 授权中国科学技术出版社出版。未经出版者书面许可，不得以任何
方式复制或抄袭或节录本书内容。

北京市版权局著作合同登记 图字：01-2022-1208

总 策 划	秦德继	
策划编辑	周少敏　李惠兴　郭秋霞	
责任编辑	郭秋霞　李惠兴	
封面设计	中文天地	
正文设计	中文天地	
责任校对	吕传新	
责任印制	马宇晨	

出　　版	中国科学技术出版社
发　　行	中国科学技术出版社有限公司发行部
地　　址	北京市海淀区中关村南大街 16 号
邮　　编	100081
发行电话	010-62173865
传　　真	010-62173081
网　　址	http://www.cspbooks.com.cn

开　　本	710mm×1000mm　1/16
字　　数	332 千字
印　　张	25
版　　次	2023 年 1 月第 1 版
印　　次	2023 年 1 月第 1 次印刷
印　　刷	河北鑫兆源印刷有限公司
书　　号	ISBN 978-7-5046-9841-4 / V·86
定　　价	118.00 元

（凡购买本社图书，如有缺页、倒页、脱页者，本社发行部负责调换）

目录

导言

　　或许，我们的史前祖先们也曾与我们一样，凝视着冉冉升起、闪烁着银光的月亮陷入无限遐想。他们不知道月亮究竟何以出现在那里，但他们知道，一轮明月可以为暗夜中的大地洒下一片珍贵的光亮，或许还带着某种神秘莫测、魔法般的力量。

　　人们无法将夜空中看到的让人顶礼膜拜的月亮和其他天体理解为实实在在的、独立的世界，于是它们便成为众多神话以及幻想中看得见的源泉，穿越时光、跨越世代、超越文化，产生了古希腊和罗马的一众神话或传奇式英雄人物，如：赛勒涅（Selene）①、狄安娜（Diana）②、阿斯塔特（Astarte）③、卢纳（Luna）④、代达罗斯（Daedalus）⑤，以及印度的月亮神索玛（Soma）、阿兹特克人的太阳神（Nanahuatzin）和月亮之神（Tecciztecatl）等。

　　作为一门研究月亮、行星、恒星及其他天体的学科，天文学被人们普遍视为人类最早的科学。当天文学家、哲学家对我们居住的星球在宇宙中

① 希腊神话中的月亮女神。
② 古罗马神话中的月亮女神。
③ 闪米特神话中执掌爱情与生育的女神。
④ 月亮女神，有时与狄安娜混用。
⑤ 古希腊神话中的神。

的真实地位有了切实理解时，古老的神话就被后来思想家们的梦想所取代，梦想着以某种方式飞抵那颗离我们最近的天上邻居。

伽利略（Galileo）曾用一个粗糙的折射望远镜观察月亮，不仅看到了满目疮痍的月球表面，而且还看见了更遥远的那些众星捧月般环绕木星的众多卫星，由此引发了一波月球探索热。稍晚些时候，在同时代天文学家约翰内斯·开普勒（Johannes Kepler）写于 1609 年前后的通俗幻想作品《梦想》（*The Dream*）中，已有关于魔鬼将人们劫持到月球的描述。

1865 年，法国科幻小说作家凡尔纳（Verne）在他的经典小说《从地球到月球》（*From the Earth to the Moon*）中，描写了 3 位无畏探险家成功飞到月球的故事。难以置信的是，他所描写的那个充满惊险的登月过程和一个多世纪后人类首次成功登月的过程有许多惊人相似之处。将 3 人送上月球的设备名为"哥伦比亚德"（Columbiad），这是一种用铝材制成的航天飞行器，具有强大的爆发推力；而后来将 3 名宇航员送上月球的"阿波罗"11 号飞船则被命名为"哥伦比亚"（Columbia）号。要知道，在凡尔纳时代，铝材的生产及其在制造业中的使用并不是一项成熟技术。"哥伦比亚德"的发射地点在佛罗里达，距离今天的肯尼迪航天中心仅咫尺之遥。与 1969 年"阿波罗"11 号相似，凡尔纳的飞行器也溅落在了太平洋，然后被海军船只救起。更多令人吃惊的巧合还包括：在凡尔纳小说中的 3 名探险者中有一人姓阿尔丹（Ardan），而"阿波罗"11 号乘组中有一人名叫奥尔德林（Aldrin），而且，乘组中另一人尼尔·A. 阿姆斯特朗（Neil A. Armstrong，下文称"尼尔·阿姆斯特朗"）名字中间的一个字就是阿尔登（Alden）；小说中另一个探险者尼科尔斯（Nicholls）和"阿波罗"11 号飞行指令长迈克尔·柯林斯（Michael Collins）的名字拼读非常接近。凡尔纳预言了反推力火箭技术在宇宙飞船上的应用，比这项技术被实际开发出来并加以应用早了几十年。当然，不同于"阿波罗"11 号的是，在书中，巴比肯（Barbicane）所带领的探险团队中还包括了家养小动物，从当时的木刻插图可以看到，它们是 2 只小公鸡和 2 只小狗，其中一只小狗的名字不由得使人产生联想：萨特利特（Satellite，这一名字在英语中表示"人造地球卫星"）。毫无疑问，凡尔纳是当之无愧的科幻小说鼻祖，但即使这样，他也很难料想，在自己发表了那部颇具先见之明的小说之后不到一个世纪，一段波澜壮阔的太空探索史诗就已经展开了。

随着科学与技术的进步，我们也知道了一个令人沮丧的事实：我们被地球引力牢牢地束缚在这颗星球上，无法利用任何自然方式摆脱这种束缚。到 19 世纪晚期，人们逐渐认识到，只有力量强大的火箭才有可能让人们挣脱万有引力的束缚，冲出大气层并进入太空。1903 年，俄国科学教员康斯坦丁·齐奥尔科夫斯基（Konstantin Tsiolkovsky）发表了一篇论文，颇具预见性地提出了使用液氢和液氧等液体燃料推进剂的火箭研究和制造技术，为后来成功发射第一枚火箭及几十年后美国往返太空和地球之间的航天飞机所用技术奠定了基础。热衷于科幻小说的读者齐奥尔科夫斯基进行了一项计算，凡尔纳所描写的使用"哥伦比亚德"巨炮将探险者送上月球是不可能的，因为其产生的加速度足以把舱内的乘员压成肉饼。他引据牛顿第三定律指出：对于每一个作用力，都会有一个大小相等、方向相反的反作用力，这正是火箭技术的根本所在。为了向这位伟大的天才致敬，苏联人将齐奥尔科夫斯基誉为"航天之父"。

无独有偶，几乎在同一时期，美国也有人在做着同样的探索。罗伯特·H. 戈达德（Robert H. Goddard）是最早开展此项工作的物理学家之一，他从 1914 年就着手建造和发射微型火箭。马萨诸塞州奥本市（Auburn）的居民们对他制造的稀奇古怪的火箭，十分不解而且不屑一顾，认为这只不过是一个古怪之人无伤大雅的古怪之作而已。然而，戈达德却不为所动，坚持不懈地从事着他的工作。1926 年 3 月 16 日，他成功发射了第一枚液体燃料小火箭，发射高度达到了 58 米。在接下来的 15 年中，戈达德和他的助手们陆续发射了不少于 34 枚火箭，最终达到 2.6 千米的高度和接近 885 千米 / 小时的速度。尽管研究和试验缺乏公众支持、经费十分紧张，但戈达德最终成了著名的现代火箭工程技术奠基人之一。1904 年，他对他的高中毕业班学生们讲道："没有什么事情是不可能的。昨日的梦想就是今天的希望，亦将成为明天的现实。

此外，还有不少志向高远的参与者，物理学家和工程师赫尔曼·奥伯特（Hermann Oberth）就是其中之一。1923 年 6 月，他在德国发表了一篇 92 页的论文《飞往星际空间的火箭》（*The Rocket into Interplanetary Space*），6 年后又将其扩展为一本名为《通向航天之路》（*Ways to Space Flight*）的大部头专著。1929 年秋，在位于德意志帝国柏林化学技术研究所实验场的一个小作坊内，他在自己的搭档、工程师克劳斯·里德尔（Klaus Riedel）的协助下，进行了被其称之为"喷气锥"（Cone Nozzle）的实验，这是他第一台液体燃料火箭发动机的静态点火试验。虽然试验飞行很短暂，但却是一项奠基之作。

一位名叫韦恩赫尔·冯·布劳恩（Wernher Von Braun）的德国学生，当时年仅 18 岁，正在学习火箭技术。布劳恩热情参与其中并帮助过奥伯特和里德尔，并目睹了这次点火试验过程。"我们的设备很简陋，点火充满了危险"，布劳恩后来回忆道，"克劳斯·里德尔掷出一个浸透汽油后被点燃的破布团，扔进燃烧室后迅速闪开，奥伯特打开燃料阀门，轰鸣声随之而来"。[1]

数年后的第二次世界大战期间，冯·布劳恩投入了为战争服务的超音速火箭研发中。战争后期，由纳粹德国政府提供经费，他们开展了希特勒毁灭性武器 V-1 和 V-2 火箭的研发和发射工作。1945 年年初，战争胜负已成定局，苏军正逼近位于波罗的海乌瑟多姆岛（Island of Usedom）佩讷明德（Peenemünde）的导弹发射场，试图获取那里珍贵的战利品。当苏军距佩讷明德 160 千米时，冯·布劳恩集合了他的火箭团队，要求大家最好离开此地，向美军投降。

冯·布劳恩为实施他的计划仿造了旅行文件，一行人到达位于图林根哈茨山脉中的米特尔沃克（Mittelwerk）地下工厂，那里有来自集中营的劳工，这些人被迫从事着制造 V-1 和 V-2 导弹的劳动。布劳恩及其团队一边继续从事导弹计划，一边密切关注着战争进程。他们知道，为了不让导弹计划蓝图落入盟军之手，纳粹党卫军很可能将这些蓝图销毁。为此，冯·布劳恩秘密将它们封存在一个废弃矿井中，以便在向美军投降时作为筹码。

火箭工程师和设计者冯·布劳恩（左臂受伤者）向美军投降，其右侧为沃尔特·多恩贝格尔（Walter Dornberger）少将，希特勒 V-2 导弹项目的领导者。

3月份，因司机在驾驶中打瞌睡导致撞车事故，布劳恩左臂骨折，他因此住进医院，左臂也被石膏固定起来。在接下来的一个月，随着盟军在德国不断深入，冯·布劳恩设法说服了自己的上级，然后带领手下大部分工程技术团队成员进入了更安全的奥地利。1945 年 5 月 2 日，布劳恩和同为导弹工程师的马格努斯（Magnus）以及自己的团队，向巴顿将军的第44步兵师投降，完美实现了他的策略。

受降仪式结束后，盟军对这批战俘给予了高度重视。于是，布劳恩向盟军透露了导弹项目蓝图的藏匿地点。除全部蓝图外，盟军还找回了100枚V-2火箭的关键部件。战争结束后，布劳恩和一批在战争中被俘或投降并曾参与火箭项目的科学家、工程师、技术员，以及其他有关人员被送往美国。在1962年的一次讲演中，布劳恩回顾了在美国最初几年的学习和工作：

> 1945年9月到1950年4月的5年时光是在得克萨斯州比利斯堡（Fort Bliss）度过的。在那里，我们为美国军队工作。那里大约有120名精挑细选的V-2团队成员，后来又陆续补充了约400名美国军队军械部门的文职人员和士兵。第一年是调整阶段，业务上无所建树。在异国他乡一个荒无人烟的地方，作为外来者，我们第一次感受了不受人待见、没有指定项目、无所事事的滋味。战争已经结束，没人还会对散发着火药味的工作感兴趣，太空飞行已近乎成了荒谬可笑的代名词。我们一边教学，一边学习，有时也为新墨西哥州白沙市（White Sands, New Mexico）的V-2试验发射提供协助。除此之外，我们团队中出生在德国的成员还要学习美国语言、美国的管理、美国的生活方式。就这样，我们在荒漠中度过了迷茫的数年时光。[2]

1950年，美国军方领导层越来越清楚地意识到，自战争爆发以来苏联在导弹技术方面取得了重要进步，因此国防部将洲际弹道导弹（Intercontinental Ballistic Missile, ICBM）和中程弹道导弹（Intermediate Range Ballistic Missile,IRBM）武器系统列入国家优先发展战略，军方决定将当时已经发展到 1600 人的冯·布劳恩的佩讷明德团队，从比利斯堡迁到亚拉巴马州亨茨维尔（Huntsville, Alabama）的红石（Redstone）兵工厂，并在那里建立了火箭发射基地。

至 1955 年，苏联已越来越显示出在导弹技术方面远远超越美国的迹象，这种"导弹鸿沟"引起了美国深深的忧虑。有鉴于此，美国陆军开始寻求与海军的合作，二者组建了陆海军联合弹道导弹委员会（Army-Navy Ballistic Missile Committee），致力于开发陆基和海基洲际弹道导弹。1956 年 2 月 1 日，约翰·B. 梅达里斯（John B. Medaris）少将牵头成立了陆军弹道导弹署（Army Ballistic Missile Agency, ABMA），以领导和管理洲际弹道导弹的研究与开发，这就是后来被称为"朱庇特"（Jupiter）的导弹。布劳恩不仅在航天技术的开拓阶段，而且在将人类首次送上月球的航天项目中，很快就成了关键人物。这一时期，美苏双方都进行了携带灵长类及犬科类动物活体进行亚轨道太空飞行的测试，确定了它们在弹道飞行中因短暂超重和失重所产生的反应。1957 年 10 月 4 日，苏联向太空发射了全世界第一颗人造卫星，将美国置于随时受到来自冷战对手从太空发射"核弹雨"攻击的恐怖阴影下。

到了 5 月，苏联第二颗卫星又被送入轨道，而且携带了一只小狗。而美国军方却仍完全埋头于 ICBM 和 IRBM 以及超音速、超高飞行高度飞行器的研发。与此同时，苏联正准备首次将人类送上太空的传言又不绝于耳，这让美国总统艾森豪威尔和他的幕僚们认识到，成立民用航天机构、开展载人航天飞行研究已刻不容缓。

早在 1915 年，国家航空咨询委员会（National Advisory Committee for Aeronautics, NACA）就开始针对空间飞行器如何飞得更快、更高等问题开展工作，并逐步将工作进一步拓展到高空飞行和航天飞行。1958 年 4 月，国会完成了设立新的民用太空机构的初步程序，3 个月后的 7 月 29 日，美国总统艾森豪威尔签署了国家航空航天法案（the National Aeronautics and Space Act）；在随后的 3 个月中，美国国家航空航天局（the National Aeronautics and Space Administration，NASA）正式成立，首任局长为 T. 基思·格伦南（T. Keith Glennan）。10 月 1 日，NASA 全部承接了 NACA 的工作及其 8000 名雇员、5 个研究中心和 1 亿美元的年度预算，并开始正式运行。

1961 年 4 月 12 日，苏联发布了一则石破天惊的公告，宣布它已成功将人类送入太空，在绕地轨道飞行一周后安全返回地球。宇航员的名字叫尤里·阿列克谢耶维奇·加加林（Yuri Alekseyevich Gagarin），是苏联空军的一名中尉，因执行这一史诗般的任务而被晋升为少校。正是这一刻开启了后来广为人知的登月太空竞赛的大幕。

加加林的开创性飞行比 NASA 将海军中校艾伦·谢泼德（Alan Shepard）送入太空进行亚轨道飞行的计划早了 3 周。从技术层面看，NASA 的计划与加加林的飞行相比也明显处于劣势。对 NASA 的所有人来说，这都是一段艰难的时光。美国新当选总统约翰·F. 肯尼迪（John F. Kennedy）向苏联部长会议主席尼基塔·赫鲁晓夫（Nikita Khrushchev）发出贺电时，也必然是恨得牙根痒痒。他在贺电中说，美国人同样为苏联人"将宇航员安全送入太空，完成人类首次太空探险而高兴……我真诚地希望，在今后人类太空探索中，为了全人类最伟大的共同利益，我们能够携起手来，共同努力"。[3]

在后来的记者招待会上，肯尼迪坦承，要想将重载荷送入太空，美国还需要一段时间才能赶上苏联。他进而表示，希望美国在"其他一些方面取得突破性进展，占据领先地位，或许这将为人类带来更长远的利益。但是现在，我们落后了"。[4]

美国公众已在公开质疑，为什么美国会在太空技术方面处于落后地位，而让苏联人趾高气扬？肯尼迪清楚，他必须采取更大胆的行动才能解除美国人民的焦虑。为此，他召集了自己最密切的政治盟友和 NASA 高层，告诉了他们采取行动的重要性和迫切性，并听取他们的看法、意见和建议。与此同时，肯尼迪还要克服政治失利、代价高昂的古巴"猪湾入侵事件"所带来的尴尬阴影。因为这一事件，一些美国人已经认为这位刚刚就任的总统是一位不称职的、优柔寡断的人。听取建议后，肯尼迪做出了他的决定。

1961 年 5 月 5 日，艾伦·谢泼德搭乘"水星"（Mercury）系列飞船"自由 7 号"（Freedom 7），由"红石"火箭送入太空，实施了亚轨道飞行任务。飞船在飞行 15 分钟后安全溅落在海上。美国陷入一片狂欢之中，他们终于也将自己的人送上了太空。美国人的激昂情绪提振了肯尼迪的信心。在不到 3 周后的一个和煦春日——1961 年 5 月 25 日，距他 44 岁生日还有 4 天，他从白宫出发，穿越华盛顿纪念碑，在国会联席会议上发表了演讲，抛出他那具有划时代意义的承诺。

这段演讲富于激情，极具文采，常被人感怀。他告诉国会：

> 我相信，我们的国家必将在这个 10 年结束以前实现目标，将人类送上月球并安全返回。这是一个无与伦比、无比崇高的人类太空计划，对未来太空探索意义空前。为实现这一宏愿，我们必须克服重重障碍，付出巨大财力和物力。[5]

让美国实现载人登月目标不啻是一个大胆的行动，而且也会涉及政治风险。尤其在当时，美国仅有的载人太空飞行经验是当月早些时候的亚轨道飞行，那次就像抛高球一样且只持续了 15 分钟。尽管肯尼迪所勾勒的 8 年行动计划仍面临无数艰难险阻，也被许多人私下认为过于乐观，但毕竟，有充足经费支持的承诺让美国人看到了希望，相关工作与计划已开始上路。

在接下来的数年中，虽然伴随着一些悲剧和挫折，美国的太空计划仍然取得了巨大技术进步，NASA 的宇航员们实现了一系列复杂度不断增加、

1961年5月25日，肯尼迪在国会联席会议中发表讲演，承诺美国在10年之内实现登上月球的目标。

时间不断延长、难度不断跨越的目标。20世纪60年代结束前，"阿波罗"登月计划成功将宇航员送上月球。尽管肯尼迪没能在生前目睹这一刻，但第一个美国人在月球漫步恰是他无畏精神和承诺的永恒见证。

2021年4月，全世界举行了纪念苏联宇航员尤里·加加林实现人类首次太空飞行60周年纪念活动。60年间，先后有来自各国的大约550人进入太空，其中美国人占比将近三分之二，女性人数则不成比例，还不到70人。

迄今为止，包括"挑战者"号和"哥伦比亚"号悲剧中的14位牺牲者在内，已有18位宇航员在太空飞行中献出了生命。此外，还有些宇航员在航天飞行训练中罹难，其中1967年1月就有3位"阿波罗"任务宇航员死于一次发射台失火事故；另有一些事故发生在与航天飞行有关的活动中，包括年仅24岁的苏联第一个飞行乘组成员瓦连京·邦达连科（Valentin

Bondarenko），他于1961年3月在一个纯氧燃料实验舱失火事故中不幸遇难。尽管有这些悲剧发生，所有参与者都明白，意外在所难免，但人类太空探索之旅不会止步。他们哀悼完自己失去的同伴，就要继续前行。

在这开拓性的60年中，我们见证了太空竞赛的发端：第一位男性、第一位女性进入太空，第一次太空漫步，第一次轨道交会对接，人类足迹第一次到达月球，众多科学探索任务的实施，以及俄罗斯、美国和中国空间站的在轨运行。国际空间站（the International Space Station，ISS）自2000年11月2日第一批长期居民入住后，至今仍在接待来客。

我们正准备进入太空旅行的下一个60年。毋庸置疑，在新的60年里，由众多政府或私人参与者发起的太空商业旅行活动将会涌现，新一代太空探索者将再次超越近地轨道，踏上飞往月球、火星乃至太阳系中许多其他激动人心的潜在目标的旅程。

古人，甚至是那些离我们不太久远的先辈们，曾经只能面对月亮凝神遐想，想象着如何才能到达那里的神秘世界，一探究竟。而现在，我们已经走过了宇宙探索的蹒跚学步阶段，走向深空是我们不可推卸的使命。人类的好奇心是永恒的动力，我们将不懈追求、探索，实现我们心中那无比诱人的憧憬。

第 1 章

明日的召唤

几个世纪以来，经过无数探险家坚韧不拔的努力，地球上曾经被认为人类难以涉足的区域，如丛林、海洋、沙漠和南北极，已逐一被征服。今天，虽然在这个伟大的蓝色星球上仍有许多未知领域，但另一个更具诱惑力的领域又开始吸引人们去探索和认知，这就是太空。这是一片垂直疆域，离我们上方只不过几十千米，但却远比人类从前所面对的任何领域更具挑战和危险。

纵观历史，人类总会在已有知识的基础上产生进一步探寻新知识的冲动，月球就是这样一个例子。长久以来，夜空中的这个奇妙星球带给人们极具魅力的诱惑，人类始终对它充满了好奇。然而，我们应当首先了解的是环绕并保护着我们的大气层，了解它的极限及它的危险性。

20 世纪中叶，无所畏惧的气球驾驶者升到了寒冷的高空，发现在那里的严寒条件下，他们头顶上巨人的充气气球竟如电灯泡一般脆弱。第二次世界大战后，争强好胜的飞行员们竞相驾驶他们的超音速坐骑，冲击人类和机械设备的极限，到达没有空气、无法在机翼上产生升力的高度，却发现自己进入了一片死亡之地。在这里，任何航空器，无论动力多么强劲，空气动力学设计多么先进，都会屈从于铁面无私的"虚无"，瞬间坠落，而自己却束手无策。

要征服使人欲罢不能的高空不仅仅是一个合适的航空器问题，为了使飞行员能够在接近真空的空域中存活下来，增压舱、氧气面罩和高空专用服装都必不可少。在海拔 18 千米的高度，大气压力几乎为零，任何飞行员在这个高度如果不穿专用飞行服，佩戴专用呼吸设施，就会因缺氧而致昏厥。还有，如果在极高空不穿增压服，会使血液起泡，就像拔去塞子的香槟酒一样。如所有战争一样，第二次世界大战中难得的几个积极成果之一，就是带来了技术的飞速发展，这些技术在战后帮助我们在太空探索领域迈出了最初的试探性步伐。

1945 年，纳粹德国的衰亡越来越迫近，也越来越不可逆转。美国和苏联军队击溃德国纳粹，长驱直入，快速推进到德国的心脏地带。他们的一个重要目标就是缴获 V-2 导弹项目相关人员和设备，这种导弹一度十分强大且令人生畏。

美国军队迅速聚敛起大量火箭和火箭零部件，数十名被俘或投降的科学家和技术人员也被充实到美军。这些杰出人才和他们的家庭以及所有配套设施，都被远渡重洋转运到美国西南部新墨西哥州一个叫作白沙的偏远地方。凭借其在火箭技术领域——无论是单体火箭还是希特勒的 V 系列武器方面的卓越才能，韦恩赫尔·冯·布劳恩（Wernher von Braun）迅速成为美国导弹计划的领军人物。

而一路高歌猛进的苏联军队却没有如此丰厚的收获，但他们仍想方设法缴获了少量 V-2 导弹战利品，并抓获部分从事德国火箭研究的技术人员。借助这些资源，苏联的导弹研发在卡普斯京亚尔（Kapustin Yar）得以继续开展，这里地处里海北部大平原，环境荒芜。苏美两国都把研发重点放在具有潜在军事用途的导弹方面，但也有部分人始终怀有一种抑制不住的愿景，即人类总有一天会将威力更强大的火箭用于征服太空。

在地球上一个最为蛮荒之地，处于最严格的保密之中，人类开启了外太空的探索之旅。可以毫不夸张地说，在苏联，是一个叫谢尔盖·帕夫洛维奇·科罗廖夫（Sergei Pavlovich Korolev）的人，带着这种对未来的愿景，凭借坚强的意志，将这一切变成了现实。科罗廖夫作为苏联空间研究项目总设计师，怀着无人企及的满腔热情和紧迫感，长期隐姓埋名、潜形年早逝后才为人所知。

科罗廖夫 1907 年 1 月 12 日出生在乌克兰一个叫日托米尔（Zhytomyr）的小镇，青年时期就读于基辅工业学院，随后又进入莫斯科大学，在那里他对火箭推进器产生了浓厚兴趣。科罗廖夫后来加入了一个致力于液体燃料火箭研究和试验的兴趣俱乐部——反冲运动研究小组（Group for the Study of Reactive Motion），并成为俱乐部的一名活跃成员。不久，约瑟夫·斯大林领导的军方高层意识到这个民间组织的工作意义非凡，于是于 1933 年下令将其由军方接管。后来该机构演变成喷气推进研究院（Research Institute for Jet Propulsion），成了导弹和火箭动力滑翔器的官方研发中心。

科罗廖夫在这里持续工作至 1938 年，之后在大清洗运动中，根据一些莫须有的罪名，他被判处 10 年强制劳动，被遣送至一所斯大林时代管理严苛的劳改营[①]（Gulags，古拉格）。他在那里待了 2 年，从事铁路、造船和金矿挖掘劳动。科罗廖夫此前从事的火箭研究最终引起了也曾被监禁过的著名飞机设计师安德烈·图波列夫[②]（Andrei Tupolev）的关注。尽管仍是政治犯，科罗廖夫被允许参加图波列夫的设计团队。

[①] 古拉格（Gulags），即俄罗斯索尔任尼琴所著的长篇小说《古拉格群岛》中的"古拉格"。"古拉格"是"苏联劳动改造营管理总局"的俄语音译，是苏联劳动改造的象征。作者将其比喻为"群岛"，意指这种制度已经渗透到苏联政治生活的每个领域。可作为了解苏联当时政治体制的参考。——译者注

[②] 安德烈·图波列夫（1888—1972），苏联飞机设计师。就学于莫斯科高等技术学校。历任苏联航空工业管理局总工程师、苏联科学院院士，一生共设计飞机 150 余种，"图"系列超音速飞机主要有"图"-12、"图"-104 和"图"-144 等，其中"图"-104 为苏联第一架喷气客机。——译者注

在美国新墨西哥州的美国陆军兵器试验场，一枚从德国缴获的 V-2 火箭导弹正在移动式塔架上加注乙醇燃料。

谢尔盖·帕夫洛维奇·科罗廖夫：苏联空间项目的秘密总设计师。

1944 年后期，科罗廖夫得到授权组建他的火箭研究团队。3 天内，他提出了一份类似于德国 V-2 火箭导弹计划的项目建议书。他设计的导弹获得了成功，只是射程比 V-2 火箭导弹短得多。次年，科罗廖夫被派往德国，协调 V-2 火箭导弹部件的复原和评估工作，并招募了多名在战争后期从事过这项毁灭性武器研究的专家。

返回苏联后，科罗廖夫被任命为总设计师，负责一个设计团队，研发被改头换面的苏联版 V-2 火箭导弹，也就是后来的 R-1 导弹。科罗廖夫继续着他的开创性工作，1953 年斯大林逝世后，他得到了当时大权在握的苏联新任部长会议主席尼基塔·赫鲁晓夫 ① 的大力支持。

劳改营生活物资匮乏、劳动环境恶劣，给他的身体留下了隐患，科罗

① 尼基塔·赫鲁晓夫（1894—1971）苏联共产党第一书记（1953—1964），部长会议主席（1958—1964）。——译者注

廖夫于 1966 年英年早逝，而此时正是苏联空间技术研究的最关键阶段。科罗廖夫去世后，他的名字不再是国家秘密，他本人迅速成为备受尊崇的苏联火箭研究英雄。他所主持设计和研发的火箭和航天器尽管后来做过一些修改，但至今仍翱翔在太空，演绎着对他的致敬。[1]

狗狗飞上天

据说，在科罗廖夫的主持下，苏联利用缴获的德国 V-2 火箭导弹于 1947 年 10 月 18 日进行了首次发射。苏联自己研发的首颗改进型 R-1 的原型箭，则于 1948 年 9 月 17 日在位于伏尔加河畔的卡普斯京亚尔发射升空，遗憾的是发射后火箭偏离了预定轨道，而 10 月 10 日进行的第二次发射取得了成功。

为开展对太空飞行中生物有机体的研究，在 R-1B 型地球物理火箭上安装了可回收的有效载荷部件，包括一套降落伞系统和外部装有 6 个制动翼的"裙罩"。当分离后的密封舱下降时，开始的几分钟会自由降落，当抵达致密大气层时，制动翼展开，稳定住密封舱并使之减速，制动伞随之打开，最后，更大的降落伞打开。

按照既定计划，一旦在锥体头部可以安装更大的密封舱，首批有生命的乘客将是犬类，它们会从莫斯科街头的流浪狗中"征召"，因为这样的狗长期生活在恶劣环境中，经常挨饿受冻，具备更强的耐受力。动物学家和犬类专家根据航天专家提出的要求，搜寻莫斯科大街小巷的犬只或其他杂交犬类，另外还从狗主人或流浪动物收留所中购买合适的狗种。试验发现，与雄性狗相比，雌性狗在经受压力时的情绪更稳定，不会轻易变得暴躁，因此更适合作为太空试验对象。给狗设计的航天服专门针对雌性狗配备了收集尿液和粪便的装置。每只狗的高度、长度和重量被仔细记录下来，研究团队还为每只狗起了很萌的名字。[2]

苏联医学科学院的尼古拉·帕林（Nikolai Parin）博士曾经解释过为

什么选择犬类进行太空旅行。他说："狗是人类的四足朋友，一直参与俄罗斯的科学研究，我们已从它们身上积累了大量数据。狗的血液循环和呼吸系统与人类十分相近。在较长的试验过程中，它们也能保持耐性、具备很强的韧性"。[3] 经过对选中的狗进行前期测试，它们被按照性情分为三组。第一组比较镇定，不易激动；第二组由焦躁不安和易于激动的狗组成；行动迟缓或反应迟钝的则组成第三组。第一组将接受专门训练，以适应漫长的太空航行，它们是"小箭头""小松鼠""小狐狸""小黑子""小珍珠"和"小玩闹"。

训练期间，每天都要对狗的呼吸、心跳和体温进行检查，还要进行 X 光检查。为了让它们适应高空飞行的感觉，它们还被带上飞机。研究人员给每只狗都穿上轻型太空服，把它们捆绑在狭小的密闭空间，并训练用专用托盘进食，还要训练它们适应震动环境。之后，它们被束缚在离心舱内，进行高速旋转，以测试其对极高加速度的反应。与此同时，还有一些狗与其他小动物一起接受训练，以用来进行弹道导弹的发射与飞行试验。

1951—1952 年，第一阶段的 6 枚试验性 R-1 火箭载着狗狗们进行了发射，9 只狗狗经过训练后参加了这些短距离高空地球物理飞行，其中 3 只还参加了 2 次飞行。飞行结束后这些狗都经过了检查，报告显示它们的身体状况良好。当然，在此后数年内，苏联科学家都没公布这些试验性飞行的细节，因此当时（在某种

"小玩闹"正在环视将来有一天会载着它进入太空的密封舱。

程度上甚至直到今天）大部分信息都很粗略。已知参与飞行试验的狗狗包括"小白球""小青烟""小时髦""小烦恼""小宝贝"和"吉卜赛女郎"。

研究团队于是决定进行第二阶段试验，并且增加了 8 只狗参与。飞行试验于 1955—1956 年实施，分别使用了更先进的 V-2 改进型火箭 R-1D 和 R-1Ye。共有 12 只狗参与，其中有几只参与了两次飞行。

那时，包括大型球状头盔的动物专用压力服已经研制完成。专门设计的密封舱由两段构成，能容纳两只狗，内部装有摄像机和照明灯，还有方便从不同角度进行拍摄的镜子。密封舱的舱壁还使用了一层隔热材料，以使狗能待在舒适的温度环境中。狗狗们尽管被牢牢地固定在密封舱里，但经过训练，它们已经能够安静地待在这样的环境中长达 4 小时。

火箭飞行老手"小白球"和"吉卜赛女郎"被选中参加新一轮地球物理飞行的首飞任务。在 1955 年 3 月 26 日凌晨预定发射前的 3 小时，它们被带到发射现场，在那里被穿上太空服，放入密封舱。这次发射很成功，当火箭升至 30 千米时燃料耗尽，依靠动能继续上行了数秒钟。当火箭上升至 87 千米最大高度时，"小白球"乘坐的右侧舱段被向外抛出，随后，"吉卜赛女郎"乘坐部分也从正在下降的锥体中弹出。在弹出 3 秒后，"小白球"的降落伞完全打开，慢慢飘向地面，太空服的氧气系统保证了它的呼吸。经过了一段自由落体运动后，在距地面 4 千米时，"吉卜赛女郎"的降落伞也如期展开。落地时，"吉卜赛女郎"距离发射场约 20 千米，"小白球"比它远 60 千米。[4]

飞行过程中，科学家始终在监测着两只狗的状态，它们不但在这一令人瞩目的飞行过程中存活了下来，而且为科学家提供了宝贵的数据资料。令医务人员感到惊讶的是，在整个飞行过程中狗狗们非常镇定，一丝试图挣脱束缚的迹象都没有。后来在拍摄的资料中发现，在短暂的失重期间，虽然两只狗的血压、心跳和呼吸只在一开始略微升高，然后很快就恢复了正常，但他们却在持续地点头瞌睡。

随后又进行了一些飞行试验。在密封舱降落阶段弹射出舱的方法非常成功，这种方法后来被应用到苏联首位宇航员返回地面的过程中。鉴于当时的飞行试验尚处不成熟阶段，很难想象所有的狗都能存活下来。不过，根据项目发言人、莫斯科航空医学研究院院长内克谢·布克罗夫斯基（Nexei Pokrovsky）教授的说法，"无论是在第一阶段还是第二阶段的火箭飞行中，都没有任何参试动物丧生"。[5]

最后阶段的高空试验飞行于 1957 年 5 月至 1960 年 9 月实施，共进行了 7 次，使用了推力更强劲的 R-2A 火箭，飞行高度达到 200~212 千米。这几次试验飞行共将 14 只狗运载上天，其中包括"勇敢小家伙"，据说它一共参加了 5 次飞行，着实无愧于自己的名字。

"小雪人"和"花斑"于 1958 年 8 月 27 日创造了最高飞行纪录，之后通过安全伞返回地面。1959 年 7 月 2 日，另外两只狗"雪花"和"勇敢小家伙"，以及一只叫"玛尔富莎"的兔子经过亚轨道的飞行后安全返回，记录显示此次飞行达到了相当的高度。

航天资深狗狗"勇敢小家伙""小可爱"和一只叫"小星星"的兔子，也于 1960 年 6 月 15 日参与了 1 次成功的火箭高空飞行。仅仅 9 天后，"勇敢小家伙"第 4 次被送入太空，同行的还有一只名叫"小珍珠"的小狗。[6]

通过这些动物宇航员们的飞行试验，苏联科学家对于将伞降方式用于人类太空探险并安全返回地球充满了信心，他们开始了将人类送入太空进行轨道飞行试验的准备工作。

就在载着狗狗的弹道飞行试验还在实施的时候，1957 年 10 月 4 日晚间，莫斯科电台发布了那条石破天惊的消息："环绕地球的人造卫星"（Iskustvennyi Sputnik Zemli）发射升空并成功进入轨道，升空时间是莫斯科时间晚上 10 点 28 分零 4 秒。进入轨道后，卫星按预定方案与运载火箭分离，启动专门装置打开天线。地球上的人们可以在收音机里收听到卫星发送的简单但具有里程碑意义的"嘟嘟"声，可以在卫星飞过头顶上空时以敬畏而又钦佩的眼光注视着它。世界历史在这一刻发生了永久改变。

纵观古今，"人造卫星"的确是宇宙飞船的恰当称谓。亿万年来，月球一直陪伴着地球，是地球的天赐卫星。但在这个具有里程碑意义的日子里，地球突然有了2颗卫星。此前还没有任何人造物体的飞行速度超过11000千米／小时，然而此时此刻，这个58厘米大小的不知天高地厚的铝制球体，却以接近这一数字3倍的速度环绕地球飞行。这次发射正值一项名为"国际地球物理年"（International Geophysical Year，IGY）的国际科学合作计划（1957年7月1日至1958年12月31日）执行期间。

人造卫星成功发射并进入地球轨道不仅标志着苏联在太空竞赛中拔得了头筹，使苏联人得意洋洋，还昭示着人类真正开启了太空时代。不过，这则爆炸性新闻也引起了一系列不同的反应。位于英国柴郡（Cheshire）的"焦德莱尔班克"天文台（Jodrell Bank Observatory）主任伯纳德·洛弗尔爵士[①]（Sir Bernard Lovell）赞美之情溢于言表，称其"非常了不起……科学史上最伟大的里程碑……人类智慧史上最辉煌的成就"[7]，而美国海军研究中心主任罗森·贝内特二世（Rawson Bennett Ⅱ）就远没有如此雅量，他称这颗卫星为"一大块铁家伙，任何人都可以将其发射升空"。[8]曼彻斯特的《卫报》则显得忧心忡忡：

> 在某种意义上，国际地球物理年关于空间科学的那些值得称颂的建议，在国家荣誉、国际冲突和军事安全面前黯然失色。5年前，人们对太空飞行能够带来的益处曾寄予厚望。从技术角度看，它也确实正在带来好处，但是冷战行为却要带来比辐射带[②]更加危

---

① 伯纳德·洛弗尔爵士（Sir Bernard Lovell），1913年出生于英国，1936年获布里斯托尔大学物理学博士，天文学家，射电天文学创始人之一。——译者注

② 辐射带［Van Allen（radiation）belt］，也称范·艾伦辐射带。指环绕地球的高能量带电电荷（即等离子体）环带，并被地球磁场俘获。当辐射带"过载"时，电荷撞击大气层上端，发出荧光，从而产生极光。这个现象是由美国物理学家詹姆斯·范·艾伦（James Van Allen）于1958年发现的。——译者注

险的结果。[9]

对空间科学从来就不甚热心的美国总统艾森豪威尔①只是以轻描淡写的口吻说道："这只是空中的一个小球而已，它并不能提升我对太空的兴趣，一丁点儿都没有"。[10]不过，他很快转变了态度，因为它给美国人带来了一种切实的担忧，甚至是恐惧，担心具备核能力的苏联有朝一日会将载有核弹头的大推力火箭发射入轨，击中地球上的任何目标。

如果说，人造卫星发射成功这样轰动性的消息只是令美国科学家和民众感到不安的话，那么，莫斯科在1个月后的11月4日发布的公告对美国则简直如五雷轰顶。这次苏联是将一颗命名为"人造卫星"2号（Sputnik 2）、重量更大的卫星成功发射进入轨道，而且上面还搭载了一位乘客，这就是第一次真正进行太空旅行的生物：一只名叫"莱卡"的狗。

新闻编辑们发疯似的想得到有关这只太空旅行动物更详细的信息。在塔斯社通过无线广播公布它的名字（据后来披露的消息，训犬员最初给它起的名字为"小卷毛"）之前，有些报纸幽默地称这只狗为"卫星"。"莱卡"为雌性、体重6公斤、短毛，是一只具有部分萨莫耶德犬血统的活泼小狗。为了此次飞行，曾经安排了10只候选狗，但最终"莱卡"因性情温和而被选中，"小白球"作为备份，另外还有一只名叫"麦什卡"的狗参与了和飞行有关的各种测试。在"莱卡"飞行期间，西方媒体对它是否以及何时能返回地球有许多猜测，而苏联科学家则对狗的最终命运保持绝对沉默。事情的真相是：小"莱卡"从事的是一次命运已定的旅行，根本就没有返回的可能。

---

① 艾森豪威尔（Dwight David Eisenhower，1890—1969），美国第34任总统。西点军校毕业。第二次世界大战中担任远征军最高司令，成功指挥了诺曼底登陆，后任美国陆军参谋长。1952年当选为美国总统，1956年蝉联连任。1957年10月4日苏联发射第一颗人造地球卫星后，他采取措施增拨空间研究费用，并建立美国国家航空航天局。——译者注

尽管在弹道火箭飞行方面积累了丰富的经验，但当时的苏联并不具备使在轨飞行器的动物返回地球的能力，所以在谢尔盖·科罗廖夫的"人造卫星"2号计划中并没有充分考虑狗的安全返回问题。"莱卡"所乘密封舱的设计只能将其生命维持一周多一点的时间。飞行期间，投食器所提供的食物和水足以保证有充分时间收集它的状态和行为数据。科学家还在密封舱内安装了一个氧气罐以及一个再生装置，可以回收密封舱中过多二氧化碳（可能致命）和湿气并且将其转化为氧气。

在"莱卡"开始历史使命的那天，工作人员对它精心照料，为其擦拭、梳理。为了对"莱卡"的呼吸和心跳进行监测并将数据传回地球，在它的皮肤及皮下安置了多个电极，还在屁股下安装了一个橡胶袋用来收集排泄物以避免排泄物在失重环境中乱飞。"莱卡"对这一切已经习以为常，所以在此过程中显得很沉着。

特制装束穿戴妥当后，"莱卡"被安置在一个狭窄的装有厚垫的罐型舱室内，并用链子固定在座位上。这些链子会将它限制在较小的范围内，但它可以躺、坐或站立。

"莱卡"的密封舱随后被安置在4米高的R-7火箭头锥内，随后倒计时开始。1957年11月4日清晨5:30，火箭按原定计划发射，"莱卡"和它乘坐的"人造卫星"2号疾速冲入黎明时分的天空。入轨后，尽管剧烈的爆炸式分离似乎引发了一些问题，但头锥还是按计划实现了与箭体的分离。根据苏联著名的空间研究专家阿纳托利·扎克（Anatoly Zak）的描述，"遥测数据表明，'莱卡'的心跳达到了每分钟260次，高出正常状态3倍；呼吸频率也高达平常状态的4~5倍。不过，总的来说，这只狗在发射过程中没有受到伤害"。[11]

尽管"人造卫星"2号进入了轨道，但遥测数据显示舱内温度出乎意料地大幅升高，达到40℃。显然舱室内的隔热材料在分离过程中有撕裂、松脱现象，使热控制系统无法正常工作。体征数据表明"莱卡"正变得焦躁，经受着自发射以来未曾有过的痛苦。尽管它开始通过投食器进食，但却变得越发坐立不安，这时狭窄局促的舱内温度升到了 40℃ 以上。根据传回地球的监测数据，科学家判断它已开始吠叫、躁动。

尽管出现上述问题，苏联方面仍决定宣布首次搭载生命成功进入轨道的消息。"莱卡"一夜之间成了全球瞩目的明星，许多报纸称赞它是"史上最著名的狗"。莫斯科披露的后续信息很少，只是宣称"莱卡"表现稳定、行为正常、状态令人满意。不难想象，它的太空飞行及其在太空殒命的传言也使全世界的爱狗人士愤怒不已。

在一些国家，人们对利用活体动物进行飞行试验表示抗议，许多人给报社写信，言辞激烈，谴责苏联缺乏同情心。在伦敦，全国犬只保护联盟（National Canine Defence League）呼吁各地爱犬人士每天为"莱卡"默哀一分钟。新加坡犬只福利协会（The Singapore Canine Welfare Association）向莫斯科发了一封电报，提出下一次应该把一位俄罗斯英雄送上天，而不要再残害既不能讲话又无反抗能力的动物了。

尽管如此，世界各地的人们还是每晚走出室外，等待"人造卫星"2 号出现在天空。当那个明亮光点出现时，他们为卫星上狗狗的安全祈祷，直到光点从视野中消失。随着时间的流逝，情况愈来愈明朗——正如传言所说，苏联没有将"莱卡"送回家的计划，无动于衷的苏联官方拒绝就"莱卡"的生死发表任何意见。卫星在轨运行 10 天后，他们报告说"莱卡"的氧气用罄，它平静地进入了生命最后的无意识阶段。

事实上，莱卡很可能在飞行中的前期阶段就已经死去，十之八九是舱内的高温使它在经历不堪忍受的折磨后而死。在 1993 年维也纳召开的太空探索者大会（Space Explorers' Congress）期间，我（指本书作者）偶遇了奥列格·加津科（Oleg Gazenk），他是一位苏联早期生物航天学前辈，我向加津科博士解释说我正在写关于苏联太空飞行早期的狗的情况，想知道"莱卡"是否在氧气耗尽时殒命。他第一次向我透露了"莱卡"可能是在轨飞行 4 小时后死于热衰竭，并解释了事情的经过。这些事实后来在对早期宇航员维塔利·谢瓦斯季亚诺夫（Vitaly Sevastyanov）的专访中也得到了证实。[12]

"人造卫星" 2 号环绕地球飞行了 2370 圈，之后于 1958 年 4 月 13 日坠入大气层，在返回地球途中被烧成灰烬。在 "人造卫星" 2 号任务完成后，苏联著名科学家奥列格·伊万诺夫斯基（Oleg Ivanovskiy）写道（使用笔名阿列克谢·伊万诺夫）："'莱卡'的飞行有力而详实地证明了人类太空旅行的可能性"。[13]

黑猩猩宇航员

与此同时，韦恩赫尔·冯·布劳恩和他的佩讷明德[①]科学家团队及其家庭已经在美国安居乐业，继续从事火箭研究。有了美军缴获的一定数量的 V-2 火箭导弹以及数量庞大的零部件，在将弹头拆除后，他们开始了以实现美国载人航天为目标的研究探索。

火箭专家们认为，为了最终实现将人类送入太空的目标，首先需要克服一些基本物理学障碍。他们需要将火箭速度从 V-2 火箭导弹达到的最高 5000 千米 / 小时提高到 29000 千米 / 小时左右，以克服地球引力，达到入轨状态。

美国于 1946 年在新墨西哥州的霍洛曼空军基地（Holloman Air Force Base）进行了第一次 V-2 火箭导弹本土发射。彼时，载人飞机的最高飞行速度是英国皇家空军军官休·威尔逊（Hugh Wilson），驾驶 "光滑流星"（Gloster Meteor）喷气式飞机于 1945 年 11 月 17 日创造的，其速度达了 975 千米 / 小时。科学家担心，在将火箭发射到大气层之上所需的发射动力

---

① 佩讷明德（Peenemünde），德国地名。——译者注

条件下，人类将无法存活，即使是短时间也不行。主要挑战是宇航员如何能够适应从未遇到过的重力环境，以及如何应对潜伏在高层大气中的静默杀手——宇宙射线。

这些问题需要在人类安全进入外太空之前首先加以解决。研究者认为，可以从生理机能与人类相近的温血动物身上寻找答案。历史上，人类利用动物进行高海拔试验始于 1783 年。当时，蒙戈尔菲耶（Montgolfier）兄弟将一只绵羊、一只鸭子和一只公鸡放入一个热气球，以测试在陆地生活的动物能否在高空存活。这次飞行持续了 8 分钟，达到了 457 米的高度，所有动物都安全返回。

不过，仍有大量前期研究和其他工作需要在实验室和现场进行，需要在前所未有的高度上进行试验。于是，昆虫、孢子、植物以及其他标本都被塞进火箭头锥内进行飞行试验。

首次 V-2 火箭导弹飞行的遥测数据为科学家和布劳恩团队提供了重要信息。但光有遥测数据还不行，还需要将生物载荷和相关装备完好无损地进行回收。因此，研究工作者又开始研制可靠的降落伞系统，以便使密封舱等安全返回地球。

除了一些微生物可能在不经意间偷偷混入早期火箭的头锥部从而实现太空旅行之外，真正从美国土地上发射升空的第一批活体动物是果蝇。它们被放置在 V-2 火箭导弹的头锥中，于 1947 年 2 月 20 日在新墨西哥的白沙导弹发射场（White Sands Missile Range）发射升空，高度达至 108 千米。头锥返回时利用降落伞着陆，所载昆虫仍处于存活状态。

为了实施一个名为"繁花"（Blossom）的项目，一些 V-2 火箭导弹被分配至美国空军剑桥研究中心（U.S. Air Force Cambridge Research Center），科学家们将在那里进行一系列试验飞行，以探索弹出密封舱并利用降落伞回收的可行性。研究中心坐落于新墨西哥州阿拉莫戈多（Alamogordo）的霍洛曼空军基地，附近是佛罗里达卡纳维拉尔角（Cape

Canaveral）导弹发射场的先驱——美国陆军白沙试验基地（White Sands Proving Ground，WSPG）。

"繁花"项目团队进行了两次成功发射后，美国空军希望验证人类能否进行安全的太空飞行，要解决的主要问题是人类能否承受发射时的巨大超重力，以及失重状态下可能产生的空间定向障碍和下降与着陆时的动力学效应。针对这些问题，位于俄亥俄州代顿（Dayton）的怀特航空发展研究中心航空医学实验室（Aero Medical Laboratory at Wright Air Development Center），受命为即将开展的"繁花"发射任务培养、训练"模拟飞行员"。该项工作由空军火箭飞行生理学研究课题主任詹姆斯·P. 亨利（James P. Henry）上校领衔，戴维·西蒙斯（David Simons）上尉为项目工程师。

"繁花"3号的发射预定于1949年6月进行，只留给了亨利和西蒙斯两个月时间，选拔合格的候选宇航员，以及设计能够支持生命的密封舱。他们迅速做出了决定：恒河猴最适于此次任务。之所以做出这种选择，是因为早期的火箭头锥空间有限，而且这种猴子也可以训练用来完成较简单的重复性工作。另外，从生理学意义上来说它们也非常接近人类。就这样，恒河猴被用在这些早期的生物飞行任务中。

为动物提供一个乘坐环境，让它们进入太空并安全返回是一项十分艰巨的任务。最基本的问题是密封舱的氧气系统，该系统将提供自密封舱封闭至末段回收期间足够的氧气；其次是化学系统，要能够吸收灵长类动物呼出的二氧化碳；此外还有遥测系统，需要它把动物的心跳和呼吸数据传回地球。所有这些设备都必须安装在铝制密封舱内。密封舱既要足够大，能容纳恒河猴，同时又要足够小以便被安置在火箭头锥里，那里已经挤满了各种仪器，且空间并不规则。最终，一个初步符合要求的密封舱在"繁花"3号火箭发射前夕研发完毕。这个具有开创性的灵长类动物飞行系列试验被命名为"艾伯特"（Albert），"艾伯特"1号是被选中参加首次试验飞行的那只猴子的名字。

1948 年 6 月 11 日的试验以失败告终。唯一的降落伞没有展开，致使火箭头锥返回时砸向地面，而且后期的研究显示，"艾伯特"很可能在火箭起飞前就已经因窒息而亡。第二只猴子"艾伯特"2 号在第二年的"繁花"飞行中活了下来，当时高度曾达到 56.3 千米，但它却在另外一次降落伞事故中殒命。3 个月后又进行了一次发射活动，在起飞后的 11 秒时，V-2 火箭导弹尾部发生了一次小爆炸，14 秒后又发生了另一次大爆炸，"艾伯特"3 号和火箭都被炸成了碎片。最后一次 V-2 火箭导弹飞行是在 1949 年 12 月 8 日，搭载的是"艾伯特"4 号，前期过程一直顺利，但最后又是降落伞系统故障，头锥高速坠落，撞碎在地面上。

分配的最后一枚 V-2 火箭导弹发射结束后，研究团队的注意力开始转向最新研发的轻型"空中飞盘"（Aerobee）探空火箭。1951 年 4 月 18 日，一枚"空中飞盘"火箭载着"艾伯特"5 号升空，一度到达 56.3 千米高度。尽管花了数月时间改进降落伞，但遗憾的是，这一次还是失败了。"艾伯特"5 号和若干参试老鼠在降落时因撞击而身亡。正在研究团队垂头丧气之时，一套双降落伞系统研制出炉，让困境出现了转机。根据这种系统，首先打开的是制动伞，直径 2.5 米，由织物带构成，表面覆以金属丝网以便于雷达探测。制动伞的

实施麻醉后，第一只"艾伯特"在"繁花"3 号任务发射前被放入密封舱。

作用是在下降初期降低速度，随后，一个直径为 4 米的主降落伞再打开。

1948年6月11日，载着恒河猴"艾伯特"1号的"繁花"3号V-2火箭导弹正等待发射。遗憾的是这只小猴子在发射前可能已经因窒息而死。

　　1951年9月20日，具备更好生命保障系统的"空中飞盘"2号在霍洛曼发射台发射，飞行高度达到了71千米。载着"艾伯特"6号和一只老鼠的密封舱及头锥按原计划分离，并降落回地面。新改进的伞降系统运行良好，头锥在摇摆的伞盖下飘向地面。尽管着陆时仍有剧烈撞击，但传回的遥测信号显示"艾伯特"6号活了下来。搜救团队最终找到了它，但太阳的暴晒已使这只小猴子奄奄一息，救援人员把它从密封舱中取出 2 小时后，它还是死于热衰竭。尽管遭受了如此挫

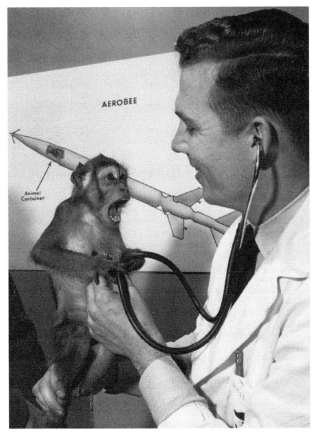

恒河猴"迈克尔"和"帕特里夏"参加弹道火箭试验，试验结束生还后接受检测。画面背景是"空中飞盘"火箭的局部剖视图。

折，新研发的伞降系统如期正常运行还是极大地鼓舞了研究人员。

　　1952 年 5 月 21 日是艾伯特飞行系列的最后一次试验飞行。这一次，曾首次"吃螃蟹"的 2 只恒河猴"帕特里夏"和"迈克尔"将作为乘员搭乘火箭。同行的还有 2 只小白鼠"米尔德丽德"和"艾伯特"。此次试验非常圆满，美中不足的是"空中飞盘"火箭上升高度只有 63 千米。双伞系统完美开伞，所有搭载的动物都安全返回。这次飞行标志着长达 6 年的搭载灵长类动物的飞行试验圆满收官。更重要的是，通过一系列开创性试验飞行所取得的经验和教训，为后续研究奠定了坚实的基础。[14]

V-2 火箭导弹搭载生物飞行一览表

V-2 火箭导弹任务编号	发射日期	发射场	生物载荷	飞行高度 / 试验结局
7 号	1946 年 7 月 9 日	WSPG*	专门处理过的种子	134 千米 / 标本未回收
8 号	1946 年 7 月 19 日	WSPG	专门处理过的种子	6.4 千米 / 标本未回收
9 号	1946 年 7 月 30 日	WSPG	普通玉米种	167 千米 / 种子已回收
12 号	1946 年 10 月 10 日	WSPG	黑麦种子	180 千米 / 种子已回收
17 号	1946 年 12 月 17 日	WSPG	真菌孢芽	188 千米 / 标本未回收
20 号	1947 年 2 月 20 日	WSPG	果蝇	109 千米 / 果蝇收回,存活
21 号	1947 年 3 月 7 日	WSPG	黑麦、玉米种子、果蝇	163 千米 / 没有生物结果记录
29 号	1947 年 7 月 10 日	WSPG	黑麦、玉米种子、果蝇	16 千米 / 没有生物结果记录
37 号 / "繁花" 3 号	1948 年 6 月 11 日	WSPG	猴子（"艾伯特" 1 号）	63 千米 / 降落伞失效,动物丧生
44 号	1948 年 11 月 18 日	WSPG	棉花种子	145 千米 / 种子收回
50 号	1949 年 4 月 11 日	WSPG	未知	87 千米 / 没有生物结果记录
47 号 / "繁花" 4b	1949 年 6 月 14 日	WSPG	猴子（"艾伯特" 2 号）	134 千米 / 降落伞失效,动物丧生
32 号 / "繁花" 4c	1949 年 9 月 16 日	WSPG	猴子（"艾伯特" 3 号）	4.8 千米 / 火箭爆炸,动物死亡
31 号	1949 年 12 月 8 日	WSPG	猴子（"艾伯特" 4 号）	132 千米 / 动物受撞击而死
51 号	1950 年 8 月 31 日	WSPG	老鼠	135 千米 / 动物受挤压而死

*WSPG 为美国陆军白沙试验基地的缩写。

"空中飞盘"火箭搭载生物飞行一览表

"空中飞盘"火箭编号	发射日期	发射场	生物载荷	飞行高度 / 试验结局
USAF-12	1951 年 4 月 18 日	WSPG*	猴子（"艾伯特" 5 号）、几只老鼠	61 千米 / 降落伞失效，动物丧生
USAF-19	1951 年 9 月 20 日	WSPG	猴子（"艾伯特" 6 号）、1 只老鼠	71 千米 / 所有动物返回，猴子受撞击 2 小时后丧生
USAF-20	1952 年 5 月 20 日	WSPG	2 只猴子（"帕特里夏"和"迈克尔"）、2 只老鼠	63 千米 / 所有动物安全返回

*WSPG 为美国陆军白沙试验基地的缩写。

　　入籍美国后，布劳恩被任命为美国陆军弹道导弹署的文职负责人和技术主任，该机构坐落于亚拉巴马州的亨茨维尔，时任局长是约翰·B.梅达里斯少将。该机构于 1956 年 2 月 1 日成立于红石兵工厂，负责研发美国陆军第一代大型弹道导弹"朱庇特"。布劳恩所率领的德国科学家团队在该型导弹的研发和测试过程中发挥了举足轻重的作用。

　　随着布劳恩的影响力愈来愈大，他建议美国设立国家太空机构，每年投入 15 亿美元并负责空间项目研发，目标是"在 5 年内实现载人在轨飞行并安全返回，10 年内建立驻人空间站"。[15] 梅达里斯十分赞同布劳恩的建议，他在 1957 年 12 月 14 日国防部的一个专门委员会上做陈述时提出迫切需要加快推进"宇宙神"（Atlas）① 洲际弹道导弹项目，并称"如果我们不能在 1961 年前研制出百万磅推力级的发动机，我们就进不了太空，在太空竞赛中就会出局……当下重中之重就是早日具备进入太空的能力，而且越早越好"。他又补充道："当前，我们应按 10~12 年进行规划，最终目标是征服太空，实现载人太空飞行"。[16]

① 宇宙神阿特拉斯（Atlas），希腊神话的提坦巨神之一。因参与提坦神反对奥林波斯诸神而被罚用双肩在世界最西处支撑天宇。——译者注

加里森·诺顿（Garrison Norton）是时任海军部助理部长，负责海军航空装备督造。他在两天后一个专门委员会上说，他坚决反对关于载人飞船的"搞笑的罗杰斯①"（Buck Rogers）建议，声称"当务之急是提高导弹弹头的打击精确度，任何其他想法都不能干扰这个核心目标""我丝毫无意贬低卫星和空间站的重要性，但我要强调的是，我们要区分轻重缓急"。他还抱怨道："海军的导弹研究项目由于一些负面宣传已经受到严重冲击，预算极度短缺"。[17]

1957 年 12 月 6 日，在整个美国，人们都聚在收音机旁，等待着一条来自卡纳维拉尔角的迟来消息。那天，美国将发射一颗名为"先锋"（Vanguard）的小型海军卫星。这是在苏联"人造卫星"冲击之后的一次大事件，它将使美国也成为真正的太空国家。尽管人们翘首以盼，但一方面因为军方对在国人面前直播发射场面心怀忐忑，宁愿悄悄进行，另一方面当时现场也不具备现成的直播条件，所以电台和电视台都没有进行直播，直到那天晚上的新闻节目公众才看到发射画面。倒计数归零时，威风凛凛的火箭发出咆哮，震颤的火箭刚一离开发射台，就突然被一个巨大的橘黄色火球所笼罩。万众瞩目的"先锋"号入轨就这样化为泡影，以令人沮丧的结果收场。项目的推进系统工程师库尔特·施特林（Kurt Stehling）后来写道，在倒计数归零时：

> 所有的地狱之门好像一下子全打开了，刺眼的火焰如利剑般从靠近发动机一侧窜出，火箭似乎不安地顿了一下，接着又再次抖动起来，就在众目睽睽之下，大地在塌陷，让人不寒而栗，就像一把烧红的剑被收入鞘中，简直令人不可思议。火箭慢慢倒塌、

---

① 搞笑的罗杰斯（Buck Rogers）：这是 20 世纪 50 年代前后美国科幻小说、喜剧小品、连环画、电影和电视中家喻户晓的喜剧角色。在剧中，罗杰斯时常穿着一套保护服装，很像后来宇航员穿着的航天服。——译者注

"先锋"号在发射台剧烈爆炸。

解体，呼啸着撞击测试平台和地面，即使隔着掩蔽所那 2 英尺厚的坚固钢筋混凝土墙，人们也能够感受到、听到。[18]

　　发射失败使研究团队士气低落。之后，华盛顿紧急批准陆军弹道导弹署利用更可靠的"朱庇特 C"火箭将人造卫星送入轨道。作为该局负责人，布劳恩受命组织、领导此次发射，他信心十足地打算 90 天内完成任务。

　　美国陆军、布劳恩及其研究团队取得了圆满成功。1958 年 1 月 31 日，一枚"朱庇特 C"型火箭飞离发射塔，咆哮着升空，其间没有发生任何意外。数分钟后，美国最终将自己的卫星"探索者" 1 号送入预定轨道。

一个民用航空机构的诞生

到 1958 年 10 月，国际地球物理年合作计划结束。该计划始于 1957 年 7 月，涉及对地球及其太空环境的系统性研究。在此期间，苏联成功将 3 颗"人造卫星"系列卫星送入轨道，美国也不甘落后，也发射了 3 颗，尽管尺寸比苏联的小。显而易见，在航天技术领域，无论是火箭技术还是发射大型复杂航天器进入轨道的能力，苏联似乎大大领先了。

美国方面的主要问题之一是海军和陆军在研发上的分歧。海军从事的是麻烦不断的"先锋"项目，而陆军正准备利用"托尔—阿金纳"（Thor-Agena）火箭组合将其研制的"发现者"（Discoverer）系列卫星的第一颗送入轨道。"托尔"火箭将作为第一级，而"阿金纳"将作为第二级最终将卫星送入轨道。1958 年 1 月，陆军方面曾提出建议，与海军、空军联合进行名为"人类翱翔"（Man Very High）项目的研发，将人类送入太空。但到了 4 月份，空军表示它无意再参与，海军也越发兴趣索然。尽管如此，陆军仍初心不改、坚持推进项目，并重新将项目命名为"亚当"（Adam），计划将一个载有人类飞行员的可回收密封舱，装载在"红石"火箭顶部作弹道飞行，使其达到 250 千米的高度。不过，到了 7 月，这一计划就因不切实际而被扔进了垃圾筐。在军方机构间意见严重分歧的背景下，一个民用航天机构——美国国家航空航天局（NASA）应运而生。

同年 8 月 8 日，艾森豪威尔总统任命时任俄亥俄州凯斯理工学院（Case Institute of Technology）院长的 T. 基思·格伦南为这个新成立的非军方机构的首任局长，初期预算为 3.3 亿美元。NASA 的大部分人员和资源都从其前身——美国国家航空咨询委员会转隶而来。与此同时，所有军方正在开展的航天项目，包括"探索者"和"先锋"，都被直接移交给 NASA。格伦南的副手是休·L. 德赖登（Hugh L. Dryden），他是国家航空咨询委员会最后一任主任。

　　到 NASA 还 不
到一周，航天工程师
罗伯特·R. 吉尔鲁思
（Robert R. Gilruth）
受命组建并领导一
个叫作"太空任务
特别小组"（Space
Task Group，STG）
的专门机构，总部
设在空军位于弗吉
尼亚州的兰利训练

1958 年 10 月 1 日，德怀特·艾森豪威尔总统和 NASA 首任局长
T. 基思·格伦南、副局长休·L. 德赖登（左）宣布 NASA 正式成立。

场（Langley Field），负责研究提出一项民用计划，研究探讨的主要内容包
括：将载人航天器送入轨道的可行性、人在失重状态下的反应、宇航员在
太空的行为能力，以及宇航员和航天器安全回收的可实现性等，而且最好
能走在苏联前面。1958 年 10 月 7 日，该计划得到批准。任务小组起初给
计划起的名字为"宇航员计划"（Project Astronaut），名称虽突出了宇航
员的意义，但项目本身的意义却并不突出。于是，艾森豪威尔决定将名称
改为"水星"计划（Project Mercury）；这个名称是由小组成员阿贝·西
尔弗斯坦（Abe Silverstein）提出的，以表达对罗马神话中的众神信使墨
丘利[①]的敬意。该名称于 1958 年 12 月 17 日正式启用，吉尔鲁思提出的
"宇航员"一词也自此成为通用术语。按《NASA 名称的由来》（*Origins
of nasa Names*）的解释，"宇航员"（astronaut）这个词的语义学来源为
"Argonauts"，即"阿耳戈"号的水手们——在古希腊的传说中，他们为

---

① 该计划在中文中称为"水星"计划。在英文中，"墨丘利"与"水星"是同一词。——译者注

了寻找金羊毛[①]走了很远很远——同时也延续了对乘坐气球飞行的先驱们（aeronauts）的称谓方式。[19]

在合适的运载工具方面，NASA 选择对现有军用弹道导弹加以改进，而后用以将有效载荷送至太空。陆军的"红石"导弹可以用于载人亚轨道飞行中，而体积更大、推力更强的"宇宙神"D 型火箭正在空军主导下进行研发，将来经过改进，可以承担把人类送入地球轨道的重任。

与苏联不同的是，NASA 采取的是公开原则，而不是像苏联那样对项目进展完全保密。但是，公开也带来了麻烦，使苏联得以对每一次飞行都能精心谋划，不仅抢得美国人的先机，而且还技高一筹，然后又可以对自己的成就大肆渲染。当然，公开策略也燃起了美国人的热情，他们为国家的太空飞行计划和选拔出的宇航员而自豪。相较之下，早期苏联航天发射只有在成功后才对外发布消息，而宇航员的姓名在执行任务前严格保密。直到很多年后，苏联的这种政策才宣告结束。

1958 年 12 月 13 日，作为 NASA 太空生物项目的组成部分，一只名为"戈多"的南美小松鼠猴搭载火箭，从位于佛罗里达卡纳维拉尔角的大西洋导弹发射场发射升空。猴子被紧紧地包裹好，然后安放在美国陆军"朱庇特"AM-13 型火箭头锥内的小密封舱中，该型火箭原计划是用于搭载中程导弹的。传回的遥测信号表明"戈多"在整个飞行期间表现良好，美中不足的是他的心跳稍稍有点慢。在 15 分钟的亚轨道飞行期间，"戈多"有 8.3 分钟处于失重状态。遗憾的是，再入大气层时发生了技术故障，降落伞未能打开，头锥溅落在北大西洋并沉入海底。虽然美

---

① 金羊毛（Golden Fleece），希腊神话故事。忒萨利亚王埃宋之弟珀利阿斯篡夺王位后，为了阻止王子伊阿宋争位，命他到科尔喀斯觅取金羊毛。伊阿宋得天后赫拉帮助，制造快艇"阿耳戈"号，和许多英雄一同启程，经历艰难险阻，终于抵达目的地。科尔喀斯王要他用火牛犁地，并把龙牙种到地里，才肯给他金羊毛。该国公主美狄亚爱上了伊阿宋，施展巫术帮助他。龙牙下土后忽然变成许多武士，美狄亚施法使他们自相残杀，全部死亡，又用魔草使看守金羊毛的神龙酣睡，伊阿宋才取得金羊毛，同美狄亚黄夜逃走。回到忒萨利亚后，美狄亚再施巫术，烹死国王珀利阿斯，使伊阿宋夺回王位。——译者注

国陆军动员了一切力量，耗时 6 小时进行搜寻未果，最后与一次完美飞行失之交臂。[20]

　　NASA 决心继续推进火箭搭载生物试验。1959 年，他们选了 2 只猴子再次进行发射。第一只是恒河母猴"埃布尔"，是从堪萨斯独立市（Independence）动物园的 24 只候选猴中"录取"的。第二只灵长类动物是更小的雌性猴，是从迈阿密宠物店购入的猴群中的一只。这是一只出生在南美的松鼠猴，只有 2 岁大，体重不足半公斤。"埃布尔"的取名采用了军用音标字母的第一个，为了与此保持一致，这只小一点的猴子被顺次取名为"贝克小姐"。

　　训练过程中，每只猴子都穿着安有传感器的专用太空服，以测试心跳、体温和运动情况。飞行试验中，它们被捆缚在头锥内不同的密封舱里。"贝克小姐"被紧紧地包裹在一个非常小的舱内，尺寸与保温瓶差不多。"埃布尔"的空间较宽裕，在飞行期间能够实施简单、重复的任务动作。"埃布尔"受过特殊训练，一旦红灯开始闪烁，就会用手指按下一个按钮，使科学家可以判定在 9 分钟的失重状态下它的协调能力和注意力。尽管试验有 2 只灵长类动物和其他生物参与，但对它们的测试并不是主要目的，此次试验的更重要的目的是检验头锥对有效载荷的保护能力。在再入大气层时，头锥要经受的温度会高达 2800℃。

　　1959 年 5 月 28 日，美国陆军"朱庇特"AM-18 型火箭搭载 2 只灵长类动物从大西洋导弹发射场发射升空。利用本次飞行，NASA 还将检验宇宙射线、超重与失重状态对海胆卵、人类血液细胞、酵母、洋葱表皮细胞、玉米和芥末种子、霉菌孢子和果蝇幼虫的影响。本次飞行共持续了近 17 分钟，飞行距离达到 2735 千米，高度约为 579 千米。在经历了炙热的再入过程后，头锥溅落在波多黎各的圣胡安东南约 400 千米的海面上。海面搜救团队起初担心头锥还会像之前的"戈多"那样沉入海底，但搜寻结果发现它正在海面上漂浮。从发射算起，时间仅仅过去了一个半小时多一点，海军的蛙人将头锥打捞回收。很快，消息传到了卡纳维拉尔角的控制中心："埃布尔"和"贝克小姐"状态良好，没有受伤或发生任何其他意外。在这次搭载动物的飞行中，研究团队积累了15分钟珍贵的生物信息，包括体温、肌肉反应和呼吸频率。这次发射还成就了一个里程碑，表明了将人类送入太空不会有任何实质性障碍。

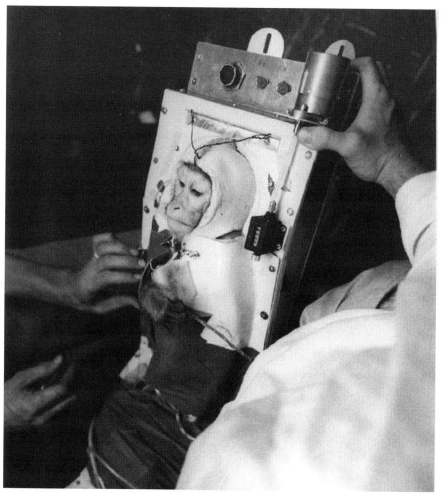

1959年5月28日发射前，"埃布尔"被固定在座椅上。

圆满完成飞行任务 2 天后，NASA 局长 T. 基思·格伦南在华盛顿召开的新闻发布会上展示了"埃布尔"和"贝克小姐"，称 2 只猴子在试验过程中经受住了 38 倍的超重，而它们的心跳和呼吸只发生了微小变化。随后，2 只小猴子的照片登上了《生命》杂志封面和内页。

尽管在飞行中 2 只猴子完好存活下来，但遗憾的是，仅在完成这次开创性飞行 4 天后，"埃布尔"就于 6 月 1

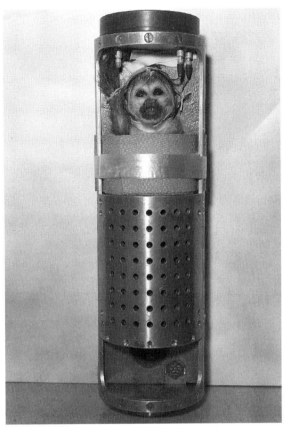

小松鼠猴"贝克小姐"被固定在密封舱内，将与它的同伴"埃布尔"一同随"朱庇特"火箭发射升空。

日死亡，原因是陆军军医在为其取出已引起感染的电极时（发射前植入腹部的），麻醉手术出现了不良反应。"贝克小姐"比较幸运，经过自己唯一的一次太空飞行后一夜走红，它一直存活到 1984 年 11 月，于亚拉巴马州的亨茨维尔殁于肾衰竭，生存年龄达到 27 岁。

随着搭载动物飞行试验持续进行，可用于载人进入太空的关键数据不断积累，苏美两国竞争加剧，争先恐后力争成为第一个将宇航员送入太空的国家。1960 年 5 月 15 日，苏联研发的新型太空飞行器"东方"（Vostok）号的原型船，官方名称为"太空船—人造卫星"1 号（Korabl-Sputnik1）的飞船，在位于哈萨克斯坦南部的拜科努尔航天中心发射升空，上面搭载了一个人体模型宇航员。飞船没有热防护装置，目的就是想让它在返回时烧毁。这次飞行进行了 4 天，飞船的系统验证工作在地面开展。之后，飞船将继续在轨运行，5 年后最终脱离轨道，坠入大气层焚毁。试验虽然出现一些技术问题，但总体说来是成功的。试验完成后，将按计划再进行一次 24 小时的飞行试验，并且将搭载包括 2 只狗在内的许多动物。如果一切顺利，这些动物将成为第一批自轨道返回的生命体。

搭载生物的"朱庇特"火箭飞行试验

运载工具	发射时间	发射地点	搭载生物	大约高度和距离 / 结局
"朱庇特"AM-13/ 生物飞行 1 号	1958 年 12 月 13 日	卡纳维拉尔角	猴子"戈多"、脉孢菌	467 千米高度，2092 千米距离，头锥溅落海中未找回
"朱庇特"AM-18/ 生物飞行 2a、2b	1959 年 5 月 28 日	卡纳维拉尔角	2 只猴子（"埃布尔"和"贝克小姐"）、脉孢菌、种子、蛹、海胆卵	483 千米高度，2414 千米距离，头锥和 2 只猴子安全回收
"朱庇特"AM-23	1959 年 9 月 16 日	卡纳维拉尔角	2 只青蛙、12 只怀孕老鼠、种子、蛹、海胆卵	发射出现故障，发射场将导弹摧毁

2 只分别叫"小狐狸"和"海鸥"的小狗，乘坐"东方"号飞船的第二号原型船于 1960 年 7 月 28 日在拜科努尔航天中心发射，但很快就发生了不幸。刚开始发射，捆绑式助推发动机就从 R-7 火箭上脱落，升空 19 秒后，火箭开始解体。地面控制人员迅速发出指令，抛弃正在上升的有效载荷防护罩，随后，"东方"号上装载 2 只小狗的降落舱与火箭通过爆炸进行了分离，降落伞开启，但因开启高度太低，降落舱高速撞向地面，2 只小狗不幸丧生。

调查结果显示，降落伞系统在飞船升空后的 40 秒以内难以完全展开、鼓起，于是项目团队决定开发一种弹射座椅，保证之后的宇航员在遭遇类似灾难时能够从飞船上迅速脱离逃生。8 月 19 日，另一艘"东方"号飞船的原型船，即"太空船—人造卫星"2 号（西方错误地称为"人造卫星"5 号）在拜科努尔发射场由"东方"—L 型运载火箭发射升空，上面搭载着 2 只小狗"小白"和"小箭头"，以及一只叫"玛尔富莎"的灰兔、42 只小白鼠、2 只田鼠、若干果蝇、一些植物以及真菌，另外还安装了一台摄像机，以记录 2 只狗在飞行期间的反应。

　　在完成了长达一天的轨道飞行后，参加太空旅行的动物们平安返回。更重要的是，"小白"和"小箭头"成为首次进入太空并安全返回的狗，这使得苏联将宇航员送入太空轨道进行类似旅行的信心大增。与此同时，2 只小狗和它们的壮举也饮誉世界。一年后，"小箭头"产仔，诞下几只狗宝宝，其中取名"毛茸茸"的一只被时任苏共中央总书记、苏联部长会议主席赫鲁晓夫送给了美国第一夫人杰奎琳·肯尼迪（Jacqueline Kennedy），作为给她的女儿卡罗琳（Caroline）的礼物。卡罗琳对它宠爱有加。"毛茸茸"后来也有了自己的孩子"小黑子""蝴蝶""白尖尖"和"斑纹"，肯尼迪[①] 幽默地把它们称作"卫星狗仔"。这 4 只小狗后来都被赠送出去。

　　"太空船 - 人造卫星"3 号于 1960 年 12 月 1 日成功发射，不过这次飞行任务没有"小白"和"小箭头"那次幸运，最终以失败而告终。除了 2 只小狗"小蜜蜂"和"小飞机"外，还有其他一些标本，如几内亚猪、老鼠、植物和其他一些生物样本在飞船上。不同品种的白鼠和果蝇也是此次飞行的乘员，目的是研究宇宙射线的影响。像前次飞行一样，这次也在飞船上安装了电视摄像机用来记录狗狗们的行为。太空船一天的飞行很顺利，但在准备返回大气层时，用来降低飞船速度的制动火箭发生故障，于是地

---

① 肯尼迪（John Fitzgerald kennedy,1917—1963）美国总统（1961—1963），民主党人。任内发动侵越战争，策划入侵古巴，在加勒比海危机中，逼苏联撤除在古巴的导弹基地。后遇刺身亡。——译者注

"小白"和"小箭头"首次完成太空轨道飞行并平安返回地球。

面控制人员决定让飞船再沿一条非计划轨道绕行一圈。苏联官方媒体宣称飞船及其乘员在返回时失踪。不过,后来的信息披露,飞船是由地面控制中心启动飞船上的自毁装置有意摧毁的,其目的是防止飞船可能落在苏联领土之外,可能被其他大国利用和研究。

3个星期后的12月22日,"东方"号飞船开始了命运多舛的第五次试验飞行。为了这次飞行，火箭进行了改进，加装了第三级，以进一步提供推力。2 只小狗"彗星"和"小玩闹"搭载飞行。这次试验时间虽短，却麻烦不断。发射升空 7 分钟后，第三级火箭过早地分离。这种情况一旦出现，紧急逃生系统就会被立即激活。设备舱没能与返回舱成功分离，还被一束金属线缆连接着，线缆在再入大气层时被最终烧毁。返回舱最后落在靠近西伯利亚下通古斯卡河的一个偏远地区。尽管有回收信标的帮助，搜寻团队还是花了几天时间才在天寒地冻的环境中确定了飞船的位置。令人震惊的是，2 只狗居然还活着。几天后，返回舱被运至莫斯科。由于试验飞行未能到达将舱段送入预定轨道的目标，因此飞行没有纳入"太空船—人造卫星"系列的编号任务中。

1961 年 3 月 9 日，一只雌性狗"小黑子"独自待在一个小型球状加压舱内，随"太空船—人造卫星"4 号发射升空，同行的还有 8 只白鼠、多头几内亚猪和大量生物标本。令研究团队尤为上心的是，这次还安排了一位特殊"乘客"——一个身穿宇航服的木质人体模型，并且不无调侃地为其取了一个官方名字"伊万·伊万诺维奇"（Ivan Ivanovich）。模型的体型和重量与真人相当，被绑缚在座位上，身上的宇航服为橘黄色，与计划中的第一位宇航员相同。伊万的胸腔内部、腹部和臀部是名副其实的"诺亚方舟"，庇护着包括小白鼠、几内亚猪和微生物等生命。按预定方案，飞船围绕地球轨道飞行一圈后，返回舱穿过大气层成功返回。搜寻人员找到"小黑子"时，发现它的状态良好，精神抖擞。经受了自动弹出密封舱、搭乘降落伞着陆后，"伊万"的形态也保持良好。这次任务十分圆满，研究团队信心满满、精神振奋。现在，苏联可以向首次载人航天发起冲刺了。[21]

"太空船—人造卫星"4 号的飞行过程与将要进行的第一次载人飞行完全相同，但在"东方"号载人飞行任务正式实施前，还要开展最后一次试验飞行。这次决定性试验于 1961 年 3 月 25 日进行，"太空船—人造卫星"5号在拜科努尔发射场成功发射，飞船上面搭载了一只狗，这次"伊万·伊万诺维奇"第二次一同前往，另外还有一些小动物和生物样本。对太空船与地面控制系统的通信联络进行测试是此次试验的一项重要任务，为此，舱内安装了一台录音机。在绕地飞行一圈的过程中，录音机将播放皮亚特尼茨基（Piatnitsky）合唱曲，随后是朗诵制作卷心菜汤菜谱的声音。这不但测试了通信系统，而且一旦西方听众凑巧收听到太空船播放的录音，也必定会令他们大惑不解。这次任务选中的小狗是"小星星"。

有6位重要历史人物见证了"太空船－人造卫星"5号在拜科努尔航天中心的发射，他们是经层层选拔的最优秀的宇航员，准备完成第一批次"东方"号系列载人航天任务，他们就是后来为人们熟知的"6位航天先锋人物"：尤里·加加林、耶尔曼·季托夫（Gherman Titov）、安德里安·尼古拉耶夫（Andrian Nikolayev）、帕韦尔·波波维奇（Pavel Popovich）、瓦列里·贝科夫斯基（Valery Bykovsky）和格里戈里·涅柳博夫（Grigori Nelyubov）。早些时候，他们见到了准备搭乘太空船飞行的小狗。据说加加林问及小狗的名字，训犬员回答不清楚，他猜测可能是"小青烟"或"小云朵"。加加林对此很吃惊，认为这只狗应该有个与此次任务相匹配的大名，建议改成"小星星"。

太空船成功进入近地轨道，绕地球一周后再入大气层。当密封舱冲向地面时，人体模型座椅与前一次飞行一样按计划弹射出舱，凭借降落伞着陆在苏联土地上。太空船则凭借另一降落伞着陆于西乌拉尔山脉（Ural Mountains）的伊热夫斯克（Izhevsk）东北部，地点离人体模型降落点不远。当时的降落地点暴雪肆虐，救援团队用了大约24小时才赶到那里，将相关物品收拾停当，运送至莫斯科。"小星星"在经受轨道历险后，健康状况良好。

先锋 R-7 火箭载犬轨道飞行

发射日期	所载狗的名字	结局
1960 年 7 月 28 日	"海鸥"和"小狐狸"	发射后火箭故障，2 只狗丧生
1960 年 8 月 19 日	"小松鼠"和"小箭头"	进入轨道，平安返回
1960 年 12 月 1 日	"小蜜蜂"和"小飞机"	再入时爆炸，试验犬丧生
1960 年 12 月 22 日	"彗星"和"小玩闹"	进入轨道，平安返回
1961 年 3 月 9 日	"小黑子"	进入轨道，平安返回
1961 年 3 月 23 日	"小星星"	进入轨道，平安返回

至此，苏联航天工程的决策者们自信地确定，可以安全将宇航员送入轨道，进而开展类似环绕地球一周的飞行活动了。仅仅 3 周后，这一想法就被付诸实施；狗狗先锋们曾前赴后继、付出巨大牺牲的太空探险事业被第一个人类太空探险者承继下来。

"水星"号宇航员们与"宇宙神"火箭模型合影。前排左起：格斯·格里索姆（Gus Grissom）、斯科特·卡彭特（Scott Carpenter）、德凯·斯莱顿（Deke Slayton）、戈登·库珀（Gordon Cooper）。后排左起：艾伦·谢泼德、沃利·斯基拉（Wally Schirra）和约翰·格伦（John Glenn）。

第 2 章

初入太空

到了 1958 年，美国终于开启了揭开太空神秘面纱之旅。就在苏联庆祝自己将世界上第一颗人造卫星，继而又将一只小狗"莱卡"送入轨道的伟大成就时，羽翼未丰的 NASA 也将注意力瞄准了人类的未知领域：外太空。数周内，他们成立了一个由多位火箭技术、飞船设计和生物航天领域的知名权威组成的专门小组，目标是将宇航员送入太空。"水星"计划（Project Mercury）就此诞生。

从一开始，"水星"计划就令人神往，志在必成。为了执行 NASA 的太空飞行任务，必须有一批意志坚定的飞行员，这些飞行员后来被称为宇航员——星际水手。然而，要确定第一批人选绝非易事，不仅要明确他们究竟要具备什么样的素质，还要知道去何处选拔。NASA 希望能选出 12 名宇航员，他们愿冒生命风险从事这项前所未有的最具危险性的科学事业。然而，NASA 却没有任何工作指南，也没有任何先例可循。NASA 当时困难重重。

经时任美国总统艾森豪威尔批准，这些飞行员将从军队现役试飞员中选拔。面对堆积如山的数据和医学记录，经过仔细甄选，NASA 从中选出了 110 名全美顶尖试飞员，然后再从中筛选出 12 名。110 名候选人被送至五角大楼，他们将听取绝密的载人航天任务总体介绍，被告知可以选择自愿参加航天计划，也可以不受歧视地选择退出。选择继续参与的人员还需完成初步的医学、体能和精神病学方面的严格审查。最后，具备高度竞争力的 32 名精英脱颖而出，他们还将经历更严格、强度更大的筛选以最终确定谁是最后的佼佼者，以便应对复杂而危险的太空未知环境，从而在具有历史意义的"水星"计划中占有自己独特的一席之地。

所有 32 名候选人在新墨西哥州的拉夫雷斯诊所（Lovelace clinic）接受了 1 周前所未有的严格检查，其中有些检查有损人的尊严甚至野蛮粗暴。检查结束后，另外一系列令人不堪忍受的检查正在位于俄亥俄的航空医学实验室等待着他们，这些检查同样需要 1 周的时间。在那里，他们要接受极端条件下的体能和生理测试，为的是优中选优。引用作家汤姆·沃尔夫（Tom Wolfe）在谈及这一话题时说过的话，就是要找出用"特殊材料"打造的一个群体。

1959 年 4 月 9 日，NASA 官员在位于首都华盛顿的总部大楼召开新闻发布会，介绍了 7 名最终被遴选出的军队试飞员，他们将成为美国第一批宇航员。当时，他们按姓名字母顺序依次而坐，一位官员解释说，所有人都将接受严酷的训练，最终再选拔一位宇航员，他将首次搭乘火箭进入太空，而且希望 7 位宇航员都有机会执行"水星"飞行任务及随后的载人太空飞行计划。

7 位"水星"宇航员是：33 岁的海军上尉斯科特·卡彭特、32 岁的空军上尉戈登·库珀、37 岁的海军陆战队中校约翰·格伦、33 岁的空军上尉格斯·格里索姆、36 岁的海军少校沃利·斯基拉、35 岁的海军少校艾伦·谢泼德和 35 岁的空军上尉德凯·斯莱顿。[1] "水星七杰"的遴选恰逢美国历史上的一个重要时刻。苏美两国冷战所带来的恐惧和不确定性以及愈演愈烈的太空竞赛，一方面引发了国际社会骚动，另一方面又产生了对太空战的担忧。7 名宇航员除了要开展太空飞行相关训练外，还要为"水星"计划的推进提供工程方面的协助。在对太空船进行不断完善和测试的两年时间内，他们将在当时位于弗吉尼亚州兰利训练场的"水星"总部工作。

发射台上的灵长类动物

1959年12月4日将近中午时分，一只3公斤重、名叫"萨姆"的恒河猴，自弗吉尼亚州的沃勒普斯（Wallops）岛搭乘一艘"水星"号宇宙飞船的原型船发射升空，该船被推进到太空边缘，以测试这种环境对类人生物产生的不利影响。密封舱内同行的还有甲虫卵、家鼠神经细胞、蠕虫及一些细菌培养物，目的是研究零重力和辐射的影响。此次短程弹道飞行发射使用的是"小乔"2号（Little Joe 2，LJ-2）运载火箭。设计该型火箭是为了测试宇宙飞船逃逸塔系统，以便观察逃逸塔在真实发射动力条件下的效能。三脚形的逃逸塔实际上是一枚应急火箭，如果发射过程出现任何故障，它将让飞船脱离运载火箭。在一系列小型、可以替代"红石"火箭部分功能的火箭中，LJ火箭是其中之一，而"红石"火箭将作为今后的运载火箭，把美国第一位宇航员送入太空。

接下来的发射很成功，LJ-2火箭在超过30千米高度时燃料用尽，于是逃逸塔启动，将密封舱与耗尽燃料的火箭分离，并将其推进至将近76千米的高度。在此过程中，"萨姆"经历了3分钟的失重状态。再入过程也比较平稳，2套伞降系统顺利打开，在经过11分06秒的弹道飞行后，密封舱溅落在大西洋。6小时后，海军导弹驱逐舰"博里"（Borie）号赶至现场将密封舱回收。密封舱吊至舰上后，舱门打开，"萨姆"的生命保障包被卸下来。经过初步检查，"萨姆"状态良好。

大约6周后，1960年12月1日，"萨姆"的伙伴"萨姆小姐"搭乘LJ-1B火箭对"水星"逃逸塔系统进行了第四次飞行测试。密封舱溅落大西洋后，一架海军陆战队直升机将其回收。飞船飞抵了太空边缘，在历时8.5分钟的飞行期间还经受了28秒的失重考验，3岁的"萨姆小姐"不但毫发无损，甚至还很调皮。

载人太空飞行前奏曲

1961 年 1 月中旬，艾伦·谢泼德脱颖而出被选为"水星"计划的首位宇航员，他将进入太空进行亚轨道飞行，但在执行任务之前，他的名字还不能公开披露。载人飞行前，还要用黑猩猩替代宇航员，对包括"红石"火箭、"水星"密封舱以及所有系统和流程在内的组合进行最后的全方位测试，直到 NASA 上自局长下至所有人员都对结果满意、坚信宇航员能安全返回为止。

一只名叫"哈姆"的黑猩猩被选中作为先行者，这次飞行与艾伦·谢泼德后续要执行的飞行任务完全一样。有一组黑猩猩在新墨西哥州的霍洛曼空军基地接受过专门训练，"哈姆"是其中的一只。1 月 31 日，"哈姆"被连接上各种测试线路、穿戴好航天服、固定在密封舱内的座椅上。密封舱被小心翼翼地安装到"水星"号飞船上，准备执行代号为 MR-2（"水星 - 红石"2 号）的飞行任务。猩猩的手臂能自由活动，当有不同颜色的信号灯闪亮时，它会推动控制杆，这些动作已经反复训练过。

在卡纳维拉尔角发射平台等待了几小时后，"哈姆"搭乘的火箭终于点火，开始了它的太空之旅。在上升阶段，"哈姆"的身体短暂忍受了相当于18 倍重力的负荷，以 9330 千米 / 小时的速度达到了 251 千米的最高高度，比原设计要求稍快，也稍高。当处于大气层之上时，它经受了 6 分钟多一点儿的失重状态。之后，飞船减速，再入大气层，这一次的负荷是重力的14.5 倍，也比预计的稍高。

最终，"哈姆"搭乘的飞船溅落在距卡纳维拉尔角 679 千米的海面上，偏离预定降落区域近 200 千米，搜救团队花了好长时间才确定了飞船位置，然后派出海军陆战队直升机前往救援，直升机飞行员设法吊上正侧立在水中而且已经有部分没入水下的密封舱，随后送往担任救援的"唐纳"（Donner）号驱逐舰，将其缓缓放在甲板上。

　　尽管经受了一段时间的煎熬，"哈姆"出舱时仍然状态良好。舰上的兽医理查德·本森（Richard Benson）确认黑猩猩仅仅是有点疲惫和轻度脱水，鼻子上有轻微擦伤。"哈姆"狼吞虎咽地吃完了递给它的苹果，这说明其食欲未受丝毫影响。不过，当它成为人们关注的核心，尤其是摄影记者的照相机不断闪光、快门咔咔作响时，它开始龇牙咧嘴，发出愤怒的尖叫。

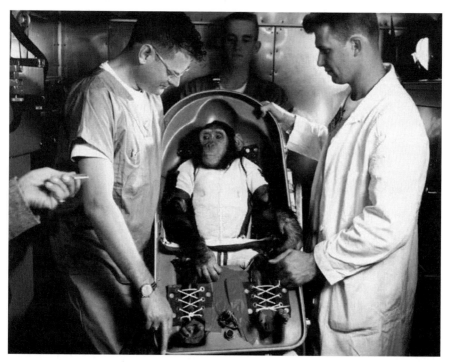

黑猩猩"哈姆"正在为它的亚轨道飞行任务 MR-2 进行训练。

　　"哈姆"的飞行总共持续了大约 16.5 分钟，经历了高速飞行、超重和失重，并按照它在霍洛曼所受的训练有条不紊地圆满完成了任务。[2] "哈姆"作为航天先驱者的使命已经光荣结束，于 1963 年被转送至位于首都华盛顿的国家动物园，在那里生活了 17 年，之后，又被送至北卡罗来纳动物园。"哈姆"于 1983 年 1 月 18 日死亡，活了 26 岁。它的骨骼标本保存于马里兰州银泉（Silver Spring）的国家健康和医疗博物馆（National Museum of Health and Medicine）并被展出，遗体的其他部分则被葬在位于新墨西哥州阿拉莫戈多的航天历史博物馆（Museum of Space History）内的国际航天名人纪念馆（International Space Hall of Fame），以纪念它为航天事业做出的贡献。

由于"哈姆"搭乘的"红石"火箭调节器出了问题，导致火箭将飞船推进到比原定方案更高的高度。因此，布劳恩决定再进行一次测试飞行，但这一次不再安排黑猩猩作为试验乘客。尽管许多人，尤其是艾伦·谢泼德对此深感失望，但没人质疑。1961 年 3 月 24 日，NASA 实施了"水星 - 红石"改进型火箭（MRBD）的测试发射并取得了圆满成功。6 周后，一直在焦急等待的艾伦·谢泼德飞入太空，而此时一名苏联宇航员已捷足先登并返回地面了。

苏联在行动

1958 年，苏联有多批官员开始造访各主要空军基地，要求指挥员选送他们的顶尖飞行员去参加面试，以执行处于保密状态的"特别项目"。最终，有 154 名空军飞行员接到命令赴莫斯科报到，然后接受了绝密考查和面试。经过严格筛查和大幅度淘汰，飞行员数量降至 20 名，他们成为第一批苏联宇航员。鉴于任务的绝密性，这些飞行员的姓名多年未向公众公开。

为纪念苏联一位特别英雄——尤里·加加林——而树立的各种纪念碑或雕像，高高矗立并被人们悉心呵护。

60 年前，苏联宇航员尤里·加加林完成了一次环绕地球一周的轨道飞行，这是他唯一一次执行太空任务，至今他的名字在全国仍备受尊崇。这项辉煌业绩虽事先未透露只言片语，但却是历史上一个重要里程碑，人们的爱国热情被自动地激发出来，像熊熊烈火燃遍全苏联，甚至在经历苏联转型这一痛苦过程后，他的名望也丝毫未减。

加加林在 1961 年 4 月的那次太空飞行持续了 108 分钟，他搭乘的"东方"号宇宙飞船直径 2.3 米。这次飞行不但使苏联在两个超级大国的太空竞赛中拔得了头筹，而且还奠定了加加林的历史地位。这位 27 岁的集体农庄工人的儿子，对家庭十分忠诚，以幽默著称。加加林激发了当时国内外整整一代人无穷的想象力和蓬勃的热情。与此同时，他作为航天飞行先驱迅速奠定了苏联在空间探索和太空政治中的领先地位。

苏联第一批航天勇士

航天员姓名（按字母排序）	出生日期	入选年龄	入选时间
阿尼克耶夫，伊万	1933 年 2 月 12 日	27	1960 年 3 月 7 日
别利亚耶夫，帕韦尔	1925 年 6 月 26 日	34	1960 年 4 月 28 日
邦达连科，瓦连京	1937 年 2 月 16 日	23	1960 年 4 月 28 日
贝科夫斯基，瓦列里	1934 年 8 月 2 日	25	1960 年 4 月 28 日
菲拉季耶夫，瓦连京	1930 年 1 月 21 日	30	1960 年 3 月 25 日
加加林，尤里	1934 年 3 月 9 日	25	1960 年 3 月 7 日
戈尔巴特科，维克托	1934 年 12 月 3 日	25	1960 年 3 月 7 日
卡尔塔绍夫，阿纳托利	1932 年 8 月 25 日	27	1960 年 4 月 28 日
赫鲁诺夫，叶夫根尼	1933 年 9 月 10 日	26	1960 年 3 月 9 日
科马罗夫，弗拉基米尔	1927 年 3 月 16 日	32	1960 年 3 月 7 日
列昂诺夫，阿列克谢	1934 年 5 月 30 日	25	1960 年 3 月 7 日
涅柳博夫，格里戈里	1934 年 3 月 31 日 *	25	1960 年 3 月 7 日
尼古拉耶夫，安德里安	1929 年 9 月 5 日	30	1960 年 3 月 7 日
波波维奇，帕韦尔	1930 年 10 月 5 日	29	1960 年 3 月 7 日
拉菲科夫，马尔什	1933 年 9 月 29 日	26	1960 年 4 月 28 日
绍宁，杰奥尔吉	1935 年 8 月 3 日	24	1960 年 3 月 7 日
蒂托夫，盖尔曼	1935 年 9 月 11 日	24	1960 年 3 月 7 日
瓦尔拉莫夫，瓦连京	1934 年 8 月 15 日	25	1960 年 4 月 28 日
沃雷诺夫，鲍里斯	1934 年 12 月 18 日	25	1960 年 3 月 7 日
扎伊金，德米特里	1932 年 4 月 29 日	27	1960 年 3 月 25 日

* 在涅柳博夫的墓碑上，他的生日被错误地刻成 1934 年 4 月 8 日。

尤里·加加林于1934年3月9日出生于俄罗斯西部的卢希诺（Klushino）村，这个村庄位于斯摩棱斯克地区东部边陲。父亲阿列克谢·加加林（Alexei Gagarin）是个木匠，母亲叫安娜·加加林娜（Anna Gagarina）。他在4个孩子中排行第三。当地集体农庄没有电也没有自来水，全家辛勤劳作，勉强糊口度日。当时条件虽艰苦，但家人非常齐心。母亲在圣彼得堡长大，受过良好教育。她每天晚上给孩子们读书，也引导他们自己阅读。

阿列克谢·加加林希望他的3个儿子都能成为木匠，指望有一天他们能一起把家里的生意做大，但战争打乱了这个计划。1941年，德国军队侵入苏联。1942年，纳粹盘踞在克卢希诺村，对村里被怀疑参与抵抗和故意破坏活动的人，不管年龄大小，实施了野蛮报复。一次，尤里的弟弟鲍里斯（Boris）被抓获，被用绳索套住脖子吊在树上，幸亏母亲及时砍断绳索，把孩子放下来，救了他一命。

战争期间的另一件事在尤里·加加林的脑海里留下了不可磨灭的印记并

1961 年 4 月 12 日，苏联宇航员尤里·加加林成为首位进入太空的人。

改变了他的一生。当年，一架德军梅塞施密特①（Messerschmitt）式歼击机追逐着苏军一架飞机，最后，苏联飞机在村子上空拖着浓烟坠毁。尤里与村里其他孩子一道跑向坠机现场，为两位飞行员提供食物，帮助飞行员收集残骸中可用的零部件。后来救援飞机降落在附近，把失事飞行员接走。在等待救援的过程中，尤里爬上被击落的战斗机，同飞行员简短地聊了几句。他对两位飞行员和飞机充满敬佩，梦想着将来能成为一名战斗机飞行员。

战争结束后，尤里·加加林决意不做木匠，这令他的父亲大为惊讶。他先在莫斯科的一家钢铁铸造厂短暂工作了一段时间，之后进入萨拉托夫工业技术学校（Saratov Industrial Technical School）学习工程，同时他还加入了当地一家飞行俱乐部。当第一次驾驶雅科夫列夫设计局生产②的雅克-18飞机完成飞行时，他就认定自己的一生与飞行无法分开了。1955年，加加林被录取为航空学院学员，他很快精通了所学内容，后来教员又推荐他去了位于奥伦堡（Orenburg）的军事飞行学校就读。不久，在学校飞行基地举办的舞会上，他遇到了未来的妻子瓦莲京娜（Valentina），并于1957年10月结婚。加加林后来承认当时他一心忙于准备婚礼，对那个月发生的世界上第一颗"人造卫星"上天的激动人心的新闻未给予足够关注。

加加林后来调入位于荒凉寒冷的北极圈的苏联空军截击机中队，虽然环境比较艰苦，但他工作和飞行都十分勤奋。1959年4月，他和瓦莲京娜的第一个女儿莱娜（Lena）出生了。几个月后，经过那次在全苏联进行的绝密选拔，加加林被选中作为备选宇航员前往莫斯科报道，并且成为遴选出的20名苏联太空勇士中的一员。[3]

---

① 梅塞施密特（Messerschmitt），是一家著名的德国飞机制造公司，尤以第二次世界大战期间生产的歼击机闻名，主要的机型有Bf109和Me262。第二次世界大战后，公司几经发展和兼并，于1989年被德国空间技术公司收购。——译者注
② 雅科夫列夫（Yakovlev），雅科夫列夫设计局是俄罗斯著名的飞机设计和制造公司，成立于1934年，以飞机总设计师雅科夫列夫的名字命名，飞机序列以雅克（Yak）作为前缀。第二次世界大战期间，该公司设计和生产了大量歼击机。——译者注

　　到了 1960 年初夏，从这 20 名候选宇航员中又选出 6 人作为第一批最佳人选，参加首次"东方"号载人飞船的飞行（与第一次"人造卫星"的做法相同，苏联也没有对这次发射进行编号）。加加林很快又成为 6 人中公认的佼佼者，甚至在他和瓦莲京娜的第二个女儿加利娅（Galya）出生时，他还在刻苦训练。发射日期定在 4 月 12 日。此前一周，苏联国务委员会确定加加林为主飞宇航员，耶尔曼·季托夫中尉为后备宇航员。1961 年 3 月 14 日，赫鲁晓夫在阿克莫棱斯克①（Akmolinsk）讲话时对外宣布，苏联离发射第一艘载人飞船进入太空已经为期不远了。[4] 4 周后，他的预告变成了现实，加加林成了历史上第一个进入太空的人类旅行者（在飞行期间，他被提擢两级，破格升为少校）。

　　4 月 12 日，莫斯科时间早上 9 时 07 分，加加林自豪地喊了一声"出征"，火箭点火升空。火箭的第二级发动机按计划分离后，"东方"号飞船进入椭圆形轨道，远地点为 327 千米，近地点为 181 千米。等到飞船进入预定轨道并进行确认后，苏联才对外发布公告。发射 15 分钟后，加加林通过无线电报告，他正飞行在南美上空。当飞船发射这则激动人心的消息在全球传播时，他正在喝水并进食苏联科学院专门研制的果冻状食品。

　　10 时 15 分，加加林在太空俯瞰非洲，同时向地面报告"飞行状态正常""失重状态没有引起不适"。稍后，降落程序开始。经过 79 分钟载入史册的太空飞行，飞船的制动发动机点火 40 秒，将飞船速度降至符合再入大气层的要求。根据设计，这时返回舱应该与设备舱以爆炸方式分离。但是，由于连接两个舱的金属线缆未能断开，被线缆连在一起的飞船不停地翻滚，将缺少保护的返回舱暴露在再入时产生的高温炙烧中。加加林座舱里的温度也在急剧升高，他只能看着舱外红色火焰肆意燃烧，自己束手无策。他后来回忆说，"我完全陷在火球里，冲向地球"。[5]

---

① 阿克莫棱斯克（Akmolinsk），现哈萨克斯坦的城市阿斯塔纳的旧称。——译者注

尤里·加加林开始历史性太空飞行前夕，"东方"3K-A火箭矗立在发射台上。

　　10分钟后，这根"顽强"地拖拽着两个舱室的线缆终于被烧断，随着"砰"的一声巨响而断开。这时返回舱仍继续向越来越稠密的大气层坠落，剧烈的旋转和摇摆开始慢慢减弱，一度濒临意识丧失的加加林逐渐恢复了全部意识。在苏联萨拉托夫地区上空约7千米处，返回舱舱门按设计被抛掉，之后加加林被自动弹出，通过伞降落在斯迈罗夫卡村附近安全着陆，返回舱也借助另一顶降落伞在3千米之外砰然落地。[6]

　　苏联开足马力大肆宣传，无线电广播里传播着激动人心的消息，称经过108分钟史诗般的太空旅行，包括89多分钟的轨道飞行后，宇航员于上午10时55分"安全降落在苏联领土上的预定区域"。一时间，举国一片欢腾。"东方"号飞船最高速度超过27000千米/小时，比之前已知的人类最高飞行速度大约快了3倍。在汇报了任务执行情况后，加加林回到莫斯科，被淹没在一片欢呼、慰问和赞颂的海洋之中，整个苏联都在为他的壮举狂欢。后来，他开始了环球之旅，无论到什么地方，人们都蜂拥而至，争相目睹这位世界首位太空人的风采、为他欢呼。直到 30 年后，关于他险象环生的返回细节才被公开。

稚嫩的第一步

不可避免地，在一个国家的历史上，时不时会有这样的时刻出现：国家把自己的希望、担忧以及对前途、命运的信心寄托在某个具体人身上。1961 年 5 月 5 日就是这样的一个时刻。那个早晨，佛罗里达正沐浴在春日晨光里，一位时年 37 岁的美国海军试飞员正置身于狭小的、被命名为"自由 7 号"的"水星"号密封舱里，等待着搭乘"红石"火箭一跃冲入正散发着无穷诱惑力的太空。

自从两年前被选为宇航员，艾伦·谢泼德就坚持不懈地期待着这一刻，但真正到了这一刻，他的内心却总有一种挥之不去的失落感，兴奋之情也大打折扣。无论在这一天能获得什么样的荣誉，都无法与他所梦想的荣耀相提并论——成为太空飞行第一人。仅仅 23 天前，4 月 12 日，这顶桂冠被苏联宇航员尤里·加加林所摘取，使他的梦想终成泡影。

艾伦·谢泼德 1923 年 11 月 18 日出生于新罕布什尔的德里（Derry），祖先可追溯至八代前乘"五月花"号[①]船到北美的移民，父亲是一位银行家。谢泼德从小就表现出对航空的浓厚兴趣，还在上高中时，就在附近的空军基地找了份临时工作。1944 年从美国海军学院（U.S. Naval Academy）毕业后，他在太平洋上的"科格斯维尔"（Cogswell）号驱逐

---

① "五月花"号（Mayflower）是英国第一艘运载清教徒移民驶往北美殖民地的船只。1620 年 9 月 6 日离英，11 月 11 日抵达普利茅斯，当时船上有移民 102 人。在船上，移民订立《五月花号公约》，约定建立公民团体及制定公正、平等的法律等，成为 1691 年前普利茅斯自治政府的基础。——译者注

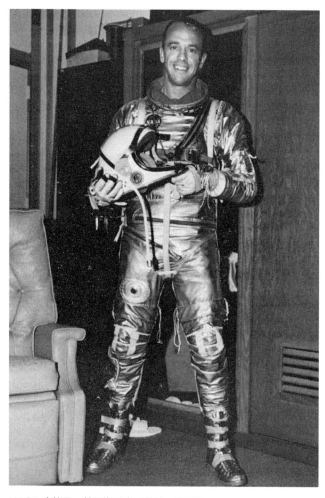

NASA 宇航员、美国海军中尉艾伦·谢泼德。

舰上服役并经历了第二次世界大战。战争结束后，他获得飞行员资格，进而成了一名技术精湛、沉着老练的试飞员。1959 年 4 月，他被 NASA 选中，成为一名宇航员。

1961 年 1 月 19 日下午，约翰·F.肯尼迪就任总统的前一天，太空任务特别小组负责人罗伯特·吉尔鲁思将 7 名宇航员召集在一起，宣布谁将获得执行第一次飞行任务的殊荣。他直入主题，宣布谢泼德将执行此次任务。此时，房间内死一般沉寂。"我大约沉默了 20 秒，没发一言，"谢泼德后来回忆道，"我只是盯着地板。当我抬起头时，所有人都看着我。我当然很激动、兴奋，但这不是翘尾巴的时刻"。其他 6 人，尽管很失落，还是把笑容挂在脸上，向他表示了祝贺。[7]

一开始，为了避免媒体对训练的干扰，NASA 决定暂时对美国首位宇航员的姓名保密，直到 1961 年 2 月 22 日才宣布参加最后阶段训练的 3 名候选人名单：约翰·格伦、格斯·格里索姆和艾伦·谢泼德。3 人中，1 人是首选，另 2 人是替补。在 NASA 之外，大部分人推测这位幸运儿应该是知名度较高、惹人喜爱的海军陆战队队员约翰·格伦，所以 3 个月后当最终宣布谢泼德的名字时，众人很诧异。

谢泼德搭乘的"水星－红石"3 号火箭（MR-3）和"自由 7 号"飞船原定于 3 月 24 日发射，但在 1 月下旬，总统科学咨询委员会（the President's Science Advisory Committee）向肯尼迪政府提交了一份令人讨厌的关于太空飞行计划进程的报告。该委员会由总统的科技顾问杰尔姆·B. 威斯纳（Jerome B. Wiesner）担任负责人，他们建议应采取更稳妥、更审慎的技术方案，而不应急于把人送上天。威斯纳等人在报告中提醒肯尼迪，如果匆忙间把人送上天并因此导致宇航员罹难，必将对本届政府产生严重的不良影响，因此建议即刻推迟首次载人发射，再多进行几次灵长类动物试验，等到能确保发射万无一失时再实施载人发射。委员会的这种担心，部分是出于对"红石"火箭助推器可靠性的担忧。委员会的一位委员乔治·基斯佳科夫斯基（George Kistiakowsky）博士甚至断言，如果将谢泼德过早送入太空，无异于在为他举行"史上最昂贵的葬礼"。[8]

威斯纳的报告对 NASA 载人航天计划的许多方面都提出了批评，这给吉尔鲁思和新任局长詹姆斯·E. 韦布（James E. Webb）带来了巨大压力。他们与"水星"计划核心人员进行了长时间的讨论，（非常勉强地）建议布劳恩火箭团队再进行一次不载人的试验发射，即所谓的"水星－红石"改进火箭发射，并且务必要在原定的 MR-3 发射日期之前完成。如果试验成功，则搭载谢泼德的发射将于 4 月 25 日实施。此时的布劳恩正在敦促另外一项"红石"火箭的试验发射，他并不觉得这样的决定有什么不合适的地方，因此批准了这次验证飞行。

在谢泼德焦躁等待期间，布劳恩实施了最后一次完美的验证发射活动。19 天后，苏联首次成功将人类送入太空，这则重磅消息使谢泼德深感震惊，他怒不可遏，因为这让他丧失了渴望已久的史上首位太空人的殊荣。作为宇航员们的护士，迪伊·奥哈拉（Dee O'Hara）回顾这段历史时说道："这对所有人都是重大打击，我们沮丧不已。加加林的飞行让我们感到自己受人愚弄了。艾伦极度失望，我理解他"。[9]

5月2日，由于天气恶劣，"自由7号"飞船的第一次发射努力比预定时间推迟了2小时20分钟。那天早晨，伴随着闪电雷鸣，狂风暴雨席卷了卡纳维拉尔角。7点25分，谢泼德装束停当，在S号机库内等待着迟来的发射消息，然而等来的却是当日发射取消的决定。"红石"火箭的燃料早已加注完毕，此时又要放出。他知道，至少要在48小时之后才能再次加注完毕。在发射被推迟之前，美国第一位准备翱翔太空的宇航员名字已经向公众公布。谢泼德后来说："保密让我承受了很大的压力，公布名字让我如释重负"。[10]

3天后，1961年5月5日凌晨1点刚过，谢泼德在睡梦中被唤醒，然后在身上安装了测量呼吸和心跳的仪器，随后穿上银色太空服。当第一缕微弱晨光映照在东方的夜空时，谢泼德携带着便携式空调装置，从转运车上下来，走了几步，然后停了几秒，看了一眼闪着微光的将载着他飞入太空的火箭。在关于"水星"计划宇航员们的一本书《我们7个人》（We Seven）中，他写道：

> 我真想如同得到一辆新车或新飞机时那样，朝轮胎踹上几脚。我意识到可能再也见不到这枚火箭了。它就像一只振翅欲飞的鸟儿，令人赏心悦目，场面太美了。"红石"火箭搭载着"水星"号飞船，还有顶部的逃逸塔，一种独特的、迷人的组合。充满液氧的修长箭身亭亭玉立，散发出白色轻雾，底部被凝霜环绕，在探照灯炫目的光线照射下，美妙绝伦，寄托着人类永不放弃的希望。[11]

　　谢泼德抵达"自由 7 号"飞船已打开的舱门时，约翰·格伦等人早已等候在用帆布遮住的白房子里。早晨 5:20，他断开连接便携式空调的软管，脱下保护性罩靴，迈开走向飞船的第一步。然后，航天服技术员乔·施密特（Joe Schmitt）把谢泼德用带子固定牢靠，并把他的航天服与氧气系统用挂钩固定住。

　　6 时 10 分，舱门关闭。"我感到了孤独，"谢泼德后来回忆道，"我看着舱门，确保它们关得严严实实的"。[12] 17 分钟后，锈红色的发射架从"红石"箭体移开，只留下带长桁架的黄色樱桃夹式升降台，预备一旦出现险情，宇航员能够逃生。它将留在那里，直到发射前一分钟。

　　让所有人，尤其是谢泼德失望的是，发射被数次延误。最后一次出现在发射前 2 分 40 秒，原因是燃料压力调节器读数异常偏高。谢泼德被固定在飞船座椅上，忍受了 3 个多小时，中间不得不在他穿的特制毛质内衣内小便（不能离开"自由 7 号"飞船，否则又要延误 2 天）。经历了多次延误后，谢泼德的忍受力达到了极限。"我已在舱内等了超过 3 个小时了"。他的话音明显带着怒气，"我不像你们，我简直是待在冰冷的地狱。你们为什么就不能赶快解决这些小问题，给这只大蜡烛点火？"[13]

　　最后的故障很快被排除，倒计时恢复。距发射还有 60 秒，黄色樱桃夹式升降台从"红石"火箭上移开，发射台只留下修长的箭体，等待发射。9 点 34 分，点火命令下达，火箭升空。片刻过后，传来一声"你已经出发了，乔斯"！这是太空舱通信联络员（CapCom）德凯·斯莱顿在引用谢泼德喜爱的喜剧演员比尔·达纳（Bill Dana）的话与他开玩笑。达纳曾在他的一个保留节目中塑造了一个惊慌失措的宇航员形象，名叫乔斯·希门尼斯（José Jiménez）。"收到，升空"。谢泼德镇定地回答，"计时开始！"

　　离开发射台一分钟后，火箭进入跨音速飞行阶段，在飞行速度和大气密度共同作用下，气动压力使火箭发生剧烈震动、摇晃。谢泼德很清楚，这是必须渡过的一关。很快，震动停止，他报告火箭正平稳飞行。

升空 142 秒后，火箭燃料用尽，沿弹道继续上升。这时逃逸塔已不再需要，随之被抛掉。又过了 38 秒，"自由 7 号"与运载火箭分离并继续上升。在谢泼德的密切注视下，飞船旋转 180°，使飞船底端和他的背部朝着飞行方向，以最大限度减少再入时的冲击。随后，他关闭飞船的自动驾驶系统，暂时由自己控制飞船。这是苏联加加林没有的操作——加加林的飞船自地面升空后一直处于自动驾驶状态。艾伦·谢泼德不再仅仅是一个旁观者，他成了一个践行者，他不断调整着飞船偏航，或俯仰或侧转，是第一个实际操控飞船的宇航员。

飞船很快恢复到自动控制状态，处于失重状态的谢泼德继续检查仪器、监测飞船燃料水平和电力系统，向地面控制中心报告自己的身体状况。

飞行 4.5 分钟后，"自由 7 号"达到 187.5 千米的最大高度，谢泼德仍处于失重状态。尽管在短暂的飞行中他进行了多项作业，但自己后来仍形容这一过程"轻松惬意"。很快，德凯·斯莱顿开始制动发动机点火倒计时。在 5 分 14 秒的历史性飞行之后，谢泼德启动了制动火箭，在速度降低过程中，他把飞船调整到合适姿态，准备再入大气层。飞船划出一条弧线，进入大气层，谢泼德向地面报告一切顺利。

8 分钟后，飞船穿过愈来愈稠密的大气层，速度在 1 分钟内从 6803 千米 / 小时降至 549 千米 / 小时。谢泼德开始手动控制飞船，忍受着从失重到超重的快速状态转换，所承受的最大重力达到平常值的 11 倍。虽然平时接受的离心机训练让他能够适应这种情况，但他与地面沟通仍十分困难，声音明显带着呼噜声。

9 点 44 分，高度 6.4 千米，制动降落伞从飞速降落的座舱顶部弹出，它的作用是在主降落伞开伞前使座舱保持稳定，主伞会在 10000 英尺（1 英尺 =0.3048 米）高度时打开。在座舱降至 7000 英尺时，忐忑不安的谢泼德感到一阵剧烈晃动，主降落伞打开了，他长长地舒了一口气，迅速瞟了一眼仪表盘，得知挡热板着陆包已经落下，以备在海上溅落时减轻冲击。

1961 年 5 月 5 日，"红石"火箭离开发射台，艾伦·谢泼德因此次 MR-3 的亚轨道飞行而载入史册。

9 点 45 分，座舱平稳地以 32 千米 / 小时速度下降，下部已展开的着陆包触到水面。至此，"自由 7 号"这一历史性飞行圆满收官。降落伞的吊伞索自动松开，座舱以直立状态在大西洋洋面上浮动，等待蛙人和海军陆战队直升机前来救援。

待直升机紧紧钩住"自由 7 号"后，谢泼德摘下头盔，打开舱门并将舱门按预定安排扔到海上，然后钻出飞船，坐上从飞机上吊下来的吊圈，被拉到了飞机上。当他登上距溅落点 6.5 千米的航空母舰"尚普兰湖"（Lake Champlain）号时，冲船员们嘿嘿一笑，"伙计们，这真是一次奇妙的旅行！"[14]

安全上舰后，谢泼德随即接受了全面身体检查，结果显示他健康状况"极佳"，飞行没有造成任何不良影响。他平安返回后，整个美国都倍感欣慰，为他欢呼。在华盛顿观看发射电视直播的肯尼迪总统异常兴奋，通过无线电话和谢泼德通话，表示祝贺。贺电、信函纷至沓来，其中还包括一条赫鲁晓夫发给肯尼迪的电报："这是最近一次人类征服宇宙的辉煌壮举，人类的进步为探索自然展现了无限可能"。[15]另一方面，苏联媒体则把谢泼德 15 分钟弹道飞行与加加林的绕轨飞行相比较，进行了无情嘲讽。不过，谢泼德仍自信满满，称他搭乘"自由 7 号"飞船的飞行"只是婴儿迈出的第一步，是走向更高、更远目标的开始"。但让他耿耿于怀的是，NASA 过于谨小慎微，让美国（和他本人）与太空第一人的殊荣失之交臂。

与当今先进复杂的太空飞行相比，谢泼德乘坐的那个逼仄的"自由 7 号"飞船，其飞行的确显得微不足道，但在当时却提振了美国人的士气、凝聚了力量、唤回了久违的自豪感和成就感，同时也为美国开启另一项历史上最伟大的科学事业做好了铺垫：1961 年 5 月 25 日，在谢泼德的太空飞行结束仅 20 天后，肯尼迪总统在参众两院联席会议上发表演讲，承诺美国将在 20 世纪 60 年代末期将宇航员送上月球。

事后来看，冷战期间两个超级大国之间的登月竞赛是一段充满极端与夸张的复杂历史。肯尼迪在国会发表的历史性演讲中直截了当地指出："这是一个无与伦比、无比崇高的人类太空计划，对未来太空探索意义空前。

为实现这一宏愿，我们必须克服重重障碍，付出巨大财力”。[16]当肯尼迪讲这番话时，最显而易见的事实是，美国的载人航天技术除了 3 周前刚刚完成的 15 分钟亚轨道飞行外，别无长物，而当时离 20 世纪 60 年代结束也只剩下 8 年的时间。在很多人看来，这根本就是白日梦。

格里索姆与不堪回首的“自由钟 7 号”

谢泼德历时 15 分钟的太空飞行圆满结束 2 个月后，NASA 决定再送一名宇航员进入太空。这一次，来自印第安纳州米切尔（Mitchell）小镇的空军上尉格斯·格里索姆被选中，执行几乎与谢泼德完全相同的飞行任务。

1961 年 7 月 21 日，格里索姆在卡纳维拉尔角搭乘“水星”飞船升空。沿用了谢泼德的做法，他给这艘飞船起的名字是“自由钟 7 号”（Liberty Bell7）。谢泼德把自己乘坐的飞船命名为“自由 7 号”，并非有意突出 7 位宇航员，只是因为这是位于密苏里州圣路易斯（St Louis）麦克唐纳飞机工厂制造的第七艘飞船。不过，其他 6 名宇航员都青睐这样的事实：这一数字还与他们 7 人有关。因此，后来在命名各自乘坐的“水星”飞船时，数字“7”就被保留了下来。

25 米高的“红石”火箭和格里索姆执行 MR-4 飞行任务的飞船，都在谢泼德飞行的基础上做了些许改进，包括应宇航员要求加装了一个观景窗。“自由钟 7 号”飞船到达了 190 千米的高度，比谢泼德的“自由 7 号”稍高一些；格里索姆也对飞船实施了手动控制，并完成了其他一些项目。在制动发动机点火、飞船再入大气层后，制动降落伞在 30000 英尺高空开伞，主伞随后在 10000 英尺高度打开，飞船速度降了下来。早上 8 点06 分，在格里索姆从佛罗里达发射升空 16 分钟后，“自由钟 7 号”溅落在大西洋上，这次飞行比前一次谢泼德的飞行时间长了 15 秒。此后，一系列意想不到的麻烦降临到格里索姆和他乘坐的飞船上，并一度使他濒临绝境。

待飞船在海面上立稳后，格里索姆联络了早已在"自由钟 7 号"附近盘旋的救援直升机飞行员、海军陆战队上尉詹姆斯·刘易斯（James Lewis），告诉他 3 分钟后可以过来吊起飞船。在此期间内，格里索姆做着各项准备工作，一边把自己从飞船上解开，一边仔细检查各种仪器。按照预定程序，直升机将紧紧钩住"自由钟 7 号"，将其稍微提升以便使舱门完全离开水面；然后，格里索姆会用力按下舱门爆破按钮，使舱门向外推离飞船。像谢泼德先前所做的那样，他会钻出飞船，借助由直升机副驾驶约翰·莱因哈德（John Reinhard）放下的吊圈进入直升机，然后被送至在附近等候的美国航空母舰"伦道夫"（Randolph）号上。

格斯·格里索姆与"自由钟 7 号"。

　　程序还规定，当格里索姆检查飞船系统时，直升机上的人要剪断飞船上 4.2 米长的鞭状天线的大部分，因为这时已不需要进行远距离通信了。而如果不剪断天线，当直升机降低高度、吊起飞船时，天线会给直升机主旋翼造成干扰。天线剪断后，刘易斯将降低高度，吊住飞船顶部的坚固涤纶环，将飞船提升约半米，随后格里索姆切断飞船电源，脱下头盔，终止所有通讯，爆掉舱门，搭上救援吊索进入直升机，与飞船一道被送到舰上。剪断天线的任务将由莱因哈德上尉执行，他使用的是一把长柄金属剪。

　　正在剪切天线时，格里索姆意外听到"砰"的一声闷响，转过头一看，舱门已被起爆，飞了出去，海水透过敞开的舱口涌进来。无暇顾及太多，他扔掉头盔，紧紧抓住仪表盘，将自己提起，从飞船中逃了出来，紧接着落在波涛汹涌的大西洋海面上。穿过直升机旋翼气流和激起的浪花，他奋力游离飞船，眼巴巴地看着海水涌进飞船，"自由钟 7 号"开始沉没。他看到，刘易斯正艰难地设法钩住涤纶环，于是他游了过去，试图提供帮助。这时，只剩飞船顶部还露在海面上，直升机也已难以保持高度，它的 3 个轮子已经浸在水中。

　　格里索姆不断受到旋翼气流及其激起浪花的持续冲击，但他此时更关心的是如何收回飞船，无暇顾及自身的安危。搏击中，他意识到自己也正在下沉。原来，由于时间仓促，他没能在离开飞船前将颈部保护罩充气，海水已经通过氧气进口漏进了他的航天服。在奋力将飞船钩住后，他向莱因哈德竖起拇指，示意起吊，刘易斯用最大功率拉升，全力以赴将充满海水几乎快要沉没的飞船吊起，这时直升机突然离去，其底部悬挂的救生索也远离了格里索姆。

　　幸好，刘易斯此时一边不遗余力地试图将沉重的飞船吊离水面，一边及时联系了正在待命的另一架直升机机长菲利普·厄普舒尔特（Phillip Upshulte），请他将格里索姆从海上救起。就在这时，刘易斯发现仪表盘上的碎屑探测警示灯亮起。这是一个不祥的信号，表明油路系统里有锉屑。他明白，一旦锉屑进入发动机，几分钟内引擎就会被毁坏，直升机会与飞船一起坠入大海。

另一边，此时的格里索姆已很难将头浮出汹涌的海面。他的航天服因浸满海水一直向下拽。他体力几乎耗尽，不断呛水。第二架直升机赶来时，他艰难地抓住救生索，坐到了救生吊圈上。厄普舒尔特将他从敞开的舱口吊上直升机，他航天服里的海水不断流出。安全进入机舱后，格里索姆解开救生索，万分感激地摇晃着救生员乔治·考克斯（George Cox）中尉的手，真诚地说："兄弟，见到你们真是太高兴了！"

不过，回收"自由钟7号"的努力却功败垂成。刘易斯不想连自己也一同丢弃在这冰冷的大西洋，只得无奈地切断了吊索，飞船很快沉入波涛中。格里索姆登上"伦道夫"号航空母舰上后立刻接受飞行后的医学检查并报告任务完成情况。初步体检结束后，医生宣布，尽管在救援过程中差点儿出现溺水情形，他的身体状况仍然良好。肯尼迪在白宫观看了整个过程的电视直播，他通过无线电话与宇航员通话，表示祝贺，对这次飞行圆满成功表达了发自内心的喜悦之情。在大巴哈马岛度过了一夜，接受了进一步的医学和心理检查后，格里索姆飞回卡纳维拉尔角，在那里举行的一次新闻发布会上被授予NASA杰出贡献奖章。

尽管格里索姆冒着生命危险奋勇抢救沉入海中的飞船，但仍有人质疑是他不小心（甚或在惊慌失措中有意）爆掉了舱门。NASA对这种传言不屑一顾，后来还让他承担了第一次"双子座"2人飞行任务，以及第一次"阿波罗"飞行任务的指令长，以此驳斥对他的非议。不过，令人痛心的是，在1967年1月的一次飞行前模拟试验中，格里索姆和艾德·怀特、罗杰·查菲（Roger Chaffee）不幸殉职。当时他们正待在位于"土星"运载火箭顶部的"阿波罗"飞船内，一场大火烧到了飞船内部，导致悲剧发生。

载人亚轨道"水星－红石"飞行任务

任务	宇航员	发射日期	最大飞行高度	飞行时间
MR-4	艾伦·谢泼德	1961 年 5 月 5 日	187.50 千米	15 分 22 秒
MR-3	格斯·格里	1961 年 7 月 21 日	190.32 千米	15 分 37 秒

1999 年 5 月 1 日,"自由钟 7 号"飞船在位于大特克岛(Grand Turk Island)西北 4.8 千米深的大西洋海底被发现,如果格里索姆在天有灵,他一定会倍感欣慰。这次打捞活动由发现频道(the Discovery Channel)资助,救援专家柯特·纽波特(Curt Newport)领衔。纽波特曾参加过"挑战者"号航天飞机以及 1996 年在纽约附近大西洋上空坠毁的 TWA800 航班的回收和救捞工作。1999 年 7 月 20 日凌晨 2 时 15 分,在沉入海底 38 年后,"自由钟 7 号"飞船被人们从大西洋海底吊至海面,此时距第一次 2 人登月也已过去了整整 30 年。[17] 飞船成功被打捞、回收,经过详细检查后被彻底解体、清洗,此外还更换了其一些零部件,最后再次被组装成原样,在它的新家、位于堪萨斯州哈钦森(Hutchinson)的太空博物馆(Cosmosphere)展出。

遗憾的是,飞船舱门始终没有找到。人们为探索舱门掉落的原因进行了多次试验,后来的报告认为舱门被爆掉可能是"自由钟 7 号"飞船顶部的金属天线被切断时所释放的静电所致。

带翼的飞船

就在 NASA 紧锣密鼓准备将第一位宇航员送入太空时,另一项计划也在同时进行着。该计划的目标是选拔一组宇航员,不断挑战大气层飞行高度,最终超越太空边界。承担这项任务、同时也不断刷新最快飞行纪录的运载工具,将是动力强劲的有翼太空飞机"北美 X-15"。

据《X-15 火箭动力试验型飞机：首次借翼飞向太空》(*The x-15 Rocket Plane: Flying the First Wings into Space*) 一书的作者——航天史学家米歇尔·伊文斯 (Michelle Evans) 称，以高超音速火箭作为动力的飞机是"人类史上最成功的太空探索飞行器"，"计划执行期间，从 1959 年 6 月到 1968 年 10 月，共有 12 名飞行员完成了 199 次试飞任务，最高速度达到了 6.7 马赫 (1 马赫 =1225.08 千米 / 时)，高度达到了 354200 英尺。其中 8 位飞行员的飞行高度都达到了获得宇航员飞行胸章 ① 的要求 (尽管计划执行期间只有 5 位飞行员获此殊荣)，其中一名飞行员还献出了自己的宝贵生命"[18]。X-15 计划总共使用了 3 架火箭动力飞机，都达到了埃文斯提到的当时创纪录的高度以及近 7 倍声速的速度。199 次 X-15 飞行任务积累了大量数据，为 NASA 的"水星""双子座""阿波罗"和航天飞机等项目的成功提供了极大帮助。

总有一天人类要超越神秘莫测的太空边界，怀揣着这一梦想，1959 年 6 月 8 日，航空工程师们使用 3 架试验型 X-15 火箭动力飞机中的第一架，开始了一系列惯性飞行测试。这架造型优美、表面黝黑的飞机，造价 500 万美元，是北美航空工业公司 (North American Aviation，NAA) 按照与美国空军的合同设计制造的，该机可用来提供太空边界飞行数据。那天，在莫哈韦沙漠上空 11.5 千米的高空，X-15 试验机从经过特殊改装的 B-52 轰炸机的机翼投下。这是它的第一次无动力滑翔测试，由 37 岁的 NAA 民用飞机试飞员斯科特·克罗斯菲尔德 (Scott Crossfield) 担任驾驶员。4 分钟后，他成功驾驶 X-15 试验机降落在加利福尼亚爱德华兹空军基地 (Edwards Air Force Base) 的跑道上。之前，X-15 试验机已经在 B-52 右侧机翼下进行了 4 次"寄宿式"空中飞行。

3 架 X-15 试验机中的第二架成功完成了第一批次的 2 次火箭动力飞行，

---

① 飞行胸章，指合格飞行员所具备的资质，以胸章标示。——译者注

一次是在 1959 年 9 月 17 日，另一次在 10 月 17 日，2 次均由克罗斯菲尔德担纲。2 次试验飞行速度均超过了 2250 千米 / 小时，第二次飞行高度达到了 18.3 千米。在 11 月 5 日实施的第三次动力飞行中，2 个引擎中的一个发生燃料爆炸，飞机被损坏，但克罗斯菲尔德仍小心翼翼地驾驶损坏的飞机返回爱德华兹空军基地并安全实施了紧急迫降。随着 X-15 计划持续推进，不断有新的速度和高度纪录被创造和打破。

飞行中的"北美 X-15"火箭动力飞机。

1962 年 6 月 27 日，NASA 首席研发试飞员约瑟夫·A. 乔·沃克（Joseph A. 'Joe' Walker）驾驶"X-15-1"试验机，创造了有人操控固定翼飞机飞行速度的世界纪录，达到 6605 千米 / 小时。超越美国空军正式认定的太空边界，这是该项工程的另一个目标。几十年来，人们对太空边界的定义众说纷纭。20 世纪，生于匈牙利的物理学家西奥多·冯·卡门（Theodore von Kármán）宣称这个边界是海平面以上 50 英里（接近 80 千米），而航空航天纪录的权威认定机构国际航空联合会（FAI），以及美国国家海洋和大气层管理局（NOAA）则将其定义为100千米。尽管如此，NASA、美国联邦航空局（FAA）和美国空军仍承认由卡门定义的太空边界。因此，任何飞越50英里高度的飞行员都将由美国空军授予宇航员飞行胸章。

次月，即1962年7月17日，空军少校罗伯特·怀特（Robert White）驾驶的"X-15-3"号试验飞机，在内华达州德勒马（Delamar）湖上空13.7千米处从B-52机翼下脱离，最终达到了95.92千米的高度，标志着飞行员首次飞到了这个太空新疆域。由于他的杰出成就，怀特成了首位获得宇航员胸章的X-15试验飞机飞行员，也是第五个具备宇航员资质的美国人（NASA宇航员艾伦·谢泼德、格斯·格里索姆、约翰·格伦和斯科特·卡彭特已经获此殊荣）。7月18日，肯尼迪总统在白宫向沃克、怀特以及此前的2位X-15飞行员斯科特·克罗斯菲尔德和福里斯特·彼得森（Forrest Petersen）颁发1961年度罗伯特·J.科利尔（Robert J. Collier）[①]奖，以表彰他们为航空航天事业中做出的卓越贡献。

1963年1月17日，X-15试验飞机进行第77次飞行，乔·沃克驾驶动力强劲的X-15试验飞机冲击到82.7千米的高度，超过了美国空军宣布的太空边界。但是沃克却被告知他不能被授予宇航员飞行胸章，因为只有军方才能将飞行胸章授予其所属的军队飞行员，而沃克被认定为非军方飞行员。这种不合理现象一直持续到2005年8月23日才得以纠正。当时，已经有8位X-15试验飞机飞行员飞到过80千米的高度，其中3位尚未被授予胸章的民用飞行员——乔·沃克、威廉·H.比尔·达纳（William H. 'Bill' Dana）和约翰·B.麦凯（John B. McKay）——也被授予了胸章，他们的成就得到正式承认，尽管此时沃克和麦凯已经离世。[19]

---

① 罗伯特·J.科利尔（Robert J. Collier）奖，是美国航空航天领域的最高奖项，每年颁一次，授予那些对美国航空航天事业做出杰出贡献的人士。这些贡献主要体现在：提高航空航天器的性能、效率和安全性，并通过实践得以充分证明。——译者注

X-15 试验飞机飞行员及其飞行纪录

（美国空军认定海平面以上 80 千米为太空边界）

飞行员及其所属机构	飞行次数	太空飞行次数	最大速度	最大高度
迈克尔·亚当斯，USAF*	7	1	6150.9 千米／小时	80.95 千米
尼尔·阿姆斯特朗，NASA*	7	0	6419.7 千米／小时	63.09 千米
斯科特·克罗斯菲尔德，NAA*	14	0	3152.7 千米／小时	24.62 千米
威廉·达纳，NASA	16	2	6271.6 千米／小时	93.50 千米
乔·恩格尔，USAF	16	3	6255.5 千米／小时	85.46 千米
威廉·奈特，USAF	16	1	7272.6 千米／小时	85.46 千米
约翰·麦凯，NASA	29	1	6216.9 千米／小时	89.96 千米
福里斯特·彼得森，USN	5	0	5793.6 千米／小时	30.90 千米
罗伯特·拉什沃思，USAF	24	1	6464.7 千米／小时	86.74 千米
米尔顿·汤普森，NASA	14	0	5991.6 千米／小时	65.18 千米
约瑟夫·沃克，NASA	25	3	6604.7 千米／小时	107.83 千米
罗伯特·怀特，USAF	16	1	6585.4 千米／小时	95.92 千米

NAA：北美航空工业公司；NASA：美国国家航空航天局；USAF：美国空军；USN：美国海军

　　空军少校迈克尔·J. 亚当斯（Michael J. Adams）于 1966 年 7 月 20 日加入 X-15 计划，分别驾驶"X-15-1"号和"X-15-3"号机共飞行了 7 次。1967 年 11 月 15 日，他驾驶"X-15-3"号机进行该计划的第 191 次飞行，超过了太空飞行高度。当再入大气层时，飞机失控并高速翻滚，在超强的气动压力下旋即解体，残骸猛烈砸向加利福尼亚兰州兹堡（Randsburg）西北部的地面，亚当斯当场死亡。

X-15 超过 80 千米高度的飞行一览表

飞行任务序号	飞行员	日期	高度
62	罗伯特·怀特	1962 年 7 月 17 日	95.92 千米
77	约瑟夫·沃克	1963 年 1 月 17 日	82.72 千米
87	罗伯特·拉什沃思	1963 年 6 月 26 日	86.74 千米
90	约瑟夫·沃克	1963 年 7 月 19 日	105.89 千米
91	约瑟夫·沃克	1963 年 8 月 22 日	107.83 千米
138	乔·恩格尔	1965 年 6 月 29 日	85.46 千米
143	乔·恩格尔	1965 年 8 月 10 日	82.56 千米
150	约翰·麦凯	1965 年 9 月 28 日	89.96 千米
153	乔·恩格尔	1965 年 10 月 14 日	81.11 千米
174	威廉·达纳	1966 年 11 月 1 日	93.50 千米
190	威廉·奈特	1967 年 10 月 17 日	85.46 千米
191	迈克尔·亚当斯*	1967 年 11 月 15 日	80.95 千米
197	威廉·达纳	1968 年 8 月 21 日	81.43 千米

*"X-15-3"号机坠毁，飞行员殉难。

到 1968 年年底，随着肯尼迪曾承诺的要在 20 世纪 60 年代末将宇航员送上月球的最后时间日益临近，人们的注意力转向了这个最后时光以及近在眼前的"阿波罗"8 号飞行，这次飞行将首次开启载人探月征程，成功进入月球轨道。曾经不断刷新飞行纪录的 X-15 试验飞机逐步淡出视野，被人遗忘。

同年 10 月 24 日，比尔·达纳完美地操纵 X-15 试验飞机降落在爱德华兹空军基地的跑道上，这是 3 架 X-15 试验飞机的第 199 次飞行。按照计划，还要进行第 200 次飞行，但该次飞行计划命运多舛，经历了多次推迟与延误，最后胎死腹中，官方也决定就此结束整个计划。足以令人高兴的是，X-15 试验飞机飞行员中的 2 位——尼尔·阿姆斯特朗和乔·恩格尔（Joe Engle）被选拔为 NASA 的宇航员，继续从事太空飞行。飞过

7 次 X-15 试验飞机的阿姆斯特朗，后来搭乘"阿波罗"11 号飞船，将人类的脚步第一次踏在月球上。在执行"阿波罗"17 号任务时，乔·恩格尔被调整下来，着实令人伤心，换上来的是训练有素的地质学家哈里森（杰克）·施密特（Harrison 'Jack' Schmitt）。乔·恩格尔在航天飞机项目中从事着进场和着陆试验（Approach and Landing Tests）飞行，而且后来还被选拔为第二次轨道测试任务（STS-2）的指令长，成为唯一一个既驾驶过 X-15 试验机又操纵过航天飞机的宇航员。

第3章

入轨

当初制订第一批"水星－红石"飞行计划时，NASA 曾考虑在使用更大推力的"宇宙神"火箭之前，先用"红石"火箭依次将 7 名宇航员送入太空做亚轨道试验飞行。为实现这一目标，他们购买了 8 枚"红石"火箭，但后来发生的一些情况促使他们放弃了这一打算。

1960 年 11 月 21 日，在第一次"水星－红石"任务（MR-1）发射中，"红石"火箭出现异常，被严重毁坏，这次发射后来被称为"4 英寸的飞行"。发射准时进行，但当火箭离开发射台时，发动机突然熄火，火箭开始颤抖，然后回落，坐到尾翼上。带有推进器、连接在"水星"号太空舱顶部的逃逸塔自行激活，飞入高空。紧接着，减速伞砰的一声从飞船顶部弹出，而飞船却仍然紧紧地连接在火箭的顶部。片刻之后，主降落伞和备用降落伞飘落在发射基座的地面上，旁边是无精打采、摇摇欲坠的火箭。据估计，本次发射的火箭只升离地面 4 英寸。后来检查发现，失败原因是电气故障导致，但这足以让这枚火箭无法使用了。[1]

当年 12 月，在被命名为 MR-1A 的任务中，另一枚"红石"火箭完成了上次未竟的任务。1961 年 1 月 31 日，在 MR-2 飞行任务中，黑猩猩"哈姆"搭乘"水星"号飞船成功完成了它的亚轨道飞行。但这次飞行也引发了对"红石"火箭发动机性能的担心，并由此增加了一次被命名为"水星－红石"改进火箭的试验发射。之后，又用了 2 枚"红石"火箭分别将谢泼德和格里索姆送入亚轨道。

鉴于 2 次载人亚轨道飞行任务已成功实施（除 MR-4 任务中的飞船"自由钟 7 号"丢失外），以及在尤里·加加林的轨道飞行之后所面临的压力，NASA 决定提前结束"水星－红石"计划，转而实施"宇宙神"火箭轨道飞行任务。

得知 NASA 将载人轨道飞行计划大大提前的消息，赫鲁晓夫指示总设计师谢尔盖·科罗廖夫，无论美国人做什么，必须超过他们。他并不想与 NASA 平分秋色，为了增强宣传效果，进一步证明苏联在空间飞行技术方面的领先地位，他要求将最初制定的"东方"2 号载人飞船绕地 3 圈的轨道飞行计划改为持续飞行一整天。

1961 年 8 月 6 日上午 9 时，"东方"2 号载人飞船搭载于"东方 -K"（Vostok-K）多级火箭顶部，从哈萨克斯坦拜科努尔航天中心发射场发射升空，搭乘飞船的是 26 岁的苏联空军少校耶尔曼·季托夫。在他完成了环绕地球轨道飞行的第 1 圈后，莫斯科广播电台播送了这次载人飞行的最新消息。

季托夫进行例行观测，对飞船实施了 2 次手动操控，以挤牙膏方式用完了 3 餐膏状食物，并且在飞行中坚持睡够 8 个多小时。令人担忧的是，飞行期间他曾一

宇航员耶尔曼·季托夫，首位在太空中度过了一天的人。

度感到恶心，不胜其烦，个中原因没人能解释。多年之后，这种症状被确定为太空适应综合征（SAS）。尽管采取了所有可能的预防措施，还是有很多太空旅行者深受其害。即使在今天，也很难预料谁会是太空适应综合征的受害者。大多数人不会受到明显影响，但少数人会有反应，症状从轻微头痛直至极端恶心和持续呕吐，会造成营养失衡与脱水。虽然这种症状与陆地晕动症类似，但科学家们相信，一旦处于失重状态，内耳传感器就会对大脑发出一个信号，因此他们提醒宇航员，不要在飞行时做任何突然头部运动或身体的嬉戏动作。通常，持续轨道飞行约 3 天后症状就会缓解。

除此之外，季托夫的飞行过程很顺利。"东方" 2 号飞船的飞行轨道与预计的非常接近，平均飞行速度 28000 千米 / 小时，每 88.6 分钟环绕地球一圈。在完成了 17 圈飞行之后，制动火箭点火，飞船再入大气层，在靠近伏尔加河的萨拉托夫以东 64 千米处的红库特（Krasny Kut）着陆。3 天之后，季托夫在一次新闻发布会上透露，在经过 25 个小时飞行之后，他在 6500 米高度将自己从飞船中弹射出来，乘降落伞着陆。[2]

在同一次新闻发布会上，太空医学方面的专家弗拉基米尔·亚兹道夫斯基（Vladimir Yazdovsky）透露了季托夫在失重状态中所经历的那种烦人感觉。2 个月以后，2 位苏联科学院院士亚兹道夫斯基和奥列格·马卡洛夫（Oleg Makarov，后来成为宇航员），在华盛顿举行的国际航天联盟（International Astronautical Federation）第 11 次年度会议上发表论文披露，宇航员在飞行中的相当长时段内处于不良状态，引起一种空间感紊乱（一种迷失方向的感觉）并且失去平衡，但尚未达到足以妨碍季托夫正常工作的程度。[3]

季托夫取得了令人瞩目的太空壮举，事迹为世人广为称颂，但他的太空适应综合征的症状依然引起了人们对他在持续失重状态下所产生未知生理缺陷的担忧，因此他被悄悄地禁止参与新的太空飞行。季托夫保持了一项纪录：他执行 "东方" 2 号飞船飞行任务时年仅 26 岁，是迄今进入太空年龄最小的人。

NASA 的回应

约翰·格伦，1921 年 7 月 18 日出生于俄亥俄州的剑桥，他是公认的在 7 名"水星"单人飞船宇航员中最受欢迎同时也是最有风度的人。在 1959 年 4 月 9 日的新闻发布会上，宇航员们第一次与美国公众见面，他们中的 6 位看上去明显局促不安，回答来自观众席的提问时显得谨小慎微、词不达意，实在不堪作为头条新闻。当被问及他们的妻子和孩子对自己当选宇航员的反应时，情况颇为尴尬。有几个人只是含混不清地说道，他们的家庭感到很高兴很快乐。而当这位轻松自如、面带微笑、脸上长有雀斑的海军陆战队试飞员发言时，NASA 的公众形象立刻焕然一新。早在 1957 年，他驾驶一架具备超音速飞行能力的沃特 F8U"十字军战士"（Vought F8U Crusader）喷气式飞机，在"子弹头"项目（Project Bullet）中创造了一项新的横跨美国的时速纪录，并因此小有名气。这次飞行的目的是检验从美国西海岸到东海岸连续不停地飞行中，在接近最大功率的情况下 F8U 的续航能力。飞行过程中飞机需要在空中加油 3 次。该项目的名称是因为"十字军战士"喷气式飞机比 11 毫米口径的子弹飞得更快。就在苏联发射第一颗人造卫星进入太空的同一天[4]，他甚至在电视节目《猜猜这是哪首歌》（Name That Tune）中，与童星埃迪·霍奇斯（Eddie Hodges），（后来录制了流行金曲 'I'm Gonna Knock on Your Door）一道出镜。这里，引述一下格伦在新闻发布会上对记者所做的即兴回答：

> 我参与这项计划是因为它或许是我能做的最接近天堂的事情，因此我要充分把握（来自观众的笑声）。就空间飞行而言，大约 50 年前，莱特兄弟开启了人类第一次有动力飞行。为了确定谁负责飞行、谁负责把飞机推下山顶，两兄弟选择通过掷币方式来决定。今天，我们又站在同样伟大，同样雄心勃勃的新起点上……应当

说，我们是幸运的，因为我们具备了这种能力，所以被选拔出来
去推动这项伟大事业……如果我们不能立即恪尽职守、心甘情愿
地去从事这项对我们国家、对全人类都无比崇高的事业，那将无

"水星"号单人宇宙飞船宇航员、美国海军陆战队中校约翰·格伦。

异于玩忽职守"。[5]

从那以后，美国公众喜欢上了这位英俊、富有爱国心的海军军官。他没能先于艾伦·谢泼德执行第一次美国太空飞行任务，公众对此普遍感到诧异。不管怎样，他后来成了 NASA 第一个执行轨道飞行任务的宇航员，那是一次广受关注的任务，从一开始就被寄予了厚望，因此也为他自己赢得了持久声誉。

1961 年 9 月 13 日，为了展示火箭"宇宙神"运载"水星"飞船进入预定轨道的能力，并对飞船及其全自动操控系统进行性能评价，一艘搭载着"人造宇航员"的无人"水星"飞船，在卡纳维拉尔角发射升空，该飞船将绕地球轨道飞行一周。同时，这也是一次对"水星跟踪网络"的重要测试，将测试在搭载一名模拟飞行员的情况下生命支持系统的运行（一种环境控制的测试）状况以及噪声、振动和辐射强度记录仪器工作情况等。这次任务被命名为"水星 – 宇宙神"4 号（MA-4），在完成了环绕地球轨道一周的飞行后，飞船返回大气层，任务取得圆满成功。美国海军的"迪凯特"号（Decatur）驱逐舰在百慕大群岛以东 260 千米处将飞船打捞上来。

因为谢泼德和格里索姆仅在他们各自的亚轨道飞行中经历了 5 分钟失重时间，所以 2 人对失重引发的症状没有什么感觉。MA-4 任务成功后，NASA 急于确认宇航员在较长时间的失重状态下仍能完成一些简单工作，但科学家却依旧表达了合理担忧，他们担心当宇航员看见地球在他们下方快速掠过时，会失去正常的上下、速度和方向概念，丧失关键的方位感。因此 NASA 决定，将再利用一只黑猩猩进行一次轨道飞行先导试验，以解决这一问题。这时有几只灵长类动物正在霍洛曼空军基地的 6571 号航空医学研究实验室（the 6571st Aeromedical Research Laboratory）接受训练，其中一个叫作"伊诺斯"的黑猩猩表现最聪明，被挑选来执行这次任务。

与此同时，1961 年 10 月 4 日，恰好是苏联第一颗人造地球卫星发射 4 周年纪念日，约翰·格伦被选定执行第一次绕地球轨道 3 周的飞行任务，斯科特·卡彭特为后备宇航员。对将要执行的任务，格伦后来写道：

> 从技术观点来看，轨道飞行在几个方面与弹道飞行迥然不同。首先，我们会用"宇宙神"火箭作为运载工具，以便获得进入轨道所需的推力和速度。"红石"火箭有 7.6 万磅（1 磅 = 0.45 千克）的总推力，而"宇宙神"则具备了 36 万磅的推力；"宇宙神"将能让飞船达到差不多 18000 英里 / 小时的最高速度，超过了"红石"中程弹道导弹飞行速度的 3 倍。其次，进入轨道后的飞行时间也会更长，完成 3 圈轨道飞行大约需要 4 个半小时。这将是美国太空飞行的新纪录，如果成功，将为更长的飞行铺平道路，最终到达月球甚至更远。正如艾伦和格斯已经为本次飞行铺平了道路一样，这也是我们通向未来计划的一场序幕。[6]

把黑猩猩"伊诺斯"送入轨道的先导性试验飞行被命名为 MR-5，计划完成 3 圈绕地轨道飞行，与随后格伦将要进行的飞行一致。11 月 29 日，"伊诺斯"在发射前 5 小时就被牢牢地固定在特制躺椅上，然后装进"水星号"宇宙飞船。在一系列延迟之后，"宇宙神 -D"型火箭在美国东部夏令时上午 10 时 08 分发射升空，发射推力差不多是谢泼德和格里索姆所曾经历的 5 倍之多。

发射过程中的超重及随之而来的失重似乎并没对"伊诺斯"产生多大影响。在第二圈飞行期间，用于动作技能测试的控制杆出现故障，"伊诺斯"开始受到来自脚部的轻微电击，这十分恼人。在训练中，每当"伊诺斯"做出一次正确反应，便会收到一个香蕉球作为奖赏，而这种电击则意味着它犯了错误。尽管恼人的电击不断发生，训练有素的"伊诺斯"仍继续依次拉动控制杆。随后，它的飞行服开始过热，飞行姿态自动控制装置失灵，导致飞船以大约 45° 的幅度反复摇摆。为了修正飞船的姿态，几个推进器开始点火。鉴于这种情况，地面控制中心决定提早结束飞行。"伊诺斯"在失重状态下历时 181 分钟，其间没表现出任何明显不良反应。升空 3 小时 21 分后，"水星"号飞船再入稠密的大气层并溅落在百慕大群岛以南的大西洋。75 分钟后，飞船被定位并被回收至美国"斯托默"（Stormes）号驱逐舰上。[7]

飞船和"伊诺斯"都很好地完成了使命。在大海中等待搜寻人员期间，"伊诺斯"设法扯掉了诸多令人心烦的监控传感器和导尿管。"伊诺斯"的胃口显然并没受到太空飞行的影响，待从飞船中移出、解除掉身上的全部约束之后，它急匆匆地吃了一个苹果和半个橙子。回到陆地后，若无其事的黑猩猩被参加 NASA 新闻发布会的媒体代表们热情地奉为"太空时代"的最新英雄。

鉴于 MA-5 任务的成功和"伊诺斯"的轻松表现，NASA 认为宇航员能经受轨道太空旅行条件下失重的状态并且能舒适地开展工作。约翰·格伦的 MA-6 轨道飞行任务可以进行了。

绕行 3 圈后安全溅落

随着 1961 年即将结束，NASA、约翰·格伦和美国公众的耐心经受了严峻的考验。陪伴格伦执行任务的"水星"飞船原定于 12 月 20 日发射升空，但由于天气恶劣，以及"宇宙神"火箭（命名为 109-d）和宇宙飞船（格伦早些时候将其命名为"友谊 7 号"，Friendship 7）系统本身的技术问题，发射计划多次延误，多少有点令人沮丧。1962 年 1 月 27 日，格伦在他的飞船里等待了 5 小时 13 分钟，恶劣的天气状况迫使发射再一次推迟。2 月 15 日，由于风暴持续在大西洋上的着陆点肆虐，NASA 又取消了第九

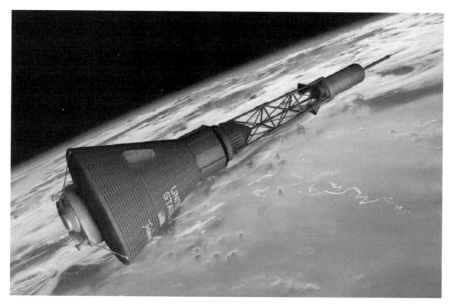

"友谊 7 号"在轨示意图，可以看到制动火箭装置和固定带。虽然红色逃逸塔在升空阶段会以爆炸方式被抛弃，但为了展示它与飞船的连接，图中显示它仍然在原来位置。

次发射尝试。在接下来的时间里，任何进一步的尝试都要根据当天天气情况才能确定，3 天后发射第 10 次推迟。这时有谣言疯传，称发射可能再推迟一个月。由于天气开始好转，下一次的尝试定在 2 月 20 日。这比原定发射日期晚了 2 个月。这天一大早，约翰·格伦再一次被捆绑在"友谊 7 号"飞船中，即将开始被多次推迟的太空旅行。

上午 9 点 47 分，在卡纳维拉尔角 14 号发射台上，"宇宙神"109-d 火箭被点火发射。尽管助推发动机逐渐达到了满负荷推力，但火箭仍稳固地待在发射台上，直到巨大的火箭固定臂展开，解除对火箭的束缚。在"友谊 7 号"飞船内部，格伦身心激荡，随火箭一飞冲天，冲入佛罗里达的云霄。这时，安装在"宇宙神"内的自动制导系统启动，火箭朝预定的东北方向飞行。大约 45 秒后，格伦进入大气层中所谓的"高 Q"区，运载火箭和飞船遭遇最大气动阻力。随后的 30 秒中有一些剧烈抖震，但随着舱外空气逐渐稀薄，振动很快消失了。

发射后 2 分 14 秒，位于外侧的 2 个助推火箭关闭，随后分离，只留下主火箭推动"友谊 7 号"进入轨道。20 秒后，飞船上方的红色逃逸塔喷出一团烟雾并裹着火焰被准时抛离。接着，主火箭发动机准时关闭，爆炸栓点火，火箭和飞船分离。这时，加速发动机点火，推动飞船远离已燃尽的推进火箭。潜望镜伸出后，"友谊 7 号"飞船开始调整姿态，底部朝前，[8]这是在 3 圈飞行过程中都将保持的姿态。地球地平线第一次进入格伦的视野，这时格伦已经处于失重状态。他从每个方向上都看得见数百千米之外，兴奋之余，他向地面报告："零重力，我感觉良好。飞船正在转向。哇，太美了！"[9]

自动控制系统在飞行过程中并没按预设程序做出反应，从而导致飞船沿偏航轴摆向一侧。为了让姿态自我修正，不得不消耗大量推进剂，而通常情况下，这种推进剂都是在需要时以小剂量方式释放的。这意味着，格伦必须进行手动操控。相同的问题稍后再次发生，但这次"友谊 7 号"飞船摆向了另一侧。在余下的大部分航程中，格伦都是靠自己控制飞船。

完成第一圈飞行后不久，格伦曾报告说，他看见数千个发光小颗粒环绕着"友谊 7 号"飞船，他把这些颗粒比作一大群萤火虫。通过猛击飞船侧壁，他甚至能制造出更多的颗粒。后来，在斯科特·卡彭特的 3 圈轨道飞行中，他确认这些颗粒只不过是来自飞船外侧的小霜花，它们在强烈的阳光照射下会发出亮光。

第三圈，也就是最后一圈飞行中出现了令人不安的情况。一个有缺陷的指示器给出了错误信号，显示挡热板已经松动，这是一个巨大的潜在威胁，可能导致在返回大气层时把宇航员和飞船烧成灰烬。地面指挥员决定，不再按预定计划抛弃制动火箭，希望通过固定制动火箭的金属条稳定住可能脱落的挡热板。加利福尼亚地面跟踪站的沃尔特·斯基拉（Walter Schirra）向格伦传递了这一信息。因为有违常规，所以格伦询问理由，斯基拉回答道，位于得克萨斯的另一个地面跟踪站将会给出解释。

正为"友谊 7 号"再入大气层做准备的格伦无暇多想，他调整飞船姿态以便能让制动火箭点火。这时他才被告知，通过遥测，飞船指挥中心发现挡热板松脱的早期迹象。挡热板的位置在飞船底端的外侧，由一层厚厚的树脂涂层构成，这个装置可在飞船再入大气层时以非常缓慢的熔化和蒸发方式消弭所产生的热量和能量。格伦再清楚不过的是，在他再入大气层时会遭遇极端高温，挡热板是他和灾难之间的唯一屏障。如果挡热板的确松脱了，那么只能由制动火箭组件及其固定条让挡热板保持在应有位置，这是一种近乎绝望的期待。

返回大气层的过程惊心动魄。舱外温度急速上升，格伦看到，在他的窗前，制动火箭上的 3 条金属固定带中有一条即将燃尽，正不停摆动，制动火箭的一些部件燃烧着掠过。"一颗真正的火球！"格伦惊叫着。幸运的是，挡热板保住了，格伦有惊无险地溅落在离预定区域大约 65 千米处的大西洋上。

大约 37 分钟以后，美军"诺瓦"（Noa）号驱逐舰的船员用绞盘把仍被密封在座舱里的格伦拉上船。随后，他提醒船员让开，自己用手背撞击舱口盖的爆炸栓塞。栓塞反弹透过手套轻微划破了他的指关节，这是他执行任务期间受到的唯一伤害。

海军少校罗伯特·米兰（Robert Mulin）和陆军内科医生吉恩·麦基弗（Gene McIver）在舰上对格伦进行了初步身体检查，据他们后来的描述，格伦当时身体发热、大量出汗、疲惫不堪而且稍微有些脱水。在喝了一杯水、经过一次淋浴后，这位世界上最新产生的太空人迅速得到了恢复，只是体重比飞行前减少了 2.41 千克。后来，在大特克岛进行的一次常规体检中，内科医生发现，飞行前和飞行后对比，值得注意的指标变化非常少，因此医生断定，太空似乎并非如当初所担心的那样是一个不适合逗留的环境。[10] 事后调查发现，实际上挡热板十分牢固，追根溯源，问题是一个有缺陷的传感器所引发的。

格伦当时并不知道这些情况。太空飞行 5 小时、绕地球 3 圈，这让他立刻成为民族英雄、美国的象征，并广受媒体的赞美。他露齿而笑、点缀着雀斑的面孔出现在无数报刊的首页。他在白宫接受肯尼迪总统颁授的勋章，在一个特别召集的国会会议上发表演说。全美国都在向他表示敬意，到处举行大规模游行和狂欢。自从 34 年前为庆祝查尔斯·林德伯格（Charles Lindbergh）横跨大西洋飞行而举行的狂欢活动以来，这种情形一直未曾出现过。

"失去"的宇航员

虽然仅过了短短的 35 分钟，新闻简报却正在让美国陷入悲痛气氛中：这个国家最新的宇航员斯科特·卡彭特，在环绕地球轨道飞行 3 圈后不幸罹难。稍后，NASA 公共事务官员约翰·鲍尔斯（John Powers）宣布了一条令人振奋的消息："收到美国海军 P2V 海王星轰炸机报告，发现飘浮在着陆区的宇宙飞船，在它的旁边是一只救生艇，艇上坐着一位先生，他的名字叫卡彭特"。美国民众心中的石头终于落了地。

那是 1962 年 5 月 24 日，这天上午的美国东部夏令时 8 时 45 分，卡纳维拉尔角发射中心，"宇宙神" 107D 号火箭搭载着 "极光 7 号" 飞船点火发射，划出一条天路，直奔苍穹，准备开启一次绕地 3 周的轨道飞行，飞船上的乘员是海军少校斯科特·卡彭特。这次飞行的主要目的是重复 3 个月前约翰·格伦的那次飞行，但对卡彭特来说却开启了他那天的历险经历。第一圈飞行中，卡彭特报告，自己的太空服过热、飞行姿态指示器的显示与他的视觉估计不一致。令 "水星" 号地面控制人员非常担心的还有：他报告说，用来控制飞船飞行姿态的过氧化氢推进剂的存量已减少到总容量的 69％。为了保存燃料，他依照指令手动控制飞船的飞行姿态。

在第二圈飞行中，卡彭特释放出一个多彩气球，它尾随在飞船后面。这项实验的目的是确定哪种颜色最易被视觉识别。气球并没有完全充气，但卡彭特报告说，橙色最为亮眼，银色也比较容易辨认。随后，他再次报告太空服过热，还说自己能让温度降低到舒适水平。很快，地面中心告诉他正开始进入第三圈飞行，不过再次提醒，由于燃料水平仍然以令人担忧

在宇航服技师艾尔·罗奇福德（Al Rochford）帮助下，斯科特·卡彭特穿上宇航服进行训练。

的速度下降，因此他仍需手动操控，以节省燃料。45 分钟后，卡彭特与印度洋跟踪船进行了联系，报告他仍有 45% 的燃料用于自动控制系统和 42% 的燃料用于手动系统。

距发射时间 4 小时 22 分钟之后，卡彭特正在进行第三圈飞行，他收到指示，做好制动火箭的点火准备并且将操控方式从手动转换到自动状态。12 分钟后，制动火箭点火，返回操作开始。由于飞行姿态控制系统出现了问题，这一时刻比指定时间晚了 5 秒，意味着飞船脱离原定着陆区已经不可避免。开始下降进入大气层时，卡彭特报告飞行姿态控制系统仍然有问题，他正在密切监视着燃料水平。9 分钟后，飞船被一层因过热而电离的空气包围，通信随之中断。[11]

美国东部夏令时下午 1 点 35 分，地面中心报告，飞船可能在大西洋上偏离预定溅落点大约 400 千米的地方，"我们期望立即恢复与飞船的联系"。接下来的 17 分钟在无线电静默中度过。反复呼叫，到下午 2 点仍然没收到回复。

在对全国的实况电视直播中，哥伦比亚广播公司的资深新闻播音员沃尔特·克朗凯特（Walter Cronkite）在摄像机镜头前板着脸，实时报道在大海上搜寻"极光 7 号"飞船的进展情况，他的担心溢于言表。克朗凯特告诉观众，"这里，卡纳维拉尔角，数以千计的人在守候，在祈祷。令人可怕的安静"。"我们可能失去了一位宇航员"。他哽咽着报道着。[12]

从卡彭特预计要溅落的那一刻起，所有可以利用的资源都投入搜寻当中。飞机扫视着洋面，海军导弹驱逐舰"法拉加特"号（Farragut）以最高速度向溅落区域疾驰。之后，传来了最令人激动的消息：海军 P2V 海王星轰炸机接收到了无线电信号，确定了飞船的位置。很快，卡彭特被找到，他已从"极光 7 号"顶部爬了出来，待在一个充气小救生筏上，向头顶上掠过的飞机挥手致意。3 名伞兵医护人员从一架 SC-54 救援飞机上跳下来，立即对他的身体状况进行了检查，并且为飞船套上一个浮力圈，以保持其处于直立漂浮状态。

美军"无畏"（Intrepid）号航空母舰迅速派出一架直升机到达现场，将卡彭特吊上飞机。从下午1时41分溅落，到目前总共过去了2小时49分钟。直升机将卡彭特送往正在等待的航空母舰上，海军"皮尔斯"（Pierce）号驱逐舰则受命从海上收回"极光7号"。随后，卡彭特被转送至大特克岛，在那里进行全面体检，并趁他对任务细节记忆犹新时完成他的任务报告。

尽管卡彭特在飞行期间不得不面对诸多麻烦，但最终还是克服了几乎全部障碍，除溅落地点偏离目标外，成功驾驶"水星"飞船安全着陆于大西洋上。这次飞行让这个国家又向前迈进了一步，更接近肯尼迪总统在这个10年末之前实现载人登月的承诺。

太空两兄弟

1962年8月11日莫斯科时间上午11时24分，在偏远的拜科努尔航天中心，一枚搭载着"东方"3号载人飞船的苏制R-7火箭发出雷鸣声，划出一道火光尾迹，将32岁的宇航员安德烈安·尼古拉耶夫送入一条椭圆形绕地轨道。飞船每88.5分钟环绕地球一周。安德烈安·尼古拉耶夫是进入太空的第七人，同时也是第三个苏联宇航员。他独自一人待在太空的时间不会太久：在不到24小时以后，即次日上午11时02分，另一位宇航员、31岁的帕维尔·波波维奇乘坐姊妹飞船"东方"4号从同一发射台升空进入轨道。

到达预定轨道后，波波维奇和已经完成15圈轨道飞行的尼古拉耶夫取得了联系，2位宇航员为首次实现太空相伴飞行互相祝贺。虽然每次在2艘飞船距离少于5千米时就会被无情地强制分开，世界仍然为这空前精确的壮举所倾倒，在这时美国才刚刚开始将独自飞行的宇航员送入轨道。[13]

这时，NASA正准备将乘坐"水星"系列单人飞船的宇航员沃利·斯基拉送入太空，执行一项绕地 6 圈的轨道飞行任务。关于苏联太空壮举的最新消息就像在美国人头顶上又扔下了一颗重磅炸弹，肯尼迪总统带着一种"酸葡萄"的心态向 2 位宇航员的勇气表示敬意，称这次的伴飞行动是"一项超常技艺"。一位 NASA 发言人将其称为一项"惊人成就"，随后快快不快地加上一句"得益于大功率推进器，他们已经获得了很大优势。我们或许将在登月方面创造一个奇迹，击败他们"。[14]

　　到尼古拉耶夫进入太空第 3 天时，他已完成了绕地 49 圈，飞行了约 200 万千米，成为太空时代首位太空飞行达"百万千米的人"。同时，波波维奇也完成了绕地 13 圈、飞行 140 万千米的壮举。

　　3 天后，苏联的太空壮举宣告圆满完成，2 名宇航员相隔 6 分钟，分别让自己的制动火箭点火，重返大气层，从飞船中弹射出来后，随降落伞在哈

苏联的太空"双胞胎"安德烈安·尼古拉耶夫（前）和帕维尔·波波维奇。

萨克斯坦的卡拉干达（Karaganda）市南边安全着陆。尼古拉耶夫率先着陆。塔斯社宣布2名宇航员安全返回，并说他们"感觉良好"。虽然塔斯社最初报告2人着陆时，说他们仍在"东方"号宇宙飞船内，但后来披露他们的确是从飞船内弹射出，在离烧焦的飞船尚有一小段距离的地方着陆。[15]

教科书式的飞行任务

1962年10月3日，当地时间上午8时15分，继一个近乎完美的倒计时之后，"水星"计划（MA-8）的"西格玛7号"飞船从卡纳维拉尔角空军基地发射升空。飞船上的沃利·斯基拉成为世界第七名、美国第三名进入地球轨道的人。他即将开始一次绕地6圈的轨道飞行任务，是其同事、宇航员约翰·格伦和斯科特·卡彭特之前飞行任务的2倍。相应地，他的飞船也进行了改造。

斯基拉的飞行任务，主要是检查飞船在延长飞行中的性能和适应性，而非采集科学数据。因为这一点，斯基拉需要在飞行中节约电力、冷却水以及用于飞行姿态控制的喷气发动机的过氧化氢燃料的使用。为保存燃料，他让飞船在不加控制的情况下漂移。这样，当要结束飞行并让制动火箭点火时，他仍然剩有80%的过氧化氢推进剂，几乎是将"西格玛7号"宇宙飞船调整到正确的再入大气层飞行姿态所需燃料的2倍。

唯一值得担忧的是，在第一圈飞行期间，斯基拉的太空服出现过热情况，地面指挥员不得不考虑把飞行时间缩短。不过，到第二圈飞行时，他已经设法让冷却系统正常工作，不再有不适的感觉。他在失重的状态下度过了大约8小时54分钟。据他后来宣称，飞行过程没让他产生不良反应。实际上，在技术水平方面，MA-8这次飞行是一次杰出的实践，执行过程中基本没遇到什么麻烦。

美国东部夏令时下午5时07分，进入轨道大约8小时45分钟之后，斯基拉启动了制动火箭，"西格玛 7 号"飞船开始下降，踏上再入大气层、高温烤炙的返程之旅。[16]在降落伞的减速作用下，飞船在中太平洋上溅落（史上第一艘溅落太平洋的太空飞船）。美国海军"卡萨基"号（USS Kearsarge）航空母舰正在中途岛东北大约 530 千米的位置上等待，斯基拉操控的"西格玛 7 号"飞船溅落点距离航空母舰不到 6.4 千米。在斯基拉的特别请求下，在飞船从海上打捞上来并运送到航空母舰这一过程中，他一直留在飞船里。在航空母舰上，曾经身为海军军人的他，固执地要求舰长准许他入列。直到这一要求获得批准，他才用力打开舱门盖，于下午 6 时 16 分走上甲板。

　　NASA 后来称斯基拉的"西格玛 7 号"任务是一次极为成功的飞行，并称有了这次飞行，下一次就可以尝试用一整天时间开展绕地 17 圈（后来

执行 MA-8 任务的宇航员沃利·斯基拉。

提高到 22 圈）的飞行了。志得意满的斯基拉也把这次任务描述为一次"教科书式的飞行"，这个说法也成了人们的一种常用语，用来描述那次当时 NASA 执行的历时最长、最成功的飞行。[17]

"水星"号的收官飞行

1963 年 5 月 15 日，空军少校戈登·库珀驾驶"水星"系列飞船完成了该系列中最后一次飞行任务，同时这也是该年度美国唯一的一次载人太空飞行。他在已做过重大修改、被他命名为"信仰 7 号"（Faith 7）的飞船中绕地球飞行了 22 圈。虽然这尚不及苏联宇航员尼古拉耶夫和波波维奇此前分别在"东方"3 号和"东方"4 号飞船里的飞行圈数，却已经是当时美国载人太空飞行的最长纪录。

飞行开始的前一天，库珀就装束妥当并等待发射，他在飞船里待了差不多 6 小时。由于紧靠"宇宙神"运载火箭伫立、12 层楼高的服务塔的柴油发动机不能点火，发射延迟了。随后传出消息，由于一个雷达出现故障，MA-9 发射任务推迟 24 小时。第二天早上，在卡纳维拉尔角空军基地的紧张气氛中，发射准备工作恢复，库珀被第二次塞进"信仰 7 号"飞船狭窄的空间内，他将在里面待上几个小时。他已经被前一天冗长乏味的等待耗得筋疲力尽。"水星"号控制中心的医务人员开始注意到，在完成各项检查后不久，他的一些生理参数发生了变化。由于无所事事，以及倒计时被数次叫停，戈登·库珀已经打上瞌睡了。

随着发射时间临近，风趣幽默的太空舱通信员沃利·斯基拉叫醒了瞌睡中的宇航员："老伙计，尽管我不愿打扰你，但是我们要发射了！"库珀立刻来了精神，"好！"他答道。

美国东部夏令时上午 9 时 04 分，"宇宙神"130-D 运载火箭从 14 号发射台升空，开始了这次预计 22 圈的轨道飞行任务。与 29 米高的"宇宙神"

火箭脱离 5 分钟之后，"信仰 7 号"飞船进入轨道，开始了每 93 分钟环绕地球一周的飞行。飞行期间，库珀完成了多项测试和实验、拍摄了大量地球照片与视频、根据观察和实验的需要对飞船进行了操控、与地面跟踪站进行联系并且在飞越其他国家上空时与多个国家进行了联系。他进食了预制餐食、按预定日程睡了大约 7.5 小时。

戈登·库珀将完成"水星"计划的最后一次飞行任务（MA-9）。

虽然"信仰 7 号"的飞行基本按部就班，但在最后几小时里，飞船的关键电气设备控制失灵，让飞行充满了惊险。在制动火箭点火前，他不得不手动操控飞船进入正确飞行姿态，并且在重返大气层过程中始终通过无线电通信与他的同事、"水星"号宇航员约翰·格伦保持沟通。在生死威胁面前，库珀保持了镇静和勇气，战胜了再入大气层的炽热，让严重受损的飞船精准溅落在距主回收舰——"卡萨基"号航母 5 千米处。蛙人从正在附近盘旋的直升机上降下，用一个浮圈套在"信仰 7 号"飞船上以使其在波涛汹涌的海水中处于直立状态。随后，飞船被吊到了航母甲板上，这时库珀仍待在飞船里。

待飞船被固定后，经许可后，库珀才打开了舱门盖。经过了一段马拉松式的太空飞行后，除了刚开始有点头昏眼花、极度干渴外，库珀的身体仍然处在极佳状态。

NASA 后来发布了一份关于"信仰 7 号"飞船故障的调查报告。报告认为，自动控制失灵的主要原因是湿度过高，这很可能是由库珀的汗水所致。湿度过高导致校准放大器（Amp Cal）的电子盒出现了连接故障，该装置负责将从各种传感器（例如陀螺仪和红外线水平扫描器）收到的电信号转换成指令信号，从而启动飞船自动控制系统中的小喷气装置。校准放大器内部短路（可能是绝缘不佳）也导致了返回自动控制系统失灵。[18]

库珀在事后的飞行报告中写道：

> "水星"计划已经结束，我们有了一项更加雄心勃勃的计划，站上了新的起点。在承担、适应新使命的过程中，每个人的经验和教训都将成为我们永恒的财富。对我们 7 名宇航员来说，"水星"计划只是一个开端。在整个"水星"计划过程中展现了激情，当下我们要做的是赓续这种激情，去迎接新的太空挑战。[19]

由于执行这次"水星"飞行任务，直至今天，戈登·库珀仍是独自一人进入轨道飞行的最后一名美国宇航员。

美国"水星－宇宙神"轨道飞行任务

飞行任务	宇航员	发射时间	着陆时间	绕地圈数
MA-6	约翰·格伦	1962 年 2 月 20 日	1962 年 2 月 20 日	3
MA-7	斯克特·卡彭特	1962 年 5 月 24 日	1962 年 5 月 24 日	3
MA-8	瓦尔特·施艾拉	1962 年 10 月 3 日	1962 年 10 月 3 日	6
MA-9	戈登·库珀	1963 年 5 月 15 日	1963 年 5 月 16 日	22

注："MA"是 Mercury-Atlas 的缩写，这个命名把"水星"计划的名称与"宇宙神"运载火箭的名称结合在了一起。此表之前的 MA 飞行（MA-1 至 MA-5）均为无人试验飞行。

第一位进入太空的女性

　　1961 年年末，苏联的尼古拉·卡马宁（Nikolai Kamanin）将军作为负责宇航员训练的主管，准备为未来的太空飞行任务再招收一支飞行员分队。但他也意识到，在"太空竞赛"中击败美国人，并向世界显示苏联技术和理念的优越性，具备某种潜在的可能性及显著的宣传效果。他读到一则消息，有一组女性飞行员正在美国接受宇航员训练，该训练范围广泛，但并没得到 NASA 的授权（这就是后来人们所知的"水星 13 美"）。他觉得这是一次绝好的机会。他后来在日记里写道，"我们不能容忍第一个进入太空的女性来自美国，否则这将是对苏联女性爱国感情的一种侮辱"[20]。因此，他提交了一个请求，力争在下一次苏联招收宇航员时招进大约 5 名女性。这个请求获得了苏共中央委员会的批准。赫鲁晓夫对此非常高兴，他确信，女性宇航员的成功飞行将为苏联创造又一个机会，争得又一个令人钦佩、引人注目的太空"第一"，把美国甩在后面，同时彰显了苏联对女性的承诺，即她们能与男性一道开展工作。

　　卡马宁知道，宇航员候选人不需要具备很高的飞行能力。"东方"号飞船及其系统相对简单，进入轨道后，大多数操控由地面进行控制，因此对宇航员的训练时间可以尽量压缩。在着陆阶段，宇航员会在远离地面的高空从飞船中自动弹射出来，这对跳伞技能提出了相应要求。为此，他派出了一个秘密招收小组，在具有特技飞行、体育飞行或者有资深跳伞经验的女性中寻找合适人选。摆上其办公桌上的名字有 400 个，但他马上划掉了不能达到其标准的人，最后仅剩一个名叫瓦莲京娜·捷列什科娃（Valentina Tereshkova）的年轻纺织女工。她曾上过私人跳伞课。

　　截至 1962 年 4 月 3 日，先后共有 5 名合格候选人并获得批准。芳龄 20 岁的塔季扬娜·库兹涅佐娃（Tatyana Kuznetsova）是一名拥有多项世界纪录的伞兵；28 岁的莫斯科航空学院毕业生瓦莲京娜·波诺玛廖娃（Valentina Ponomaryova），此前她已经学过飞行并成了一名跳伞运动员；伊琳娜·索洛维约娃（Irina Solovyova），年龄 24 岁，在自己的 2200 次跳伞中创造了多项世界纪录；瓦莲京娜·捷列什科娃是一名 24 岁的纺织工人，作为跳伞爱好者，她已经完成了 100 多次跳伞；然娜·约金娜（Zhanna Yorkina），22 岁，也是一名业余跳伞者。作为早期训练的组成部分，5 名女性都要接受熟悉驾驶舱的训练，这样才有资格在涡桨发动机驱动的飞机上和米格 -15 喷气战斗机的双座教练机上学习飞行。学习飞机操控，是为了让她们了解飞行时的感觉，但从未让她们单飞。在获得这些基本飞行经验后，每人都被授予空军中尉军衔。

为了执行"东方"6 号飞行任务，这些女性正在抓紧训练并开展了激烈竞争。瓦列里·贝科夫斯基和鲍里斯·沃雷诺夫（Boris Volynov）2 名宇航员则是"东方"5 号飞行任务的两个主要候选人，最终贝科夫斯基胜出。

至于"东方"6 号飞行任务，在经过综合考虑之后，卡马宁选择了瓦莲京娜·捷列什科娃（Valentina Tereshkova）。她在所有考试当中都获得了高分。卡马宁事后谈及此事时说："我们必须先把捷列什科娃送入太空，她的 B 角是索洛

"东方"6 号宇航员瓦莲京娜·捷列什科娃，第一位飞入太空的女性。

"东方" 5 号宇航员瓦列里·贝科夫斯基（Valery Bykovsky）。

维约娃。"捷列什科娃是穿着裙子的加加林！"[21] 赫鲁晓夫对这个选择很满意，认为就宣传效果而言，她的情况颇具代表性：单身、貌美、勤奋、有魅力，而且还是一名集体农场工人的女儿，父亲于 1940 年死于苏联和芬兰之间的"冬季战争"。

1963 年 6 月 14 日，莫斯科时间下午 2 时 59 分，28 岁的瓦列里·贝科夫斯基中校成为进入轨道的第五位苏联宇航员。就在塔斯社宣布这项最新太空伟绩的时候，西方正流传着一个消息灵通人士的猜测："东方" 5 号飞行任务可能包括一个与第一位女宇航员的"太空交会"。如果贝科夫斯基安全进入轨道，2 天后就将发射"东方" 6 号。

所有的猜测都因塔斯社发表的公告而结束："1963 年 6 月 16 日，莫斯科时间 12 时 30 分，'东方' 6 号顺利进入轨道……这是历史上第一次由一名女性驾驶飞船，她就是苏联公民、共产党员瓦莲京娜·捷列什科娃同志"。塔斯社补充道，她的呼叫信号是"海鸥"。正像所预料的那样，第一位女宇航员进入太空成了全世界的头版头条。

第一圈轨道飞行期间,捷列什科娃搭乘的飞船和贝科夫斯基的飞船彼此间相距不到 5 千米。虽然这是为了营造宣传效果,但提前计划或预测却很困难。在这两项飞行任务期间,这个距离是彼此间相距最近的时刻。尽管如此,这一成就还是广受赞誉。捷列什科娃后来很不情愿地承认,随着飞行不断继续,她感到身体不舒服并且渐渐筋疲力尽。这给她完成既定任务造成了影响,其中就包括手动操作让飞船重新定位。对于这些,地面控制人员都看在眼里。为此,卡马宁十分恼火。事后,他在日记中记载捷列什科娃身体不舒服、头痛,不仅如此,她在技术方面也远不能胜任自己的飞行任务。幸好,她的任务十分轻,实际责任也很少,能借助睡眠消除一些不适。

在此期间,也就是贝科夫斯基执行飞行任务的第三天,他做出决定,提前结束"东方"5 号的飞行。原因是末级火箭表现不佳,导致飞船进入的轨道低于原来的预计。此外,由于地心引力的作用,预定的 8 天飞行不能再持续下去了。最后的决定是,6 月 19 日,两艘飞船全部返回。

按照计划,"东方"6 号完成第 48 圈在轨飞行后就开始返回地面。飞行任务结束后,对捷列什科娃还提出了批评,因为她对制动火箭点火,以及飞船与服务舱的成功分离未及时报告。在离地面大约 6 千米的高空,捷列什科娃从返回舱里自动弹出,于莫斯科时间上午 11 时 20 分,降落在距离哈萨克斯坦卡拉干达(Karaganda)市东北约 620 千米的地方。一些在集体农庄的职工惊讶地看到她和飞船从天而降。他们直奔现场,1 小时后,第一支救援队也到达了。

绕轨道飞行一圈以后,"东方"5 号启动了制动点火程序,贝科夫斯基开始穿过大气层返回地面,他同样实施了弹射,最后他和飞船分别乘降落伞着陆。他着陆的时间是在捷列什科娃之后 2 个小时左右,着陆地点距离卡拉干达市西北 540 千米,距"东方"6 号着陆地点大约 800 千米。

苏联"东方"号太空飞行任务

飞行任务	宇航员	发射时间	着陆时间	轨道圈数
"东方"号	尤里·加加林*	1961 年 4 月 12 日	1961 年 4 月 12 日	1
"东方" 2 号	戈尔曼·季托夫	1961 年 8 月 6 日	1961 年 8 月 7 日	18
"东方" 3 号	安德里安·尼古拉耶夫	1962 年 8 月 11 日	1962 年 8 月 15 日	64
"东方" 4 号	帕维尔·波波维奇	1962 年 8 月 12 日	1962 年 8 月 15 日	48
"东方" 5 号	瓦列里·贝科夫斯基	1963 年 6 月 14 日	1963 年 6 月 19 日	82
"东方" 6 号	瓦莲京娜·捷列什科娃	1963 年 6 月 16 日	1963 年 6 月 19 日	48

*加加林在太空飞行期间获得 2 次晋升，从中尉升为少校。第一次载人"东方"号飞行任务没有附带序号。

　　贝科夫斯基顺利返回确实值得苏联人民喝彩。然而，其风光却在捷列什科娃的光环下黯然失色。在苏联和世界的一片赞誉声中，赫鲁晓夫想借此机会利用捷列什科娃与"东方"3 号宇航员尼古拉耶夫在训练期间发展起来的浪漫关系。赫鲁晓夫深知这种结合的宣传价值，于是力促这对情侣加快步伐，撮合了一桩举世瞩目的婚姻。1963 年 11 月 3 日，在一片热烈的宣传中，两人在莫斯科的一个登记处办理了结婚手续。7 个月后，这对夫妻有了一个健康的女儿，取名叶莲娜·安德烈安诺芙娜（Yelena Andrianovna）。不过，这桩婚姻最后以离婚而告终。[22]

　　在 1963 年 11 月下旬，肯尼迪遇刺身亡，美国上下处在一片的哀悼气氛中。作为对此悲剧一个回应，刚就任美国总统的约翰逊宣布，为纪念已故肯尼迪，佛罗里达州卡纳维拉尔角更名为肯尼迪角。在卡纳维拉尔角，包括所有发射设施在内的区域也被重新命名，称作肯尼迪航天中心。10 年后，在佛罗里达当地人的争取下，卡纳维拉尔角这个地理名称得以恢复，但肯尼迪航天中心的名字却保留了下来。

第 4 章

虚空漫步

1964 年 10 月 12 日，莫斯科广播电台发布了一条消息令世人惊叹：苏联的最新宇宙飞船"上升"1 号成功完成了绕地球轨道一圈的飞行任务。苏联新闻机构在报道中表示，"上升"1 号飞船搭载了 3 名宇航员，它比之前的"东方"号系列飞船更大、更舒适。苏联一跃而成为太空竞赛中的超级巨人，似乎令美国望尘莫及，苏联民众又一次集体进入惊喜、欢乐中，一时间苏联爱国主义高涨，举国狂欢。

一年前，瓦莲京娜·捷列什科娃（Valentina Tereshkova）创造了历史，成了第一个进入太空的女性。今天，"东方"号飞船又有了新的版本，可以搭载 3 名宇航员，是当时最大的飞船。执行任务的指令长是 37 岁的弗拉基米尔·科马洛夫（Vladimir Komarov）上校，与他同行的 2 名宇航员都是文职人员，仅接受过非常少的飞行训练。其中一人是康斯坦丁·费奥克蒂斯托夫（Konstantin Feoktistov），他是一位知名航天工程师、"东方"号飞船的主设计人员之一；第二位是鲍里斯·叶果洛夫（Boris Yegorov），一位精于航空医学的内科医生。

在当时，这次飞行被誉为一项伟大的工程成就，苏联很是得意地指出，美国人距发射他们的下一代"双子座"飞船还有相当长的路要走，更遑论它们也只能搭载 2 名宇航员。但事实上，"上升"1 号的飞行是一次最危险的飞行，随时可能变成一场灾难。"上升"1 号不过是赫鲁晓夫为了宣传目的、追求越来越大的太空壮举而对谢尔盖·科罗廖夫及其设计团队不断施压的结果。

成功执行了"东方"号 6 次飞行任务后，科罗廖夫原本计划研发能搭载 2 人、仍不具备交会和对接能力的新一代飞船"上升"号。但这一计划不能满足赫鲁晓夫的胃口，他追求的是国际声望和影响力。他知道，美国人正在推进他们的双人"双子座"计划，因此要求科罗廖夫下次飞行一定要走在美国前面，搭载 3 名宇航员。

尽管科罗廖夫对这种不断加码感到不满，但最终还是拼凑出了一个出奇简单且无比冒险的行动计划。令赫鲁晓夫满意的是，这次飞行赢得了全世界喝彩。当然，这次飞行很鲁莽，充满了危险而且先天不足，一旦真相大白，必然会招致批评。

"上升"号宇宙飞船基本上是"东方"号飞船的一个简化版。为了能挤进 3 名乘员，设计时省掉了弹射座椅。如果发射时发生任何爆炸起火事

"上升"1 号乘组与总设计师谢尔盖·科罗廖夫在一起。左起：指令长弗拉基米尔·科马洛夫、科罗廖夫、康斯坦丁·费奥克蒂斯托夫和鲍里斯·叶果洛夫博士。

故，没有任何措施能把 3 人从飞船中救出。厚重的太空服也被取消了，宇航员仅穿着钢制品颜色的毛织套装和带有白色头帽与耳机的蓝色夹克。在没有太空服和头盔的情况下，如果在大气层外因为故障密封舱突然失去压力——数年后还真的发生了这种事——宇航员会在数秒内死去。他们还携带了刀具，在万一着陆于西伯利亚丛林时以防不测。[1]

飞行过程中，3 位宇航员肩挨着肩挤在座舱内，活动空间很小，只能进行一些非常小型的实验。由于他们坐的方向垂直于已拆除的弹射座椅的位置，而各种仪表却仍然安装在它们原来的位置上，因此他们只能伸长脖子去读取仪表上的数据。所谓这艘飞船更大、更舒适的说法纯属无稽之谈。事实上，这只不过是一次为了宣传目的进行的危险表演，意在让美国人的追赶显得一钱不值。

尽管报告说飞行员们感觉良好，但事实并非如此。飞行中，2 位只接受过很少训练的文职人员都经受了太空病的折磨，叶果洛夫尤其严重。在第二圈飞行中，他曾报告说头晕眼花、全身不适、没有胃口。到第五圈飞行时，情况似乎变得更糟。后来报告说叶果洛夫深沉地睡了一觉，醒来后据说感觉好多了。

飞行了一天多之后，发动机点火，飞船载着 3 名宇航员借助降落伞安全着陆。令他们万万没有想到的是，等待他们的竟然是新一届政权。他们在轨道飞行期间时，赫鲁晓夫下台，当时掌控苏联大权的是苏联共产党乌克兰第一书记尼古拉·波德戈尔内（Nikolai Podgorny）、苏联共产党中央第二书记列昂尼德·勃列日涅夫（Leonid Brezhnev）和部长会议副主席阿列克谢·柯西金（Alexei Kosygin）等 3 位苏联高级领导人。在欢迎"上升"号乘组人员抵达莫斯科的那天，宇航员们在乌努科沃夫（Vnukovo）机场受到了新任苏联共产党第一书记勃列日涅夫和苏联新任部长会议主席柯西金的接见。[2]

1990 年，在一次与《星火》（*Ogonyok*）杂志记者的谈话中，时任谢尔盖·科罗廖夫助理的瓦西里米申（Vasily Mishin）坦诚地表达了他对那次飞行的看法：

> 是否危险？当然是。它似乎是一艘3人飞船，但又不是。事实上，这是一次杂技表演，很难进行任何有价值的工作。他们挤在那里，仅能坐下而已，更别说有多么危险了。但西方人却由此得出结论，说苏联人已经拥有了能搭乘多人的宇宙飞船。他们绝不会想到，我们会在没有任何保障手段的情况下将宇航员送入轨道。万幸的是，一切都很正常。否则呢？[3]

仅有一天时间的太空飞行只不过是政府宣传的一个噱头而已。在此之后，无论是费奥克蒂斯托夫还是叶果洛夫都没再参与飞行，而科马洛夫则在后来的一次单人飞行中，由于频发的技术故障不得不强行着陆，结果丧生，成了太空飞行的第一个牺牲者。

"上升"1号着陆后刚过2周，34岁的美国宇航员特德·弗里曼（Ted Freeman）在驾驶T-38型喷气飞机进行日常训练时，在休斯敦的埃灵顿机场（Ellington Field）附近撞上了一群加拿大雪雁，导致坠机。虽然他被弹射了出来，但为时已晚，他离地面太近了，最后因撞击而亡，成了美国牺牲的第一位宇航员。

几近生死的太空行走

5个月后，离预定的"双子座"计划载人飞行只剩几天的时间，"上升"2号搭载2名宇航员，在苏联的拜科努尔航天中心发射升空，开始了又一次登上全球新闻头条的太空壮举。

1965年，正当NASA紧锣密鼓地准备在3月下旬将其第一个2人乘

"上升" 2 号乘组人员阿列克谢·列昂诺夫（左）和帕维尔·别利亚耶夫。

组送入太空时，3 月 18 日，苏联 "上升" 2 号飞船搭载着帕维尔·别利亚耶夫（Pavel Belyayev）上校以及作为助手的 30 岁的阿列克谢·列昂诺夫（Alexei Leonov）中校进入轨道。像此前所有苏联太空任务一样，发射地点定在拜科努尔航天中心，时间为莫斯科时间上午 10 点，但直到一小时后，经确认飞船安全入轨后才对外公开了信息。塔斯社宣布 "一枚威力强大的火箭" 将飞船送入了轨道，同时还公布了 2 位宇航员的姓名。

　　这次飞行轨道的远地点为 495 千米，是当时载人飞船达到的最高点，近地点为 173 千米，轨道飞行周期为 90.9 分钟。[4] 飞船进入第二圈飞行，越过苏联上空时，塔斯社进一步报道说，宇航员阿列克谢·列昂诺夫已经 "穿着配备宇航员生命保障系统的特制航天服 '步出' 飞船，离开飞船达 5 米的距离，成功进行了一系列预定的探索和观察项目，随后安全返回飞

执行完"上升"2号飞行任务后，阿列克谢·列昂诺夫画出了他在太空行走的情形。

船"。数年后人们才得知，报道的前半部分基本可信，但列昂诺夫却差一点
儿在这第一次人类太空"行走"中丢了性命。

　　虽然赫鲁晓夫不再督促科罗廖夫不断创造新的"第一"，但领先美国一
步的压力始终存在。由于"上升"号主舱门的设计没考虑出舱活动的需要，
在太空无法开启或关闭，主舱室也不能进行减压或增压。设计部门最初的
反应是这次太空行走无法完成，尤其是在为了打败美国、争得太空行走第
一而仓促上马的情况下。坐等下一代装备更完善的飞船是不可能的，只能
对"上升"2号进行改造，以承担这一任务。

　　为实现这一目标，设计部门增加了一个侧门，并研制了一种薄壁、有
弹力，用橡胶制成的气闸室。气闸的长度为 2.5 米多一点，当飞船进入轨道
时，它将在飞船外自动从折叠状态打开，利用飞船外面的压缩空气罐进行

充气，压在侧门上。完成太空行走后，宇航员将通过这一气闸室返回舱内，一旦侧门关闭，闸室将被丢弃。其中存在的巨大风险是，一旦"上升"2号的舱门被打开，防止舱内瞬间失去压力的唯一手段仅仅是气闸室两层薄薄的橡胶及其表面的织物。这还意味着，当宇航员进行舱外活动时，只能依赖身后背包中提供的有限氧气。

出舱的时刻到了，身穿航天服的宇航员知道，他们只能将希望寄托在这样的装备上。别利亚耶夫给气闸室充气后，侧门开启。莫斯科时间上午11点32分54秒，列昂诺夫钻出侧门，舱门在他身后关闭。随后，别利亚耶夫再小心翼翼地打开位于气闸室外端的门，让列昂诺夫暴露于茫茫太空。列昂诺夫的重要任务之一是在气闸室外端安置一台摄像机以记录这一历史性时刻，待太空行走完成后再将其收回。他飘动着脱离气闸室，"就像一个软木塞从瓶子里浮出"。——他后来描述道，自己在5.5米长安全系绳的一端旋转着、移动着。[5]他要完成的另一项任务是用固定在胸前的照相机拍

麻烦开始前，影像资料记录下了列昂诺夫的史上首次太空行走。

下太空行走的照片。由于航天服膨胀起来，他发现自己无法触及位于大腿部位的照相机快门。当壮美的景观在他身下掠过时，他在一片万籁俱静中能听到的唯一声音是自己的急促呼吸和心跳。

据列昂诺夫后来讲述，在空中飘浮 8 分钟后，他明显感觉到航天服的体积发生了变化，他的指尖无法触及手套的末端，双脚也浮在靴子内。航天服已经开始膨胀并变得僵硬起来，令人不安，他正处于危险的两难境地。按照计划，他的下一步行动是带着连接自己与飞船的那条粗重的、脐带般的安全绳，重新进入可充气的气闸室，回到"上升"2 号内。这本来就是一个颇有难度的动作，现在他又不得不担心，身着过度膨胀的航天服，自己能否再挤回座舱。

列昂诺夫小心地收回摄像机，游动至气闸室入口。但很快，他膨大的航天服就被卡在入口，动弹不得。"情况越来越紧迫，"列昂诺夫后来回忆道："汗水浸入我的眼睛、流过我的胸前，我的手也是湿的，脉搏加快……我拼尽了全力"。为了挤进闸室的门，他不断做着努力，但没有丝毫用处。他陷入了绝境，史上第一个太空行走者眼看就要用尽他的氧气、命赴黄泉了。那样，飞船内的别利亚耶夫最终也将被迫做出令人毛骨悚然的抉择，将卡在那里的同伴遗体遗弃在舱外，连同充气气闸室一起，在返回大气层过程中被烧成灰烬。

他试着先把头部挤进去，但高热让他几近昏厥。汗水刺痛了眼睛，头盔面罩上一片雾水，眼前模糊一片。他知道，他还有一条唯一的、然而却存在巨大风险的选择——给航天服放气。"唯一的解决办法就是打开压力阀，放出部分氧气，降低航天服内的压力，让我能通过气闸室"。2004 年他这样回忆，"一开始我打算把这个想法向飞行控制中心报告，但我放弃了，我不想让地面人员紧张不安。无论如何，我是有可能控制这一局面的唯一人选"。[6]

他开始让膨胀的航天服缓慢放气。到了自认为可以安全通过气闸室的程度时，他做了第二次尝试，但仍无法通过。于是，他不得不再次放气，将压力降到了危险的极限。这时，他已经处于缺氧状态，心跳达到危险的程度，正快速进入失能状态。他知道，这是自己的最后一搏。列昂诺夫聚起正在消失的最后一点力气，终于把脑袋朝前挤进了气闸室，然而下面仍有一项几乎不可能完成的转身动作在等着他。

> 我只能蜷曲起身体，接近入口，关闭气闸室，这样帕夏（别利亚耶夫）才可以启动压力平衡装置，让气闸室内的压力与密封舱内一致起来……待帕夏确信入口关闭并且压力达到平衡后，他才开启内舱门，我艰难地回到了密封舱，这时已经大汗淋漓，心脏狂跳。[7]

别利亚耶夫关闭了飞船的舱门，丢弃了制造麻烦的气闸室。列昂诺夫开始放松下来。他汗流浃背，航天服到处都是汗水。从离开座舱到返回，一共24分钟；他在后来的回忆中说这是自己一生中最长的半小时。

生死边缘的太空行走还不是两人遇到的最后难关。在接下来的一圈飞行中，当别利亚耶夫开始为手动控制做返回的准备时，自动定向系统失灵了，该系统是利用太阳方位调整飞船返回方向的。这样，他们不得不手动调整飞船方向，并且在精准的时间内启动制动发动机。对穿着笨重航天服的两人而言，这是一项十分困难的工作。发动机启动的时间比预定时间晚了46秒，导致着陆点偏离预定地点386千米，落在了彼尔姆（Perm）以北160千米那片白雪皑皑的西伯利亚密林里。最后，飞船陷入深深的积雪，被夹在了两棵大树中间。打开舱门，他们暴露在冰天雪地中。

于是两人抱团取暖，在冰点以下的气温中度过了凄惨的一夜，这期间他们尽量保持头脑清醒。他们喝了一些伏特加——这是被严格禁止的，但在发射前他们却偷偷将其带上飞船。第二天，救援团队终于找到了他们，但因为树木过于茂密，直升机无法在附近降落，他们不得不在树林中再度过一夜，好在这次是与救援人员一起待在舒适的帐篷中。次日，他们乘坐从直升机上投下的雪橇，终于到达了营地。数日后，他们的飞船也被以同样方式运回。

苏联 "上升" 号宇宙飞船飞行记录

飞船编号	宇航员	发射时间	着陆时间	绕轨道圈数
"上升" 1 号	弗拉基米尔·科马罗夫 鲍里斯·叶果洛夫 康斯坦丁·费奥克蒂斯托夫	1964 年 10 月 12 日	1964 年 10 月 13 日	16
"上升" 2 号	帕维尔·别利亚耶夫 阿列克谢·列昂诺夫	1965 年 3 月 18 日	1965 年 3 月 19 日	17

不出所料，这次飞行被说成一次没有遭遇任何麻烦的成功飞行，受到了全世界的广泛赞誉。列昂诺夫被誉为 "太空行走第一人" 并获得 "苏联英雄" 勋章的至高奖赏（他曾获得 2 枚，这是第一枚）。这次飞行仅仅发生在 "双子座" 载人飞行的几天之前，NASA 的宇航员们并没有分享到这份喜悦。汤姆·斯塔福德（Tom Stafford）描述了自己失意的心情：

> 我记得，就在我们发射的几天以前，我和格斯、约翰、沃利在宇航员住处看电视，知道苏联人又一次抢在了我们的前面。电视上有阿列克谢很短的一个镜头，说了句 "一切都很好"。后来我结识了他，才知道那次任务差点儿要了他的命。他们的麻烦接踵而至，最终着陆于乌拉尔山区一个偏僻的地方。为了从直升机上投下雪橇，竟然花了一天的时间，而他们却还说 "一切都很好" [8]！

女性乘组

1965年4月，宇航员训练主管卡马宁（Nikolai Kamanin）敲定了"上升"7号前的"上升"系列任务宇航员名单。其中"上升"3号是一次漫长的飞行任务，计划持续时间为10—15天，主乘组将由鲍里斯·沃雷诺夫（Boris Volynov）和格奥尔基·卡特斯（Georgi Katys）组成。下一次飞行，"上升"4号的乘组将由2名女性宇航员瓦莲京娜·波诺玛廖娃和伊琳娜·索洛维约娃组成，2人都曾是瓦莲京娜·捷列什科娃"东方"号飞行任务的后备乘组成员。那时，主设计师谢尔盖·科罗廖夫的健康状况日趋下降，他急于开始登月计划，因此公开反对继续进行"上升"系列飞行任务，认为全部由女性成员组成的飞行乘组不过是一种宣传噱头，是对设计和飞船资源的浪费，是对太空飞行背后的科学和工程努力的贬低。不出所料的是，他的意见被卡马宁否决，因为正是卡马宁提出了女性乘组的设想。

除了要实施这次飞行，早期的方案还计划让索洛维约娃出舱进行第一次女性太空行走，甚至已经开始让她们接受阿列克谢·列昂诺夫曾经经历过的出舱活动训练。如果这次飞行取得成功，其宣传价值将是巨大的。有意思的是，尽管5个飞行乘组中，另外2名女性塔季扬娜·库兹涅佐娃（Tatyana Kuznetsova）和然娜·约金娜（Zhanna Yorkina）仍在持续进行飞行训练，备战将来的飞行。但当初所提出的"上升"4号飞行任务后备乘组却全是男性成员，即维克多·戈尔巴特科和叶甫根尼·赫鲁诺夫，后来，在计划推进过程中，库兹涅佐娃和约金娜又取代了他们2人。

根据历史资料，1966年1月在莫斯科，科罗廖夫在一次手术过程中去世，他作为实验设计一局（Experimental Design Bureau No.1）的一把手位置被瓦西里·米申取代。瓦西里·米申曾是谢尔盖·科罗廖夫的首席助理，他急于结束科罗廖夫的"上升"系列计划，集中精力研发更先进的"联盟"（Soyuz）号飞船系列。4位女性后备乘组成员一直在接受训练，直到1969

年乘组最终解散。此后的 10 多年间，再也没有女性宇航员参加训练。[9]

"双子座"计划

"水星"计划成功完成后，NASA 具备了将其太空飞行计划推进到更高水平的条件。1961 年 12 月 7 日，NASA 的载人飞船中心（Manned Spacecraft Center）主任罗伯特·吉尔鲁斯（Robert Gilruth）在休斯敦宣布了这项计划。他说，下一代飞船将具备更大的空间，能搭载 2 名宇航员进行轨道飞行，开展交会与对接的关键技术试验，为今后将进行的登月计划做准备。当时还没确定这项双人飞行计划的名称，但吉尔鲁斯说，该计划将起到"水星"计划和"阿波罗"计划两者间的桥梁作用，所以仍暂时使用名称"水星马克Ⅱ"（Mercury Mark Ⅱ）。

后来，NASA 在一份通报中表示，他们正与位于密苏里州圣路易斯（St Louis）的麦克唐纳飞机制造公司进行谈判，如同"水星"系列飞船那样，他们已被初步选定为主承包商。新飞船重约 1.8 吨，接近"水星"飞船的 2 倍，将继续保持"水星"系列飞船的外部形状，内部空间比后者增加约 50%。发射该飞船将使用的新型运载火箭是马丁·玛丽埃塔（Martin Marietta）公司为空军制造的"大力神"Ⅱ型。初步估计预算约为 5 亿美元，将用于建造约 12 艘飞船以及"宇宙神－阿金纳"（Atlas-Agena）和"大力神"运载火箭。通报还说，本计划的总体安排为：

> 双人太空飞行将于 1963—1964 年开始，先在卡纳维拉尔角发射几次无人弹道飞行测试任务，以确定运载火箭—太空飞船系统整体设计与工程的相容性；然后是几次载人轨道飞行。在该计划的最后阶段，将尝试近距离飞越以及实际对接任务。

> 本计划将为载人交会技术提供最基本的试验手段，同时，也

将进行长达 1 周或 2 周的双人轨道飞行，为宇航员提供训练机会，以适应将来长时间的环月及月球着陆飞行。

NASA 现有的 7 名宇航员将作为执行该计划的宇航员。在计划实施的不同阶段，还将适时增加新成员。[10]

新计划需要有一个名称。从征集到的不同名称中，在华盛顿 NASA 总部载人航天飞行办公室（the Office of Manned Space Flight）工作的亚力克斯·纳吉（Alex Nagy）提出的名称得到认可，他不但获得了为这个国家的下一代载人太空飞行计划命名的殊荣，而且还得到了奖品——一瓶上好的苏格兰威士忌。1962 年 1 月 3 日，NASA 正式宣布，双人太空飞行计划的名称为"双子座"（Gemini）。在拉丁语中，它的含义是"双胞胎"，它也是占星术中对黄道 12 宫中第三宫星座的称谓。[11]

仅过了两年多一点时间，1964 年 4 月 8 日，在肯尼迪航天中心 19 号发射台，"大力神"Ⅱ型火箭搭载

"大力神"Ⅱ型火箭搭载着"双子座"飞船进行第一次无人飞行发射。

着"双子座"飞船按预定计划进行了第一次试验飞行发射。火箭第二级燃料耗尽后，与无人飞船一起在环地轨道上飞行了 64 圈，在环绕第三圈时即对外宣布试验已经完成。这次飞行最主要的试验目的是检验"双子座"飞船与改进后的运载火箭间的整体一致性，同时也要证明，在飞船内部，

NASA 的第一个"双子座"双人乘组：格斯·格里索姆和约翰·扬。

宇航员可以安全生存。试验目的已全部实现。

　　1965 年 1 月 19 日为"双子座"计划进一步注入了前行的动力，这一天进行的是"双子座"2 号无人飞行试验发射。与第一次发射试验不同，第一次是把"双子座"飞船送入轨道，而这一次是用"大力神"Ⅱ型火箭搭载着"双子座"飞船进行亚轨道飞行，主要目的是对飞船的隔热层进行测试。这次试验很成功，NASA 现在可以进行"双子座"的第一次载人太空飞行了。

　　最初，艾伦·谢泼德被选定为指令长，与汤姆·斯塔福德一起执行第一次"双子座"载人飞行，但谢泼德因不时有阵发性恶心，难以保持平衡感。经诊断，他患了美尼尔氏综合征。1963 年 10 月，医生认为他不再适

合执行飞行任务；尽管谢泼德难以接受，还是退出了这次飞行任务。NASA重新任命格斯·格里索姆和"太空新兵"约翰·扬（John Young）来执行此次绕地球3周的飞行任务。在2人当中，格斯·格里索姆原本受命执行第二次"双子座"飞行任务，而约翰·扬则是后来加入NASA宇航员团队中第一个执行飞行任务的人。本次飞行的主要目的是证实飞船的载人飞行能力、评估飞船的系统性能和宇航员的机动操控能力、检验全球性跟踪网络的运行，并对溅落后救援体系进行评估。

在"水星"计划执行过程中，宇航员可以为自己搭乘的飞船命名，但到"双子座"计划执行时，这一惯例被取消，NASA决定用任务名称加编号的方式来命名飞行任务。该决定出乎意料，格里索姆非常恼火。为了表达自己的不满，他要为自己搭乘的"双子座"飞船起一个非官方的名字。刚好，这时他获悉百老汇音乐剧《永不沉没的莫莉·布朗》（*The Unsinkable Molly Brown*）的连续演出季已近尾声，于是他决定借此对MR-4飞行任务中损失飞船的事件表示一下自己的不屑，"我一直受到指责，说我弄丢了'自由钟7号'飞船，还显得若无其事"。他告诉记者，"我灵机一动，对付此类说辞的最好方式是以此为调侃。根据我对'双子座'的了解，我认为它确实不会沉没的，因此，约翰和我决定将我们的宝宝命名为'莫莉·布朗'"。[12] 尽管NASA高层中的很多人对格里索姆的小心思会心一笑，但他们还是建议他采用一个更易于接受的名字。"没问题，"他说："'泰坦尼克'如何？"格里索姆向来以倔强著称，因此官方最终不得不做出妥协，"双子座"3号飞船可以被非官方地称为"莫莉·布朗"，但他们警告其他乘组，对后续的乘组则下不为例。

1965年3月23日，格里索姆和约翰·扬所乘坐的飞船进入轨道，开始执行"双子座"3号飞行任务。升空时，格里索姆用戴手套的双手紧紧抓握着D形环。在飞行的前50秒中，D形环可以启动他自己及其伙伴的弹射座椅。而约翰·扬则表现出对指令长及飞船的更多信心，只是将双手

"双子座" 4 号乘组：爱德华·怀特和詹姆斯·迈克迪维特。

紧紧地放在膝盖上。箭船成功分离后，"莫莉·布朗"滑行进入初始的椭圆轨道，远地点为 228 千米，近地点为 163 千米。在将要进入第二圈飞行的时候，格里索姆启动了飞船的轨道姿态与操控系统（Orbit Attitude and Maneuvering System，OAMS）中的两个前向推进发动机，以对宇航员改变轨道的可行性进行测试。他成功降低了飞船的轨道高度，使其近于圆形，成为史上第一个改变飞船轨道的宇航员。在整个飞行过程中，为了测试飞船的姿态控制系统，他按预定程序不断对飞船实施变轨操作。[13]与此同时，扬也在不停地为未来飞行进行复水（water-reconstituted）食品与果汁的各种试验，忙得不可开交。同时，扬还利用飞船提供的电能进行失重条件下人类血液样本的照射实验以及海胆卵的受精实验。

飞行接近尾声时，扬给了格里索姆一个小小的惊喜——一块来自卡纳维拉尔角附近著名的 Wolfie 熟食店的牛排三明治，这是沃利·斯基拉让扬偷偷藏在他的太空服下部口袋里的，斯基拉已将它冷冻了一夜。格里索姆大喜过望，狠狠地咬了一口，顿时碎屑四处飘舞，不得不赶忙将其装回口袋。他们当时对此一笑置之，但后来两人遭到严厉训斥，因为他们偷偷将未经批准的食品带上了飞船，可能会破坏经过精心设计的饮食标准。

再入大气层之前进行了最后一次变轨，格里索姆启动了前向推进器，将轨道最低点下降到约 80 千米。接着，他启动了飞船的 4 个固体燃料反向推进器，开始返回地球。"莫莉·布朗"最终溅落在大西洋上。迎接他们的是剧烈颠簸，不过却证明飞船确如其名——永不沉没。格里索姆释放了主降落伞，并决定按预定计划待在飞船里，等待直升机将他们吊起，送到救援船上。令人吃惊的是，他们被告知，救援舰尚在 93 千米之外。不久，海军蛙人到来，为飞船装上了一个浮圈。这时，飞船内部越来越热，令人难耐。海浪让飞船不断颠簸、旋转，两位宇航员感到越来越恶心。"附近没有任何船只，"扬后来回忆说。

"双子座"系列的首次载人飞行任务顺利完成，过程中几乎没出现什么麻烦，这时 NASA 已经在计划他们的下一次飞行任务——"双子座"4 号了。这次飞行过后，扬给那块招来许多麻烦的三明治剩余部分加上了塑料包装，连同来自官方的斥责文件一起放在自己的办公桌上，来反思自己的错误。

美国人的太空行走

1964 年 7 月 27 日，NASA 宣布"双子座"4 号飞行任务将于次年 6 月进行，乘员是 2 位首次参与飞行的宇航员：詹姆斯·迈克迪维特（James McDivitt）上校担任指令长，爱德华·怀特二世（Edward 'Ed' White Ⅱ）上校作为助手。按照早期的任务计划，安排迈克迪维特在轨道飞行中打开舱门，将脑袋伸出舱外，而太空行走则被安排在以后的飞行任务中。但 1965 年 3 月阿列克谢·列昂诺夫出人意料的舱外活动促使 NASA 加快了步伐，他们安排两人接受了舱外活动训练，并最终决定由怀特承担美国第一次太空行走的重任。为此，NASA 在休斯敦载人航天中心下面新设立了一个飞行任务控制中心（Mission Control Center），这次任务就是由该中心控制的第一次太空飞行。

1965 年 6 月 3 日，佛罗里达航天中心 19 号发射台，"大力神"Ⅱ型 2 级运载火箭成功将"双子座"4 号飞船送入轨道，开始了该系列的第二次载人飞行。迈克迪维特短暂开启了位于飞船设备舱一侧的助推发动机，飞船开始调头，试图与已经耗尽燃料但仍在轨飞行的"大力神"火箭的第二级交会，但他发现，他已经消耗的燃料远多于预计，经飞行控制中心同意，他放弃了这个企图。[14]

按计划，怀特的舱外活动将在飞行第二圈时进行，为此他开始进行各项准备工作。但因为此前两人忙于半途而废的交会行动，经同意，舱外活动可以推迟到第三圈，不必匆忙进行。第三圈时，2 位宇航员将他们的头盔密封严实，把飞船内的气压降至零，怀特打开他所在一侧的舱门，从座位上站立起来。4 分钟后，一切准备就绪，他抓紧舱门边缘，在距地球 217 千米的高度，将自己拖出舱外。他身上用一条 7.6 米长的脐带式系绳与飞船连在了一起。这是一条生命线，将为他提供氧气和通信联系。怀特借助一只小型氧气枪的爆发力，小心翼翼地将自己推到了飞船前方，迈克迪维特

爱德华·怀特二世乘坐"双子座"4 号进行历史性舱外活动的照片。

用照相机记录下了这一历史性时刻。舱外活动预计持续 12 分钟左右。

怀特一边飘浮在飞船周围，一边报告说，他丝毫没感觉到有定向障碍，相反，他正在享受着这一时刻。事实上，他有点太迷恋于自己的感受了，以至于在舱外逗留时间超出了计划，甚至还对迈克迪维特的提醒置于不顾。太空舱通信员格斯·格里索姆数次告诉迈克迪维特，让怀特赶紧回到舱内，因为飞船正进入百慕大地面站区域，休斯敦马上会失去与飞船的联系。怀特很不情愿地回到了密封舱，但在关紧舱门时遇到点麻烦，致使舱内无法恢复压力。虽然问题最终解决了，可出于谨慎考虑，再次开启舱门扔掉舱外活动装备的计划被取消了，因此两人不得不待在比原计划更拥挤的座舱里。

总共算起来，怀特的舱外活动时间为 23 分钟，但他觉得太短。后来他说，太空行走是整个任务过程中最令人愉快的环节，而收到回舱指令是他一生中"最令人伤心的时刻"。[15]

由于飞船着陆系统出现电脑故障，飞船在大西洋上的溅落点偏离预定区域68千米。不久，海军救援人员从直升机上跳下，给飞船装上浮圈，然后打开舱门，两位宇航员笑容可掬地被吊上另一架直升机，随后送到了美海军救援舰"黄蜂"号（Wasp）航空母舰上进行医学检查、汇报情况，然后安排休息。

"双子座"5号宇航员皮特·康拉德和戈登·库珀。

这时，戈登·库珀和"太空新兵"皮特·康拉德已经在为"双子座"5号飞船的8天飞行任务进行准备，这次飞行不仅比苏联人的飞行时间多出3天，以模拟宇航员登月的来回时间，让医学专家对长时间失重给宇航员造成的影响进行评估，而且还要对新型燃料电池进行检验。该飞船将安装自己的雷达系统，在交会试验中，宇航员将释放一个小型电子装置，让其自由漂浮在太空中并通过雷达系统对其实施跟踪。该装置大小如足球，正式名称为雷达评估匣（Radar Evaluation Pod，REP），但却被宇航员们幽默地称为"小淘气"。它里面装有异频雷达收发器、接收信标及闪光灯。在未来的载人登月计划中，交会与对接是必须掌握的技术，而本次试验的成功实施，将证明NASA已经具备了在空中对另一艘航天器进行雷达跟踪并实施交会的关键技术。[16]

由于一系列延迟，"双子座"5号的发射被最终推迟到1965年8月21日。

发射和入轨都很成功，飞行 2 小时后，库珀和康拉德搬出了放在飞船设备舱后部的 REP，在收到可靠雷达定位信号后，他们让其漂浮着离开，以便稍后再进行交会尝试。飞行 5 小时 34 分钟后，康拉德告诉任务中心，该装置距他们大约 600 米的距离，但仍可以看见。

宇航员还报告说，燃料电池组发生了严重问题，将对飞船电力供应产生不利影响。他们得到的建议是先关闭电源，集中精力解决这一问题。让所有人释然的是，燃料电池问题最终得以解决，电源系统恢复，飞行照常进行。但在他们致力于解决问题时，REP 装置的电力耗尽，对其追踪最终被取消。另一个备选项目是让宇航员将飞船与假想轨道上的一艘虚拟飞船进行交会。在进行这项任务的过程中，他们基本上没有遇到什么麻烦，最后以合理的精度顺利到达了交会点。

几天后，库珀和康拉德打破了在轨停留时间纪录，但 2 人开始受到长时间飞行所带来的不良影响。库珀有点心烦意乱，对让他们进行的一些实验提出批评，抱怨没给他们留出足够时间。事后，康拉德说：

> 浪漫的感觉很快过去。我们被限制在一个极度狭小的空间内，我的膝盖感觉很不舒服，似乎是膝关节干透了。我感到很痛苦，不想待在这儿了。如果有人告诉我，我必须在这儿待上超过 8 天的时间，我想我会疯掉的。我的身体在痛，大脑不再灵光。我是新手，而戈登是老手，我们已经在一起训练了一年，彼此之间已经没有什么新鲜话题可谈。飞船系统出了一些故障，我们无法完成全部预定的工作，唯一能做的事儿是坐在那里。问题不在于劳累，你根本无法入睡。身体很不舒服，不能做任何事情，零重力环境却又使人昏昏欲睡。[17]

飞行将近尾声，库珀和康拉德已经彻底打破了苏联宇航员瓦列里·贝科夫斯基（Valery Bykovsky）乘坐"东方"5号飞船时创造的119小时6分钟的单次飞行时长纪录，也使所有苏联宇航员共计507小时16分钟的飞行时间黯然失色。1965年8月29日，在绕地120圈、飞行180小时又56分钟后，"双子座"5号飞行任务结束，飞船成功溅落在西大西洋。医学检查表明，两位宇航员虽然经历了一场马拉松式的太空旅行，但身体状况良好。

太空交会并非一片坦途

经过3次载人飞行，"双子座"计划取得了一系列令人瞩目的成就。由沃利·斯基拉和汤姆·斯塔福德担纲的"双子座"6号飞船飞行任务是朝着"阿波罗"计划迈出的更关键一步。按照计划，他们将与一枚经过改造的"阿金纳"飞船——也被称作"阿金纳目标飞行器"（Agena Target Vehicle，ATV）——进行交会与对接，该飞行器将先于载人飞船90分钟发射。

"阿金纳"飞船是一个无人飞行器，一端安装有对接环，NASA用它来对宇航员进行轨道交会技术的训练。"阿金纳"飞船是一个长7.92米、直径1.52米的圆柱体，将搭载于"宇宙神"运载火箭顶部发射，在接近入轨状态时，分为两片的保护罩将被抛离，而后飞行器与运载火箭爆炸式分离，然后进入近地圆形轨道。

1965年10月25日，斯基拉和斯塔福德进入"双子座"6号飞船座舱，准备升空。他们急切地等待着附近的"宇宙神"火箭搭载"阿金纳"飞船升空的消息。"阿金纳"飞船的发射很准时，但在升空6分钟、飞行器主发动机点火与火箭分离时发生了剧烈爆炸，碎片散落在大西洋。在19号发射台上，2人被告知，"阿金纳"飞船损毁，他们的发射只能推迟。

数项应急方案被提了出来，最后，麦克唐纳公司的"双子座"飞船总

"双子座"6号宇航员汤姆·斯塔福德和沃利·斯基拉。

设计师沃尔特·柏克（Walter Burke）向 NASA 建议，更换新的"阿金纳"飞船尚需时日，而另一项长时间轨道飞行任务——"双子座"7号飞船已到了最后准备阶段，因此，不妨先按原定计划发射由弗兰克·博尔曼（Frank Borman）和詹姆斯·洛弗尔（James Lovell）为乘组的"双子座"7号飞船，紧接着再进行"双子座"6号飞船的第二次发射，2艘飞船在太空交会可以验证交会能力，但暂不实施对接。起初 NASA 不愿意接受这种建议，但最终还是同意了，很显然是受了4位情绪高涨的宇航员的影响。

经过额外的针对性培训后，"双子座"7号飞船于1965年12月4日在肯尼迪航天中心发射，8分钟后入轨，博尔曼和洛弗尔开始进入角色，执行着他们的任务。地面上，"双子座"6A号飞船（对"双子座"6号第二次发射的命名）的发射准备工作仍在进行，计划在"双子座"7号飞船进入轨道8天后发射。

经过大量准备工作，12月12日，斯基拉和斯塔福德再次坐进飞船，

"双子座" 7 号飞船宇航员詹姆斯·洛弗尔和弗兰克·博尔曼。

当"双子座"7 号飞行至第 117 圈的时候，倒计时归零。当倒计时到达负 3 秒时，"大力神"火箭的发动机点火，但在升空前 1.6 秒，发动机突然熄火，发射骤然停止。

按照规程，2 位宇航员各自将双手放在双腿间的弹射手柄上，2 人中的任何一个都可以启动紧急弹射系统，猛烈推开舱门，爆发式地将 2 人抛出飞船，在距发射台安全距离外以伞降方式落地。"关闭'双子座'6 号"的呼叫声传来，这时他们陷入了两难境地，但谁都没退缩。他们不知道身下威力巨大、处于高压状态下的推进剂是否会马上发生爆炸，但 2 人决定勇敢地赌一把。时间就这样一秒一秒地过去，他们抓紧手柄，紧盯着仪表，直到压力降到安全水平，然后从飞船中撤出。这是一个冒险的决定，不仅可能让他们付出生命的代价，而且还可能让"双子座"计划无限期推迟。

紧张时刻:"双子座"6A 发射失败。

这时,"双子座"7 号恰好从上方经过,宇航员可以清楚地看到发射情况,他们注意到发射没有按计划完成。当得知事情经过、宇航员们安全的消息时,博尔曼用无线电发出了"我们看到点火,也看到熄火"的信息。[18]

技术人员立即展开了调查并很快找到了原因。一个价值几分钱的电插头过早从"大力神"火箭的基座上脱出,触发了故障检测与处置机制,导致发动机关闭。尽管发生了惊险一幕,但问题很容易解决,人们很快就可以尝试下一次发射了。

仅仅 3 天后的 12 月 15 日,"双子座"6A 号飞船终于发射成功,7 小时后,两艘"双子座"飞船按计划实现了交会。在数圈的飞行过程中,两艘飞船机动着互相绕来绕去。宇航员们报告,这样的操作轻而易举。飞船之间的最近距离达到 0.3 米,两艘飞船上的宇航员通过观察窗口可以互相看见对方,假使飞船安装了对接装置,会很容易地让两艘飞船连接在一起。

在两艘飞船历史性的交会中，从"双子座"7 号看到的"双子座"6A 号。

　　在太空飞行 26 小时、环绕地球 16 圈以后，斯基拉启动了再入程序，飞船溅落在特克斯和凯科斯群岛（Turks and Caicos Islands）东北方向距预定地点 18 千米处。直升机找到了他们，然后把他们与飞船一起运送到美国海军回收舰"黄蜂"号上。两天后，在经历了马拉松式的 14 天太空飞行、完成创纪录的在绕地飞行 206 圈后，博尔曼和洛弗尔也安全溅落，同样被转移至"黄蜂"号回收舰上，这时斯基拉和斯塔福德已经返回肯尼迪航天中心。两周时间待在狭小、拥挤的"双子座"7 号飞船内，他们创下了太空停留新纪录，同时也产生了异样感觉，正如同洛弗尔后来所描述的，这两周就像被关在厕所里。

太空中的紧急时刻

原先曾计划让"双子座"6号飞船与"阿金纳"飞船的交会与对接的任务落到了"双子座"8号飞船宇航员尼尔·阿姆斯特朗和戴维·斯科特（David Scott）的头上。同时，斯科特还将执行美国人的第二次太空行走任务，在环地一整圈的飞行中，舱外逗留时间至少95分钟。利用一把形似自行车把手的喷气枪，他可以移动到设备舱后侧，在那里背上一个背包——主要是一个大容量氧气罐，并将原来8米长的系绳更换成一根24米长的系绳。

1966年3月16日，"大力神－阿金纳"从14号发射台升空。在附近的19号发射台上，阿姆斯特朗和斯科特坐在他们的"双子座"8号飞船内目睹了这一过程。101分钟后，他们也借助"大力神"Ⅱ型火箭发射升空，开始进行太空追逐。

印度洋上空，印度尼西亚北部的岬角附近，在距离大约122千米的位置上，斯科特首先看到了"阿金纳"飞船。他们迅速接近目标。升空4小时后，他们赶上了"阿金纳"飞船并环绕它飞行，确信它没在发射中受损。阿姆斯特朗缓缓移动他们的"双子座"8号飞船到达对接位置，让飞船前端对准"阿金纳"飞船的对接环。"这实在是一个无比温柔的动作，"阿姆斯特朗说。最终，两艘飞船在太空连接在了一起，这还是历史上的第一次对接。

过了不久，"双子座"8号飞船上的一个推进器不知何故突然点火，使连接在一起的两艘飞船不停旋转。阿姆斯特朗立即启动推进器，制止了旋转。但很快，问题再次发生。阿姆斯特朗认为故障是由"阿金纳"飞船引起的，因此他关闭了飞船姿态控制系统，但这一招并没有奏效，两艘飞船甚至绕双轴旋转起来，使形势变得更为严峻。于是，他们决定将"阿金纳"飞船解锁，让两艘飞船相互脱离，但这却让情况变得更糟，"双子座"8号飞船旋转得更快了，甚至达到每秒钟一圈。斯科特后来写道："我们在太空中处于一种失控的翻滚状态，但情形马上将变得更糟"。[19]

"双子座" 8 号飞船宇航员尼尔·阿姆斯特朗和戴维·斯科特（后来都登上了月球）。

　　飞船剧烈翻滚，速度越来越快，宇航员们面临认知不清的严重危险。面对无法控制的局面，他们仍持续与飞行控制中心保持联系，沟通着应对措施。最后，他们关闭了包括缺陷单元在内的所有机动推进器，启动再入控制系统推进器以控制旋转。为此，他们消耗了用于再入时所使用燃料的四分之三。按照任务指南的规定，这意味着任务必须中止。因此，飞行控制中心通知他们，中止本次飞行，尽快返回大气层。阿姆斯特朗和斯科特于是启动再入程序，在第七次经过非洲上空时启动制动火箭，抛弃了设备舱。

　　"双子座" 8 号飞船溅落在日本冲绳县东南 800 千米的太平洋洋面上，此地与救援船队距离遥远，他们不得不在波涛汹涌的海面上待了 3 小时。最终，"莱昂纳德·F. 梅森" 号（USS Leonard F. Mason）军舰到达现场，将已经筋疲力尽、晕头转向的 2 名宇航员连同飞船一起救到舰上。

　　检查发现，引起推进器反复点火的最大可能是一条电气线路短路，导致推进器即使在关闭状态也会自行启动，3秒钟后关闭，随后再次启动。此后的飞行任务中，每台推进器都使用了独立线路以确保关闭状态。阿姆斯特朗和斯科特因为在可能导致巨大灾难面前展现的镇定态度和专业技能备受赞扬，后来2人都担任了"阿波罗"计划的任务指令长，并且都登上了月球。

后备乘组上阵

　　1966年2月28日，在休斯敦的一个天高气爽的早晨，"双子座"9号飞船宇航员埃利奥特·西伊（Elliot See）和查尔斯·巴西特（Charles Bassett）驾乘NASA的一架T-38型喷气飞机，从载人航天中心附近的埃

最初选定的"双子座"9号乘组宇航员埃利奥特·西伊（前左）和查尔斯·巴西特。两位宇航员遇难后，后备乘组的汤姆·斯塔福德和尤金·塞尔南将承担GT-9A的飞行任务。

灵顿空军基地起飞。他们的后备乘组宇航员汤姆·斯塔福德和尤金·塞尔南（Eugene Cernan）则驾乘另一架 T–38 型喷气飞机起飞。4 名宇航员此行前往位于圣路易斯的麦克唐纳飞机工厂，在那里，一艘为他们执行"双子座"任务的飞船即将完工。

原计划由戴维·斯科特执行的"双子座"8 号太空行走任务被取消后，巴西特将成为 NASA 的第二个太空行走者。2 架喷气机从休斯敦起飞时天气良好，但圣路易斯却是另一番情景：能见度低、降雨、起雾。根据天气预报，当地天气还将持续恶化，云底的高度仅有大约 183 米。当他们到达时，天气愈发糟糕。斯塔福德决定爬升到云层之上，而西伊则选择降低高度，观察地面情况。不幸的是，当西伊试图看清跑道时，他已经降得太低了，最后飞机撞上"双子座"飞船所在的麦克唐纳飞机工厂的厂房屋顶，弹起后坠落在临近的停车场上并起火爆炸，两位宇航员当即身亡。

逐渐从这次不幸事故造成的伤痛中恢复过来后，NASA 任命斯塔福德和塞尔南接替主乘组执行"双子座"9 号飞行任务，原定查尔斯·巴西特执行的太空行走任务落到了塞尔南的头上。这次将使用被称为宇航员机动单元（Astronaut Maneuvering Unit，AMU）的装备，这是美国空军研发的一套系统，基本上就是一个装备了两个控制手柄、采用过氧化氢燃料的背包推进器，该单元将在飞行前安置在飞船后部的白色设备舱内。太空行走过程中，塞尔南的任务是先到达放置该单元的位置，将其背在身上，然后执行一系列事先预定的任务，以测试在出舱活动时的有效性和适应性。

1966 年 5 月 17 日，对指令长斯塔福德来说，这是一个历史重演的日子。就像 7 个月前他与沃利·斯基拉共同经历的那次"双子座"6 号飞船发射一样，这次发射过程中，"阿金纳"目标飞行器再次损毁。"宇宙神"运载火箭发射时没发生任何故障，但飞行 5 分钟后，两个外部推进器中的一个剧烈晃动，拖带火箭偏离预定轨道。令人遗憾的是，按预定计划，再过半秒推进火箭就将被抛掉。箭船分离就可以按计划进行了，但 ATV 却沿着错误的方向飞去，最后与运载火箭一起落入大西洋。

最终，"双子座"9号任务主管威廉·施耐德（William Schneider）痛心地宣布："ATV 已经报废，任务中止，'双子座' 9 号飞船今天不再发射"。[20]待到新的安排出笼，"双子座" 9 号飞船再次发射（这次被重新命名为"双子座"9A 号飞船），已经是 2 周以后的事了。

由于 ATV 没有现成可替代物，斯塔福德和塞尔南被告知，他们的飞行不再是当初的完整计划，但舱外活动不变。这次，他们将追随一个相对简单的目标飞行器："扩展目标对接器"（Augmented Target Docking Adapter，ATDA）。因为 ATDA 不具备任何飞行动力，所以原计划中与 ATV 对接后将其作为一种在轨燃料罐为"双子座"飞船提供动力的试验被取消。

1966 年 6 月 1 日，ATDA 成功入轨。"双子座"9A 号飞船本来应该很快跟上去，但由于飞行控制中心电脑系统发生故障，发射受挫，不得不再次推迟。虽然只用了几小时就找到了问题根源并进行了妥善处理，但为等待 ATDA 到达合适位置以便进行交会，飞船的发射不得不继续推迟。待到 ATDA 到达理想的交会轨道后却发现，其前部由玻璃纤维制成的空气动力防护罩并没完全脱离，如果情况确实如此，将无法成功实现在轨对接。

ATDA 发射 2 天后，6 月 3 日，斯塔福德和塞尔南等来了第三个幸运的发射时刻。发射后 6 分 20 秒，他们到达预定轨道；经过 4 个小时的追逐，他们赶上了 ATDA，但发现防护罩只是部分打开、卡在了原地。斯塔福德向休斯敦报告："我看到了一个怪模怪样的东西，就像一只暴怒的短吻鳄在那里翻滚……在翻滚中前行"。[21]

数种方案被提了出来，包括让飞船接近 ATDA、用冲撞方式将防护罩分离；也有人建议塞尔南在太空行走时以手工方式将防护罩分离。但是，因为风险太大，这些方案均被否决。在环绕 ATDA 一段时间后，出于谨慎，斯塔福德让飞船与"暴怒的短吻鳄"保持了一定距离。

尤金·塞尔南的太空行走始于 6 月 5 日。当他终于钻出"双子座"9A

号飞船座舱，开始预定 2 小时的太空行走时，只不过是第二个实施太空行走的美国宇航员；但令他始料未及的是，这项任务几乎葬送了自己的性命。他缓慢移动到飞船后部的设备舱，计划把放在那儿的 AMU 捆绑在背上，但紧绷绷的增压服限制了他的行动；另一个问题

斯塔福德的"暴怒短吻鳄"。

是，当他向那里走去时，没有任何可以把扶的位置或物理支撑。背负 AMU 是一项令人难以置信的困难任务，几乎耗尽了他的气力。更糟糕的是，太空服内拙劣的降温系统不能发挥作用，导致身体过热，结果，面罩内一片雾水，模糊了他的视线。疲惫、高热、视野不清、无法拂去面罩内的雾水，塞尔南陷入了严峻的局面，"上帝啊，我已精疲力竭，我的心跳达到了每秒 155 下，大汗淋漓"。他后来写道。这时，他已经无法继续舱外的活动，只得放弃 AMU，艰难地回到打开的舱门前，在斯塔福德的帮助下进入了舱室，然后关闭舱门。塞尔南说："我有生以来从未如此疲惫过"。[22]

在耗时 3 天、完成环绕地球轨道 47 圈飞行任务后，两位心情沮丧的宇航员于 6 月 6 日安全返回，被"黄蜂"号航母救起。

告别"双子座"

后来，NASA 又进行了 3 次"双子座"系列飞船的飞行，虽然有些

小的问题，但都还算成功。与 ATV 也进行了对接，利用其所提供的推进剂不断刷新飞行高度纪录。最引人注目的时刻是皮特·康拉德和迪克·戈登（Dick Gordon）乘坐"双子座"11 号与 ATV 成功实现对接后，启动了 ATV 的推进器，将对接在一起的飞船推进到了接近 1370 千米的高度。皮特·康拉德和迪克·戈登还成功实现了太空行走。

"双子座"计划成就斐然。从 1965 年 3 月的"双子座"3 号算起，仅仅过了 20 个月的时间，已经有 10 组双人乘组发射升空，这个数字达到每 2 个月一组的惊人速度。1966 年 11 月 11 日，海军上校詹姆斯·洛弗尔和空军少校埃德温·奥尔德林乘坐"双子座"12 号，自肯尼迪航天中心 19 号发射台发射升空，执行该计划的收官任务。

1965 年 6 月，怀特的太空行走几乎不带任何任务，从那时起就存在困扰所有舱外活动的一些主要问题。这次飞行为期 4 天，它的一项主要任务是设法解决自怀特以来制约太空行走的主要问题。太空计划管理当局已经意识到，在舱外实施手工作业将耗费宇航员大量体力，潜在风险不容低估。在最近一次的"双子座"11 号飞行中，宇航员迪克·戈登就曾因为体力衰竭，不得不缩短了预定的舱外活动时间。

为了适应最后一次"双子座"飞行中可能遇到的情况，奥尔德林开始在位于马里兰州巴尔的摩附近的环境研究联合会（Environmental Research Associates）中一个专门游泳池中练习各种操作；池中配备了全尺寸"双子座"12 号飞船设备舱和"阿金纳目标飞行器"对接环实物模型。穿戴了经过改造、配备重力块和浮力块的航天服，他可以在近似太空环境中进行训练。

距离"双子座"12 号飞船发射还有一个半小时，作为预定交会对接目标的"阿金纳目标飞行器"已经进入稳定轨道。"双子座"12 号飞船升空后，两名宇航员与"阿金纳目标飞行器"展开了一场长达 10.3 万千米的"追踪游戏"。最终，在升空后 4 小时 13 分钟，与"阿金纳目标飞行器"实现了对接。

在执行"双子座"10 号任务期间，约翰·扬（左）和迈克尔·柯林斯到达了创纪录的新高度。

飞行的第二天，奥尔德林打开已经在前一天与"阿金纳目标飞行器"对接在一起的飞船的舱门，为一次历时 2 小时 13 分钟的舱外活动做准备。站在舱门外，他完成了一系列简单作业，包括拍摄紫外线天文学照片、在打开的舱门与对接环之间安装扶手，以为他在次日开展太空行走时提供帮助等。

次日，奥尔德林再次打开舱门，钻出舱外，而詹姆斯·洛弗尔仍然留在舱内。奥尔德林在舱外逗留了 2 小时零 9 分钟，创下了新的纪录。他完成了一系列任务，而此前这些任务曾让出舱作业的宇航员们耗尽体力、无功而返。与他们不同的是，他既没有感到过度疲劳，面罩上也没有雾水，更没缩短舱外逗留时间。

奥尔德林的实践表明，执行任务前先进行水下训练、在任务执行过程

"双子座" 11 号宇航员迪克·戈登（左）和皮特·康拉德创造了新的飞行高度纪录。

中采取必要的措施，实际开展舱外活动时就会少发生问题。从实用观点看，有了舱外扶手或手柄再加上腰部的系绳，奥尔德林在转动扳手、收回实验装置时不至于让将自己倒置起来。他可以从容完成任务，也可以正常休息。事后，奥尔德林把这次成功实施出舱活动归功于自己在巴尔的摩游泳池里的长时间练习。最终，2 人完成了任务，终于可以放松一下了。在准备再入大气层之前，除了在太空飘浮、聊天、听音乐之外，再无须做任何事情了。

11 月 15 日，绕地球 59 圈以后，"双子座" 12 号飞船在千百万电视观众的注视下，准确溅落大西洋西部。当他们乘降落伞下降时，救援直升机

"双子座"系列最后一次飞行任务乘组: 埃德温·奥尔德林（左）和詹姆斯·洛弗尔。

已经在他们的上方盘旋了，这时美海军"黄蜂"号航空母舰就停在 5 千米开外。不到半小时，两位满面笑容的宇航员就被送上航母甲板。

"双子座"计划就此结束，这是当时最成功的载人太空探索项目。在这不平凡的 20 个月里，几乎所有登月飞行过程中可能遇到的问题都得到了验证。正如在"双子座"12 号任务成功完成后、NASA 在信誓旦旦的总结中说的那样：

"双子座"计划共完成了 19 次发射，其中包括最初的 2 次无人试验飞行、7 次目标飞行器发射、10 次载人飞行发射。每次载人飞行都有两名宇航员进入地球轨道。作为"水星"计划与"阿波罗"计划之间的桥梁，"双子座"计划的总体目标是为将来的"阿波罗"计划检验装备与飞行程序、训练宇航员和地面人员，包括长周期飞行、试验飞船的机动能力、实现两艘飞船在轨交会对接、对飞行和地面人员进行训练、进行太空实验、出舱活动（站

立与太空行走）、对再入过程实施主动控制以实现精准着陆，以及
轨道导航技术，等等。[23]

美国"双子座"计划飞行任务

任务编号	乘组成员	发射日期	着陆日期	圈数
GT-3	格斯·格里索姆 约翰·扬	1965 年 3 月 23 日	1965 年 3 月 23 日	3
GT-4	詹姆斯·麦克迪维特 爱德华·怀特二世	1965 年 6 月 3 日	1965 年 6 月 7 日	62
GT-5	戈登·库珀 皮特·康拉德	1965 年 8 月 22 日	1965 年 8 月 29 日	120
GT-6A	沃利·斯基拉 汤姆·斯塔福德	1965 年 12 月 15 日	1965 年 12 月 16 日	16
GT-7	弗兰克·博尔曼 詹姆斯（吉姆）·洛弗尔	1965 年 12 月 4 日	1965 年 12 月 18 日	106
GT-8	尼尔·阿姆斯特朗 戴维·斯科特	1966 年 3 月 12 日	1966 年 3 月 17 日	6
GT-9A	汤姆·斯塔福德 尤金·塞尔南	1966 年 6 月 3 日	1966 年 7 月 6 日	47
GT-10	约翰·扬 迈克尔·柯林斯	1966 年 7 月 18 日	1966 年 7 月 21 日	43
GT-11	皮特·康拉德 理查德·戈登	1966 年 9 月 12 日	1966 年 9 月 15 日	44
GT-12	詹姆斯·洛弗尔 埃德温·奥尔德林	1966 年 11 月 11 日	1966 年 11 月 16 日	59

* 最初的 GT-9 乘组乘员埃利奥特·西伊和查尔斯·巴西特在一次飞机空难中丧生。

"双子座"计划为 NASA 的登月计划提供了意义非凡的跳板，下一项
载人飞行计划就将是威力强大的"土星"运载火箭搭载"阿波罗"号飞
船了。

这时，有一种猜测流传开来，就是苏联已不想更深地卷入所谓的登月
太空竞赛当中，已推迟了相关计划（虽然后来证明这是假的）。当"双子

座"12 号飞船飞行结束了双人飞行计划时，距苏联发射他们的最后一艘载人飞船——"上升"2 号——已过去了大约 18 个月。这期间，NASA 将他们的 8 个双人"双子座"乘组送入轨道，相当于当时苏联已发射的载人飞船的总和。美国人的兴奋点在不断加码，他们已经在期待着 NASA 去实现肯尼迪所承诺的在那个 10 年结束之前送宇航员登上月球的目标——而且要在苏联人之前。

第 5 章

发射台上的悲剧

1965 年年底，NASA 的关注点开始从十分成功的"双子座"系列飞行任务转向"阿波罗"计划。该计划的首次载人飞行定于第二年年底实施，为此，飞行乘组运行部门主管德凯·斯莱顿（Deke Slayton）决定选拔首批"阿波罗"宇航员。

最初，斯莱顿想任命艾伦·谢泼德担任"阿波罗"飞船在地球轨道上首次测试飞行任务，谢泼德曾执行过"水星"计划飞行任务。然而，由于谢泼德患上了内耳性眩晕症（美尼尔氏综合征），其飞行前景受到了严重质疑。为此，斯莱顿只得另寻人选。他后来在回忆录中透露，"格斯·格里索姆当时即将结束'双子座'6A 号任务后备乘员的职责，因此，自然成了'阿波罗'首飞任务指令长人选"。[1]

作为美国第一个进行太空行走的人，爱德华·怀特（执行过"双子座"4 号飞行任务）是斯莱顿圈入首个"阿波罗"乘组的另一人选。由于这次测试飞行不涉及登月舱，因此，斯莱顿认为可以指派一位经验较少的宇航员作为该乘组的第三位成员，这有两个人选：唐·埃西尔（Donn Eisele）和罗杰·查菲（Roger Chaffee），两人都是 NASA 的第三组宇航员，曾在一起执行过登月宇航服生命保障系统的测试任务。在两人中选择哪一位，需要考虑与乘组其他成员的相容性问题。斯莱顿认为埃西尔可能更加合适。至此，斯莱顿非正式地确定了他的首个"阿波罗"飞行乘组名单，当然，从程序上讲，这份名单还要上报 NASA 总部以获得官方同意。

这份临时乘组名单上报 NASA 前出现了一个重大变化，早在数月前的 1964 年 9 月，埃西尔在 KC-135 飞机失重训练中左肩脱臼。虽然那次伤病已经痊愈，但在 1966 年 2 月进行身体练习时，其肩部旧伤又复发了。埃西尔因此失去了这次飞行资格，他对此也十分懊恼。斯莱顿不得不用罗杰·查菲替换埃西尔。斯莱顿最终将把这个更换后的乘组名单上报 NASA 总部。在此期间，官方给了埃西尔额外的时间去恢复肩伤，并将他临时分配到"阿波罗"第二次任务飞行乘组，同组的还有沃利·斯基拉（Wally Schirra）和沃尔特·坎宁安（Walter Cunningham）。对于这些调整，作者后来在埃西尔的原配夫人哈莉雅特·埃西尔，以及宇航员沃尔特·坎宁

执行"阿波罗"1 号（AS-204）飞行任务的宇航员：爱德华·怀特二世（左）、格斯·格里索姆（中）和罗杰·查菲（右）。

安及沃利·斯基拉（在其2007年去世之前）那里得到了印证。[2]

最初，"阿波罗"的第一次飞行任务称作"AS-204"。"A"代表"阿波罗"，"S"表示"土星"IB运载火箭（在这次飞行任务中也用数字"2"表示）。"04"表示一次"阿波罗"飞行任务中的第4次发射。虽然"AS-204"成为NASA关于这次飞行的官方名称，但大家都认为它远不如"阿波罗"1号正式。

对于格斯·格里索姆而言，在经历了不成功的"双子座"3号任务后，AS-204任务给他提供了指挥第二次试飞的机会。这也是他面对各种流言进一步证明自己的一个机会。在1961年7月他驾驶"自由钟7号"（Liberty Bell 7）执行早期"水星"4号任务后，人们传言他因慌乱致使舱门被意外炸开后沉入大海。由于损失了那艘飞船，特别是1983年电影《太空先锋》上映后［该电影是根据汤姆·沃尔夫的小说《真实材料》（*The Right Stuff*）拍摄的］，导致舆论出现了某种含沙射影的批评。实际上，格斯·格里索姆并不是一个遇事慌张的人，而是一名完美且勇敢的试飞员。如果不是这样，NASA也不会让他再次执行"双子座"首飞任务以及"阿波罗"计划的关键处子秀。

1966年11月，格里索姆就其即将执行的飞行任务撰写了一篇报刊专栏文章。在文章中，他透露了自己对执行这次以及下一步太空飞行任务的期望。文章的题目是《三次担任飞船驾驶员》（*Three Times a Command Pilot*），现摘要引述如下：

> 在"自由钟7号"飞船里，我就是一个独自待在金属罐里的人。"莫莉·布朗"号飞船就是我能操作的一台机器。但在"阿波罗"1号任务中，我和爱德华·怀特、罗杰·查菲将一起乘坐飞船往返月球。
>
> 不久，我将成为美国第一个执行过3次飞行任务的宇航员，

而且在美国前期 3 个太空计划中都飞过。相比这次要乘坐的"阿波罗"飞船，我当初驾驶的那艘"自由钟 7 号"飞船，看起来就像一个早期的廉价货。

但那时，我们根本不会关注飞船的操控性问题。我们进入太空的任务是验证人体能否承受火箭起飞时产生的数倍重力，以及人类能否在太空环境下生存。现在，我们知道我们能。[3]

座舱失火

对于这次"阿波罗"任务主飞行乘组的成员而言，并非一切感觉都好，每个当事者都有点儿紧张。一些糟糕甚至不可接受的问题也引起了 NASA 上下的关注，这让宇航员们逐渐担忧起来。尽管如此，为这次飞行进行的各种训练并未停下来，1967 年 2 月 21 日的发射日期也保持不变。宇航员都是专业试飞员出身，测试一种未经检验的全新飞船时，他们需要承担一些风险。在 1966 年美联社的一次采访中，这次飞行任务的指令长格里索姆表示他知道这种危险。他说："如果我牺牲了，希望大家接受这个事实。我们从事的是一项冒险事业，如果遭遇不测，我希望载人登月项目能继续下去。征服太空是值得我们冒着生命危险去探索的一项伟业"。[4] 不过，令人痛心的是，他不幸言中了。

根据发射日期倒排时间，对飞船系统的一项重要测试安排在 1 月 27 日进行。那一天，"阿波罗"012 号飞船——由北美航空公司设计和建造的该系列飞船中的第 12 艘——被安装在"土星"IB 火箭上方，火箭矗立在卡纳维拉尔角的美国空军基地第 34 号发射台上，就像将于下月在这里发射时那样，当然，此时火箭尚未加注燃料。最后的加注燃料测试，只会在 2 月份临近发射时进行。此时，宇航员将进行"进出"飞船的测试，或者叫作"飞行准备就绪与倒计时演练"测试。在这项测试中，将用纯氧对飞船驾驶舱进行加压，这并不是飞船及其系统测试中最危险的一项。

对驾驶舱使用纯氧环境进行测试是在飞船早期设计中确定的。由于飞船重量的限制，北美航空公司的工程师们千方百计对飞船进行减重。他们探索出的一个方法就是使用纯氧。相比 20% 氧气与 80% 氮气的混合气体，纯氧这种单一气体可极大简化环境控制系统，并使飞船大幅减重。这也有利于减少因氮气进入人体血液而导致宇航员患"减压病"的风险。当然，像这次测试中所用的高压纯氧方法，一直存在一些火灾风险。但是，在"水星"号及"双子座"号飞船上使用纯氧的效果是令人满意的，因此，工程师们决定继续使用该方法。

1 月 27 日下午，天气有些寒冷，3 位身着宇航服的宇航员登上了运送他们去发射台的汽车。此时，技术人员已经给 012 号飞船通了电，电流正通过数千米长的电缆进入飞船。这些电缆被盘绕着捆在一起，沿着地板和墙壁蜿蜒伸入飞船各舱段的下方以及宇航员座椅的上方。约翰·扬在其回忆录中说道，"双子座"号和"阿波罗"号飞船的电缆捆绑方式有很大区别。北美航空公司为了节省预算中使用人工进行维护的成本，对"阿波罗"飞船所用电缆采用了机器捆绑方式，这导致一些电缆绝缘层出现破损。约翰·扬注意到了这个及其他许多问题，并将其归咎于北美航空公司千方百计使用廉价选项的做法。他写道："我一看就明白了是怎么回事，我确实在指令舱中看到了这种情况"。[5]

在 34 号发射台上，宇航员乘坐电梯升至飞船层，进入称为"白房子"的封闭小隔间，这是宇航员进入飞船的防护通道。进入指令舱后，他们将被束缚在座椅上，准备接受一下午的各种检查和测试。就位后，宇航员们接通了飞船通信系统和氧气系统，就像真正发射前要进行的程序准备那样。

下午 2 时 42 分，发射台上的技术人员关闭了飞船的内舱门。这种舱门不同于"水星"号及"双子座"号系列飞船的外开舱门，"阿波罗"飞船舱门很笨重，只能向内开，类似舱内加压的商用飞机舱门。舱门位于爱德华·怀特头顶上方的中间位置。在飞船开发阶段，NASA 曾考虑在舱门上安装爆炸螺栓，作为宇航员的一个应急逃生出口，但又担心这样可能导致舱门意外爆炸——就像格里索姆执行"水星"号飞行任务时那样——所以这个想法后来就被束之高阁了。

通过棘轮操作的一组曲形插栓可以将舱门锁闭，此外，如同商用喷气飞机那样，由于舱内气压高于舱外，也使得舱门能够密闭得更紧。因此，只有通过排气系统使指令舱内外气压相等时，再用特制扳手松开 6 个插栓，舱门才能打开。在模拟撤离时，打开舱门这个步骤耗时较长，从来没有少于过 90 秒。宇航员们对这个笨重系统深感不满，北美航空公司正在开发一个简单的铰链式舱门，但已经赶不上这次飞行任务了，因为 012 号飞船已经运抵卡纳维拉尔角的发射场。

技术人员关闭并锁紧飞船内舱门后，接下来又锁闭了飞船通向外面的通道门，火箭保护罩（the booster protection cap）最后也锁闭到位。在宇航员和火箭发射塔架之间共有 3 道门，现在已经全部关闭。在指令舱内，宇航员们正忙于用纯氧将宇航服和指令舱内所有其他气体排出。此时，舱内气压已仿照正常飞行条件增至 16.7 磅／平方英寸（1 磅 = 0.45 千克，1 英寸 = 2.54 厘米）。

没过多久，当宇航员们按照冗长的检查清单进行操作时，一连串的小问题就开始困扰他们。有一段时间，格里索姆报告说宇航服供应的氧气味道不正常，有股"奶酪般的酸味"。操控部门与测试体之间的通信时断时续，34 号发射台的管制台被迫在下午 5 点 40 分这个节点开始模拟发射倒计时。40 分钟后，异常恼火的格里索姆对地面控制中心大吼道："如果通信不畅还怎么登上月球？"这或许成了他的最后留言。[6]

6 点 30 分 54 秒，2 号交流电表的电压数值出现了一次较大波动，意味着电线有可能发生了短路。与此同时，其他监视器上显示，宇航员的宇航服的氧气供应出现了一次意外峰值。

爱德华·怀特的心率和呼吸频率骤然升高。据推测，此时位于格里索姆座椅左侧下方的仪表板中 2 根外层破损的电线之间，突然闪过了一道电弧。

自此时起，驾驶舱中的录音一直无法听清，但是，8 秒钟后，其中一位宇航员，可能是查菲，大叫了一声，听起来好像是"嘿"！随后，仪器记录到了飞船内部突然出现一阵宇航员活动的响声。格里索姆解开安全背带，跪在座椅上，用头盔猛击上方的仪表板，头盔上部被撞出一道道深沟。在应急演练中，这个动作是用来降低怀特的头枕，以便让他能伸手够到左肩的后部的上方去转动舱门棘轮装置，从而将 6 个插栓一起松开。此时，火焰已迅速吞噬飞船内壁上部，高压纯氧环境也起了助燃作用。6 点 31 分 06 秒，可以断定，怀特在试图打开舱门前匆忙断开自己的氧气软管，大叫道："座舱着火了！"

罗杰·查菲打开舱内灯光，接通通信联系。在电视监视器上，人们大体可以看到爱德华·怀特正在把开舱门的专用工具插入舱门插槽中。画面还显示，在怀特再次伸手操作之前，他突然把格里索姆的手拽到了后面，因为此时格里索姆正用手拼命帮助怀特打开舱门。此后，电视监视器闪了一下就黑屏了。与此同时，飞船内格里索姆一侧的火势迅速加强，烧化了接连头盔的氧气软管。燃烧释放出大量有毒气体，3 名宇航员将很快窒息。

结合一些 NASA 工程师的独立调查，最近的研究表明，格里索姆用戴着手套的手伸进火中，试图打开位于其左手边设备柜上方的排气阀，想通过这种方式排掉驾驶舱中的高压氧气。尽管不能确定他们当时是否采取措施来降低舱内快速升高的温度和气压，但事后的证据表明，格里索姆曾用力按压排气阀，使阀门变形。随着飞船内部温度急剧升高，一些不锈钢零件开始熔化，烧熔的尼龙球滴得到处都是。怀特的安全背带也着火了。

有一点可以确信，即使怀特是超人，他也无法打开飞船内部的舱门，因为不仅舱内的压力将舱门密闭得很紧，而且舱内的高温也让舱门不断膨胀。证据表明，在被致命烟气熏倒之前，他实际上已经把需要转一圈的开锁装置拧开了一些。最后从飞船中传出的是绝望的查菲的叫喊声："火太大了！""我们身上都着火了！"随后是一声不知是谁的痛苦尖叫。在首次显示火情后的 17 秒，来自指令舱中的监测和通信信号就彻底消失了。

此时，舱内压力已快速升至 36 磅 / 平方英寸，导致飞船舱体从靠近查菲头盔处突然发生爆裂。烈火、浓烟夹杂着各种碎片从裂口处喷出并涌入紧邻的"白房子"，飞船被淹没在了火海之中。来自发射团队的约翰·特赖布（John Tribe）事后回忆道：

> 在首次发出火警呼叫后的几秒钟内，飞船内部就发生了爆炸。高压舱体爆裂，爆炸碎片穿过连接指令舱的各道门向外涌出，飞溅到发射塔架的第八层，不仅殃及技术人员，还烧毁了发射台领导办公桌上的文件，火焰向上方蔓延，吞噬了位于火箭上部的逃逸塔。形势万分危急。
>
> 以 2 人为一组的 6 名技术人员冲入"白房子"，他们全都吸入了有毒烟气，浑身乌黑。他们难以呼吸，无法看清周围的一切。虽然双手都被烧伤，但他们最终还是打开了飞船的舱门。不幸的是，一切都晚了。[7]

随着飞船船体爆裂、舱内氧气耗尽了，大火也熄灭了。警报首次拉响后 5 分钟，火箭防护罩被打开，内外舱门随后也被打开了。飞船内仍然充斥着浓烈的烟气，经过近 5 分钟的彻底清理，人们才找到那些宇航员的遗体。

映入眼帘的是一幅噩梦般的场景。罗杰·查菲仍被束缚在座位上，爱德华·怀特的身体横卧在座椅上，而格斯·格里索姆在经过徒劳无果的打开排气阀门的努力后，仰面倒在飞船地板上。格里索姆和怀特身上的宇航

"阿波罗"1号飞船内部过火后的场景（宇航员尸体已被移走）。

服已被烧焦，缠在了一起，一开始很难将其分离开。等到将宇航服剥开后，弗雷德·凯利（Fred Kelly）和艾伦·哈特（Alan Harter）两位医生对3名宇航员进行了检查，然后痛苦地宣布了其实每个人都知道的结果——他们都已经没有了生命体征。

后来的判断是，在第一次呼喊出现火情后约17秒，3名宇航员就基本上失去了意识，随后因吸入有毒气体窒息而亡。火灾发生不久，他们身体虽被严重烧伤，但如果舱门能及时被打开，依靠宇航服的保护，3人仍有生存的希望。

然而，就是这一个晚上，耗资150亿美元的美国太空计划陷入了停摆的窘境。在火灾原因没有查清之前，计划不会重新启动。显而易见，有关方面低估了纯氧环境的潜在风险。火灾发生后的当天，NASA成立了一个事故调查委员会。

3 个月后，AS-204 号事故调查委员会主席、兰利研究中心（Langley Research Center）主任弗洛伊德·L. 汤普森（Floyd L. Thompson）发布了初步的但十分重要的调查报告，全面指出了 3 位宇航员丧生的根本原因。几乎所有人都认定事故的罪魁祸首是飞船及飞行测试本身的问题，特别是这次测试既没制定也没有遵守应有的安全防范措施。报告列出了以下几个主要且直接的原因：密封舱中的高压氧气；飞船使用了大量可燃材料；容易受损的电线；含有乙二醇混合物的可燃管线；缺乏宇航员逃生设施；救援和医疗救助预案不充分等。耗时近一年完成的 3000 页调查报告还列举了大量例证，说明飞船在建造中采用了大量劣质装置和工艺，在飞船设计、工程、制造和质量控制方面也存在诸多缺陷。[8] 调查还发现，在飞船交付 NASA 时，共有多达 113 项的重要工程技术规范没有得到执行。在飞船内部捆扎的电线中还发现遗留了一个套筒扳手。然而，正如前面所说，起火的直接原因一直未能找到确凿证据。

调查报告提出的建议之一是去除飞船上所有易燃材料，这将促进全新的防火合成纤维材料的研发。火灾后，NASA 规定，未来的"阿波罗"宇航服必须能够抵御超过 540℃的高温。这个问题后来通过使用所谓 β 纤维的面料得以解决。这种材料由表面涂有"特氟龙"（聚四氟乙烯）的玻璃微纤维制成，将被用在宇航服的最外层。

报告还提出了以下几项建议：开发并安装可快速开启的应急舱门；全面强化所有火情预警措施；修改电路和环境控制系统；在地面不再使用高压纯氧环境；安装能在数秒内完成舱内减压的紧急排气装置。此外，在 NASA 上下弥漫的一系列严重的自满情绪，必须进行有效的整改。

沃尔特·坎宁安是"阿波罗"1 号的 3 名后备宇航员之一，他后来反思道："解决了这些问题，北美航空会造出一艘迄今人类能造出的最好飞船。我相信，如果不经历这次重建过程（重建是这次火灾后的必然结果），我们不可能仅仅用 5 次飞行就实现了登月目标"。[9] "阿波罗"飞行任务导航与控制系统负责人格里·格里芬（Gerry Griffin，后为飞行主管）后来回忆说，"太空飞行总是伴随着各种问题与风险。'阿波罗'1号是一个悲剧，我们失去了3个好朋友，但这或许挽救了整个登月计划。如果我们是在飞往月球途中发生这样的不幸事件，'阿波罗'计划可能真的就此结束了"。[10]

沃利、沃尔特和唐的首秀

1967年9月，距那次发射台火灾悲剧8个月后，一艘完全重新设计和研发的"阿波罗"指令舱由北美航空建造完成，飞船采取了许多火灾预警措施，安装了带有压缩氮气气缸的快启舱门，可以在5秒之内打开。

由于宇航员在轨飞行时需要保持纯氧环境，因此在纯氧环境这个问题上采取了一个折中方案。在发射台上，飞船舱内的空气将按照60%氧气和40%氮气的比例进行配置，升入轨道后舱内空气再调整为100%纯氧。一旦入轨。舱内氧气供应压力保持在5个PSI水平上，由于微重力环境下几乎没有空气对流，火势扩散速度将远远小于在地面的速度，这样对于训练有素的宇航员而言很容易控制并熄灭火焰。另外，在太空行走期间，如果宇航员体内存有氮气，可能导致体内产生危险气泡，因此，在太空中吸入纯氧是个更安全的选项。

最终，NASA开始恢复"阿波罗"计划，并宣布一旦恢复飞行，沃利·斯基拉、沃尔特·坎宁安和唐·埃西尔3名后备宇航员将执行首次"阿波罗"载人飞行任务，此次任务被命名为"阿波罗"7号。同时，命运坎坷的"阿波罗"204任务也被重新命名为"阿波罗"1号。1968年9月20日，斯基拉声明这将是他作为NASA宇航员最后一次执行太空飞行，在离开NASA前，他决心成功完成这次任务。他还宣称，在"阿波罗"7号飞船上，凡涉及宇航员安全的问题，绝对不容忍任何折中方案。

从损失了"阿波罗"1号宇航员到实现首次载人飞行，在这期间

"阿波罗" 1 号后备宇航员唐·埃西尔（左）、沃利·斯基拉（中）、沃尔特·坎宁安（右）将承担"阿波罗"计划的首次载人飞行任务。

　　NASA 将用"土星"系列火箭进行了数次测试飞行。在重新调整的任务表中，NASA 决定放弃前期命名的"阿波罗" 2 号和 3 号飞行任务，而是用"阿波罗" 4 号（1967 年 9 月 9 日进行首次不搭载宇航员的"土星"Ⅴ 火箭飞行测试）、"阿波罗" 5 号（用"土星"ⅠB 火箭搭载月球探测飞船的原型船进行发射测试）和"阿波罗" 6 号（用"土星"Ⅴ 火箭进行第二次无人飞行测试）执行不载人的飞行任务，"阿波罗" 7 号将是火灾后的首次载人飞行任务。

　　1968 年 10 月 22 日上午，距发射台发生火灾已经 21 个月，"阿波罗" 7号的 3 名宇航员坐进 101 号指令 / 服务舱，准备完成当初该由已故战友要去完成的任务。吸取了惨痛教训后，斯基拉已经变成一个不妥协、意志坚

矗立在发射台上的"土星"IB 火箭，准备将"阿波罗"7 号飞船送入地球轨道。

定的指令长，他不会容忍飞船建造中再出现任何不良操作或低劣工艺。他
仔细查看过飞船每个系统、仪器和设备的研发与安装工作。斯基拉将自己
及乘组的这次职责定位为对"阿波罗"飞船性能的一次关键验证，因为飞
船在未来某一天是要搭载美国宇航员登月的。

　　这次飞行任务仍安排在 34 号发射台发射，这里曾是"阿波罗"1 号宇
航员的殒命之地，因此，他们明显有些紧张，不过，沃利·斯基拉对自己

指挥的这次飞行还是充满了信心。发射前，他曾对发射台周围不断增强的阵风表达了关切，询问如果风力进一步增强，超出规定的安全限度，是否该延迟发射。尽管这枚 22 层楼高的"土星"IB 运载火箭值得信赖，但它也有一定的限制条件，风力达到每小时 35 千米，就达到了发射的安全极限。然而此时，倒计时已到最后的点火时刻，火箭开始发射了。斯基拉事后表示，这次发射本应延迟，因为强风可能把"土星"火箭吹倒在海滩上。他抱怨到，"有人而不是我破坏了那项规定，这危及了我们的安全"。[11]

美国东部时间上午 11 时 03 分，巨大的"土星"IB 火箭从发射台上起飞，它每秒要燃烧掉 2720 千克的燃料。火箭在佛罗里达蔚蓝的天空中划过一道笔直的烟迹。飞行 170 秒后，火箭第一级成功分离，第二级随即点火，并达到了推力极值。起飞 8 分钟后，"阿波罗"7 号飞船进入轨道，指令长斯基拉报告说，"她像梦一般飞驰着"。起飞 3 小时后，在接近完成第二圈飞行时，宇航员们执行了第一次重要的飞行动作，引爆了爆炸螺栓，将指令 / 服务舱与耗尽燃料的第二级火箭分离。

不巧的是，斯基拉在进入太空的第一天就感冒了，对于地面控制中心冒险改变一些计划中的测试项目，他有些心烦。就在这天，控制中心要求他进行电视直播而不是在第二天。他认为随意改变既定飞行计划要考虑安全问题，他想按照正常次序开展工作。而那天的重要测试是与火箭进行交会。"我不想把这项测试与其他小事搅在一起"。他后来抱怨道。尽管有些烦乱，而且感冒带来的身体不适也比较明显，但斯基拉与队友还是在太空进行了电视直播。在此期间，他还与周围人开起了玩笑，显示了"快乐沃利"的成熟，这也是人们对一位宇航老手的期望。

飞行和测试进程表明，这艘重新设计的指令舱很棒，能帮助宇航员不断增强信心并发挥最大潜能完成任务。然而，在地面控制中心要求他们执行一些计划外的实验和测试项目时，斯基拉变得越发不耐烦起来。飞船计划飞行 163 圈，飞到第 134 圈时，另一项计划外的测试要求上传给他们，此时斯基拉终于爆发了。他向地面控制中心传回了这样的信息："请你告诉我想出这项测试的笨蛋是谁，返回地面后我要亲自和他谈一谈"。[12] 在这些新测试项目的压力之下，他发现同伴也开始变得有些沮丧、气恼。终于，他通过无线电回复地面控制中心，他们不会再执行任何计划外的测试或实验项目。

在这次飞行即将结束时，斯基拉与任务控制中心的关系进一步紧张。他说在飞船再入大气层阶段他们应该摘掉头盔，并争辩说寒冷产生的静脉窦压会导致耳膜爆裂（虽然身边的坎宁安和埃西尔并未感受到他说的那种糟糕状况）。为此，当值的太空舱通信员德凯·斯莱顿（也是斯基拉在"水星"计划中的同伴），不得不与他进行了一次简短的交谈。

斯基拉在争论中胜出，他并不在乎自己可能面临什么后果，因为他已经宣布过这次飞行后他将离开 NASA。在返回地面前一小时，他们每人都服用了一片缓解充血的药片，在飞船再入大气层时也没有戴头盔，后来报告说耳朵也没有出现任何问题。实际上，这使后来执行"阿波罗"任务的宇航员们在飞船再入大气层时都不再戴头盔了。

"阿波罗"7 号指令舱溅落在大西洋上，距离计划落点不到 2 千米。虽然飞船是头朝下溅落的，但在四周彩色救生浮袋自动充气后，指令舱很快就被扶正过来。随后，3 位筋疲力尽但难掩喜悦的宇航员乘坐直升机降落在"艾塞克斯"（Essex）号航母甲板上。43 分钟后，外层已被烧黑的指令舱也被回收到甲板上。

飞行主管克里斯·克拉夫特（Chris Kraft）后来承认，虽然斯基拉在执行任务期间遇到了困难，但他完全值得人们称赞。克拉夫特说，"他在执行任务过程中有时会给我们带来一些困扰，但从技术层面讲，他做得非常棒。在'水星''双子座'及'阿波罗'任务中，他飞过 3 次，没有犯过一次错。他是一名卓越的试飞员。3 次任务都完成得十分出色"。[13]

"阿波罗"7 号是沃利·斯基拉的最后一次太空飞行，之后他将从

NASA 退休，在美国前 3 个太空计划——"水星""双子座"和"阿波罗"计划中，他是唯一一个参与过上述 3 个计划飞行任务的宇航员。他的"阿波罗" 7 号同伴此后也都没再次飞上太空：唐·埃西尔后来曾作为"阿波罗" 10 号的后备指令舱驾驶员，1970 年从宇航员办公室辞职，1987 年在日本的一次旅行中，因突发心脏病去世；沃尔特·坎宁安后来在太空实验室项目中从事管理工作，在错失一次承担飞行主乘组任务之后，他决定辞职，并于 1971 年离开了 NASA。

"阿波罗" 7 号的 11 天飞行测试，证明"土星"火箭与"阿波罗"飞船表现十分完美。对于将宇航员送上月球这个目标而言，"阿波罗"计划已在人员和设备的准备方面胜利地迈出了第一步。计划中的下一次飞行任务——"阿波罗" 8 号发射在即。7 年前，已故的肯尼迪向美国人民做出了载人登月承诺，现在 NASA 对此越来越有信心，可以说这个目标已近在咫尺了。

苏联空间项目总设计师去世

随着苏联"东方"号和"上升"号系列飞船进入太空，苏联人在欢呼雀跃的同时也伴随政治方面的压力。那时，还不为人熟知的苏联总设计师谢尔盖·科罗廖夫开始把注意力转向一种新型飞船的开发上，他期待这型飞船有朝一日能搭载苏联宇航员进入月球轨道，甚至登上月球。1962 年，他的设计团队还着手研发一款名为"N1"的新型大推力火箭，可以帮助苏联宇航员完成登月旅程。

科罗廖夫把这款新型飞船命名为"联盟"号。正值该飞船处于研发阶段时，1966 年 1 月 5 日，他因劳累过度和身患疾病住进了莫斯科的医院。这次住院原本是做一个常规手术以切除直肠内的一块息肉，但随后的诊断表明他一年前就患了结肠癌。在科罗廖夫的要求下，结肠癌手术由当时的苏联卫生部部长鲍里斯·彼得罗夫斯基（Boris Petrovsky）亲自主刀，但这并不是他的专业。手术本身并不难，但彼得罗夫斯基在处理拳头大的一个肿块时却出现了致命失误，一条大血管突然爆裂。科罗廖夫因早年艰苦的监狱生活落下了严重的心脏病，这次大出血使其心脏突然停跳，虽然采取了各种抢救措施，但还是未能挽回其生命，科罗廖夫最终倒在了手术台上。1月14日去世时，他刚过59岁生日仅2天，这对苏联的太空计划而言无疑是一次无可挽回的巨大损失。

直到去世，科罗廖夫这个名字都不为苏联人及其他国家所熟知。他带领的火箭和飞船研发团队，已经把世界上首颗人造地球卫星和宇航员尤里·加加林送入了太空，让加加林成了世界首位进入太空的人。在他去世50多年后，他设计的火箭和飞船仍在太空飞行，这个令人难以置信的事实足以证明他是一个天才。

科罗廖夫生前一直努力防止其他设计师把他们自己的方案强加到他的工作中，这些设计师包括米哈伊尔·扬格利（Mikhail Yangel）、弗拉基米尔·切洛梅（Vladimir Chelomei）和瓦连京·格卢什科（Valentin Glushko）。科罗廖夫的去世为一位新人走上总设计师岗位打开了大门。然而，这对苏联太空计划的不远未来而言却是悲剧性的。最终，科罗廖夫生前的助手、49岁的副总设计师瓦西里·米申被任命为科罗廖夫的继任者。而几乎与此同时，米申发现自己正面临着严苛的政府压力，要求他在1967年实现其前任的绕月飞行计划，然后在第二年实现载人登月。他清楚自己面临的各种困难：严重不足的经费、脆弱且不完备的基础设施，以及巨大的工作量。此外，他还面临一个来自上面的直接需求，那就是在登月计划上击败当时科技实力强大的美国。历史见证了在米申率领下，苏联首次载人太空飞行以悲剧告终。

不可否认，谢尔盖·科罗廖夫的早逝、资历不足的继任者遭遇的惨痛失败，这些无疑都是苏联输掉与美国这场登月竞赛的重要原因。如果科罗廖夫不因结肠癌手术丧命，而是作为苏联太空计划的总设计师继续从事他的重要工作，那么这场竞赛的结局会如何？我们永远无法知道。但是，以他在工程技术和设计方面的卓越才华，这场登月竞赛究竟是谁拔得头筹，必将更加充满悬念。

苏联失去一名宇航员

帕维尔·别利亚耶夫与阿列克谢·列昂诺夫驾驶"上升"2 号进行的太空飞行，以人船安全返回而结束。在这之后的 25 个月内，美国成功地完成了"双子座"计划中共计 10 次的太空飞行任务。此时，美国宇航员令人信服的表现使 NASA 开始准备实施登月任务。美方已经掌握了轨道交会与对接技术，太空行走也取得了不同程度的成功，并且通过每一次努力，这种能力正在不断增强。宇航员们已经完成了多次模拟往返月球的漫长太空飞行。"双子座"飞行任务以平均两个月一次的非凡速度完成，并且全部成功。此后，在登月计划上，美国逐步把苏联甩在了身后。

直到 1967 年 4 月 23 日，塔斯社才宣布一则久违的消息，苏联方面成功发射了"联盟"1 号宇宙飞船，船上只搭载了一名宇航员，他就是弗拉基米尔·科马罗夫上校。苏联开始再次重返太空。此前，科马罗夫曾执行过"上升"1 号飞行任务，现在他成了苏联两次进入太空的首位宇航员。

此时，这艘飞船的名字"Soyuz-1"引起了人们许多推测与好奇，因为俄语"Soyuz"意为"联盟"。这是否意味着这艘飞船会马上与另一艘实现对接？甚至也许在轨道上实现宇航员交换？那段历史现在得以揭晓，专家的推测是对的。正当这次最新飞行任务被宣布的时候，搭载着"联盟"2 号飞船的火箭已经矗立在拜科努尔航天中心发射场待命，由瓦列里·贝科夫斯基、叶甫根尼·赫鲁诺夫和阿列克谢·叶利谢耶夫（Alexei Yeliseyev）3 位宇航员组成的飞行乘组，正准备在科马罗夫之后升空入轨，

苏联宇航员弗拉基米尔·科马罗夫上校将执行悲壮的"联盟"1号飞行任务。

去和"联盟"1号进行对接。这次大胆且具有一定风险的飞行计划要求赫鲁诺夫和叶利谢耶夫在对接后从飞船中出舱,通过太空行走进入科马罗夫所在的"联盟"1号内。之后,这3位宇航员将乘坐"联盟"1号着陆,而贝科夫斯基则独自乘"联盟"2号返回。然而,这个大胆的第二次发射将永远无法实现。

　　"联盟"1号发射后不久,科马罗夫就报告说飞船出现了严重故障,正在努力解决。主要问题是飞船的一块太阳能电池板未能展开。此外,飞船自动定向系统失效,科马罗夫经过多次努力,但始终无法手动校准"联盟"1号。由于这次飞行遇到很多问题,使得第二天发射"联盟"2号的计划被迫推迟,而且极有可能被取消。

　　很快,情况明朗了,科马罗夫无法修正飞船的这些技术性问题。27个小时之后,拯救这次飞行任务的所有大胆尝试均告失败,他被告知准备返回。科马罗夫尝试着校准"联盟"1号,以便能以正确姿态再入大气层,但他没能成功。飞行到第九圈时,他进行了第二次尝试,在制动发动机点火后,飞船急速进入了大气层。几分钟后,伴随着再入大气层产生的高温,科马罗夫准备打开飞船的制动降落伞，以便拉出飞船主伞，但随后却出现了严重问题。当制动降落伞按计划弹出并展开后，飞船主伞却卡在了防护壳内无法拉出。当然，飞船在设计时备有应急措施，那就是启用备用伞。但不幸的是，备用伞的吊伞索与制动伞缠在一起，也没能打开。

科马罗夫也许已经意识到自己遇到了大麻烦，急速下落的返回舱如果没有任何减速措施将会径直撞向地面。此时，他能做的只有坐在靠椅上，等待着自己生命中最后时刻的到来。"联盟"1 号飞船高速撞向地面，舱体被压成只有 70 厘米高的一堆废铁，宇航员当场毙命。固体燃料的制动发动机是用来在飞船正常着陆前点火工作片刻，以最后缓冲一下着陆速度，但在飞船如此高速落地的情况下，根本发挥不了作用，反而在强大的冲击下发生了爆炸，被炸碎的舱体立刻葬身火海之中。

灾难发生后数年，拍摄于飞船坠地后的一组镜头被公布出来，画面显示飞船残骸正在燃烧且部分已钻入地下，奋战在现场的地面救援队正在扑灭大火。等到大火被扑灭且残骸冷却后，工作人员从"联盟"1 号残骸中小心翼翼地将科马罗夫已烧焦的遗骸取出，然后用飞机运回了莫斯科。

当官方出人意料地发布并播出了科马罗夫牺牲的消息后，强烈的悲痛和困惑席卷了全苏联及整个世界。苏联人曾为自己的太空计划取得许多胜利和声誉而陶醉，科马罗夫这起没有对外解释原因的悲剧，对这个国家而言无疑是一次巨大打击。

1967 年 4 月 26 日，完全按照军人享有的荣誉，科马罗夫的遗骸被安葬在莫斯科红场上的无名烈士墓中。他的妻子，一些政府官员、部分宇航员战友，以及数千名莫斯科民众参加了安葬仪式，哀悼这位逝去的英雄。

在那次悲壮的飞行中，一个令人惊讶的细节被隐匿了多年：尤里·加加林，进入太空的第一人[14]，竟是科马罗夫执行"联盟"1 号飞行任务的后备宇航员。这次灾难后，在加加林不断努力下，官方勉强同意让他有条件地执行第二次太空飞行任务。这也可以理解，加加林是一位民族英雄，

弗拉基米尔·科马罗夫驾驶的"联盟"1号宇宙飞船的描绘图。

他们不愿让他再次去冒生命之险。但没有人能料到，1968年3月27日，正值加加林不断努力训练以恢复飞行状态期间，他在一次米格-15战斗机飞行训练中殒命。他也被安葬在了红场的无名烈士墓中。

按照传统，苏联宇航部门对科马罗夫的死因直接进行了封锁，于是有关其死亡方式的种种低劣且不值一提的谣言广泛传播开来。其中一个谣言这样描述：科马罗夫当时还在轨道上飞行，但已经知道驾驶这艘问题严重的飞船再入大气层自己将无法幸存；他的妻子瓦伦蒂娜被接到位于克里米亚的飞行任务控制中心，与他苦命的丈夫告别。还有一些谣言说，苏联部长会议主席柯西金与科马罗夫进行了交谈，以苏联太空计划的名义，称全国上下都会以他及他的勇敢牺牲而骄傲。

还有更令人惊异的故事开始传播：在"联盟"1号坠向地面时，位于土耳其的美国监听站收听到了科马罗夫发自内心、充满激愤的最后留言，怒骂苏联政府强迫他登上那艘明知有诸多问题的飞船，在问题远未得到解决的情况下就发射升空。甚至到了今天，这些可怕的谣言还在流传。但是，

准备搭乘"联盟"2 号发射升空的宇航员：指令长叶甫根尼·赫鲁诺夫，以及瓦列里·贝科夫斯基和阿列克谢·叶利谢耶夫。

对于人类太空探索而言，任何一位严肃的评论者都知道，那些传言完全不属实。对这次飞行进行的初步研究也表明，飞行任务控制中心位于苏联西部克里米亚的叶夫帕托里亚市，科马罗夫的妻子瓦伦京娜·科马罗夫当时在莫斯科的家中，那是 1400 千米外的北方城市，要赶到飞行控制中心，时间上根本来不及。另外，当返回舱与飞船上另外 2 个舱体分离后不久，飞行控制中心就与宇航员失去了联系，这是返回舱返回地面过程中出现的正常现象。再入大气层时，飞船周围产生的电离层会阻断无线电通信，这个过程会持续几分钟，在此期间没有人能与科马罗夫进行通话交流。[15]

1992 年，本书作者曾与没有参加飞行任务的宇航员亚力克山德尔·彼得鲁申科（Alexander Petrushenko，现已故）以书信方式进行了联系。在那次飞行任务中，他就在飞行任务控制中心，是最后一位与科马罗夫通话的人。在与作者交流时，彼得鲁申科提到，科马罗夫当时十分镇定，并报告说他在再入大气层前已完成了最后轨道修正动作，准备提前返回。此后，正如预料的那样，地面与科马罗夫失去了联系。[16]

不幸中的万幸就是，这起悲剧也避免了苏联宇航员的进一步损失，但是这些利好消息再次被封锁了数十年。如果"联盟"2号在第二天如期发射，几乎可以肯定，叶甫根尼·赫鲁诺夫、瓦列里·贝科夫斯基和阿列克谢·叶利谢耶夫3位宇航员也将命丧黄泉。对于那次悲剧进行的调查表明，"联盟"2号的降落伞装置也存在与"联盟"1号完全相同的设计缺陷，很可能再次导致开伞失败，从而不可避免地葬送飞船上所有宇航员的性命。

第 6 章

俯瞰月球

据史料记载，1968 年 11 月 12 日，在美国首次将宇航员送入太空后的第 7 年，为加快推进登月计划，NASA 决定用"阿波罗"8 号飞船执行载人绕月飞行任务，这是 NASA 做出的大胆决定之一，这将让美国十分接近于实现人类首次登陆另一个陌生世界的目标，尽管这时首次登月任务还没有命名。

假如"阿波罗"8 号飞船按原计划执行绕地飞行任务，就不会像今天那样被美国人无比骄傲和荣光地记在脑海中。"阿波罗"7 号飞船在地球轨道试飞成功后，原本接下来的任务是在地球轨道上测试看起来有些笨重的登月舱；如果顺利，接下来将用另一艘登月舱搭载 2 名宇航员在月球轨道上演练与指令舱分离、向月面下降等动作。尽管在登月过程中这是极其重要的一步，但整个美国却急切盼望接下来的"阿波罗"飞行任务，即在几个月时间内把第一批宇航员送往月球，并在月表一片未知区域着陆。尽管原来计划中的"阿波罗"8 号任务也很值得期待，但无论它对 NASA 登月计划多么重要，现在都无法直接引起公众的广泛关注。

后来，"阿波罗"8 号任务目标被彻底改变。做出这一改变的主要决策者是时任 NASA 局长的托马斯·潘恩（1968 年 10 月接替退休的詹姆斯·韦布）、主管载人航天飞行任务的副局长乔治·穆勒（George Mueller），以及"阿波罗"计划主管塞缪尔·菲利普斯（Samuel Phillips）。此前几次令人沮丧的飞行任务延期已经严重影响了登月计划的进度，到了1968年8月，阿波罗飞船项目主管乔治·M.洛（George M.low）发现自己正处于进退两难的境地。在"阿波罗"7号测试飞行期间，虽然指令/服务舱已充分证明了其性能，但开发中还有大量关键性问题，宇航员准备入驻的登月舱交工日期也延后了。1968年1月，安装在"土星"IB火箭上方的第一艘无人登月舱在"阿波罗"5号任务中已经成功进行了测试飞行，但是这个登月舱操作起来比较复杂，需要具备制造商格鲁曼公司工程师们那样的技术才行。登月舱是工程师们设计和研发的，他们当然能熟练操作，但宇航员则要进行大量操作训练。

乔治·洛仔细思考了这样一个现实：1968年1月发射台上那场火灾使"阿波罗"1号3位宇航员遇难后，"阿波罗"7号成为第一个载人飞行任务，此时距离20世纪60年代末的时限已经很近了。与此同时，他也很清楚来自情报机构的信息，苏联正秘密计划在1969年年底将1~2名宇航员送入绕月轨道，甚至可能正在建造自己的登月飞船。为应对这种局面，1968年8月9日，乔治·洛会见了载人飞船中心（MSC）主任罗伯特·吉尔鲁思（Robert Gilruth），探讨发射"阿波罗"8号飞船搭载指令/服务舱（CSM）进行绕月飞行，以验证其性能，然后再发射"阿波罗"9号飞船搭载登月舱进行测试飞行。吉尔鲁思支持这个提议，并分别与其团队高管德凯·斯莱顿，以及飞行主管克里斯·克拉夫特进行了商议。

回首50年前这些往事，2018年，NASA历史办公室说：当时的下一步计划是寻求相关部门领导的支持，这些部门包括位于亚拉巴马州亨茨维尔市的马歇尔航天飞行中心（MSFC）、肯尼迪航天中心（KSC），以及NASA总部各相关部门：

当天（1968年8月9日）下午，4人飞到了亨茨维尔，乔治·洛会见了马歇尔航天飞行中心主任马格努斯·冯·布劳恩、肯尼迪航天中心主任库尔特·德比、NASA 总部"阿波罗"计划主管塞缪尔·C. 菲利普斯。参会的还有另外几个人。到会议结束，参会人员一致认为登月计划没有不能克服的技术障碍，前提是在 10 月执行的"阿波罗"7 号任务必须成功。布劳恩对"土星"V 火箭的安全性很有信心，德比确信肯尼迪航天中心在 12 月将为发射做好准备。他们同意下周在 NASA 总部会面，对计划做最终评估；随后向 NASA 局长詹姆斯·E. 韦布和主管载人航天飞行任务的副局长乔治·E. 穆勒做了简要汇报。那次会议结束后，参会人员同意不对外界泄露这个新计划的信息。载人飞船中心的参会代表返回休斯敦后，乔治·M. 洛用了一整天时间，将计划简要通报给了指令舱与服务舱的承包商（北美罗克韦尔公司，North American Rockwell）代表，以及登月舱的承包商（格鲁曼航空航天公司，Grumman Aerospace）代表，以便让他们尽快开展工作。

达成一致意见后，斯莱顿的下一项工作就是向"阿波罗"8 号和 9 号的宇航员们通报各自任务的主要变化情况。

斯莱顿给原来计划中的"阿波罗"9 号任务指令长弗兰克·博尔曼打了一个电话。博尔曼及其乘组成员正在加利福尼亚州唐尼市参加指令舱的测试工作。斯莱顿要求他回到休斯敦，并提议由他指挥新的"阿波罗"8 号飞行任务。博尔曼马上接受了。这意味着博尔曼连同指令舱驾驶员洛弗尔和登月舱驾驶员安德斯一起，将于 1968 年 12 月在不带登月舱的情况下执行"阿波罗"8 号绕月飞行任务。原来的"阿波罗"8 号指令长麦克迪维特（McDivitt），指令舱驾驶员斯科特（Scott）和登月舱驾驶员施韦卡特（Schweickart）将在 1969 年年初，执行"阿波罗"9 号飞行任务，在地球轨道上首次对登月舱进行测试。这样互换乘组是合理的，因为安德斯缺少登月舱驾驶经验，而施韦卡特已是登月舱的驾驶专家了。麦克迪维特同意这样的交换，并决心在登月舱首次载人飞行测试中，更好地发挥其乘组成员的经验。[1]

按照原定的任务时间表，将在地球轨道上对登月舱进行首次测试，"阿波罗"8号飞船宇航员正在接受这方面的训练。8月19日，NASA宣布取消这次任务中的登月舱测试项目，原因是正在准备的12月份的飞行任务延后了。"阿波罗"计划主管菲利普斯说，这并不是推迟"阿波罗"8号的任务，而是NASA正在考虑其他的选项，拟将"阿波罗"计划进度提前，以实现肯尼迪要求在20世纪60年代末之前实现载人登月的目标。从1968年8月初开始，NASA高层已经在考虑发射"阿波罗"8号飞船执行绕月飞行任务的可能性，甚至准备让"阿波罗"8号飞船进入月球轨道。他们曾经探讨了所有的选项，并与相关的飞行人员都进行了沟通，与任务指令长博尔曼、指令舱驾驶员洛弗尔和登月舱驾驶员安德斯就新的日程达成了共识。当然，飞行乘组中只有安德斯的任务头衔是虚设的，因为"阿波罗"8号飞船飞行任务将不带登月舱。

1968年11月12日，NASA总部正式宣布"阿波罗"8号飞船任务将改为绕月球轨道飞行，从而结束了NASA内部数周的紧张商议和公众关于"阿波罗"8号飞船任务目标的猜测。[2]发射日期暂定在12月21日，目标是载人飞船在平安夜和圣诞日用20多个小时绕月球轨道飞行10圈。

12月21日，按照预定时间，"阿波罗"8号飞船准时发射。此时，36层楼高的"土星"V火箭第一级5台发动机点火，伴随着巨大轰鸣声，火箭向下喷出了橙色炙热火焰，释放出1.8亿马力（1马力＝0.735千瓦）推力。火箭在发射架平台上持续怒吼了8秒钟，因为计算机系统要确保5台F1发动机都正常点火工作。随后，身形庞大的"火星"V火箭开始起飞，推力相

执行绕月飞行任务的"阿波罗"8 号飞船宇航员，左起：洛弗尔、安德斯和博尔曼。

当于大约 500 架喷气战斗机推力的总和。12 秒后，火箭已把 122 米高的发射塔架抛在了身后，拖着 150 米长的火舌与烟雾，在佛罗里达的天空中划过一道耀眼的飞行轨迹。

　　不久后，"阿波罗"8 号飞船成功进入地球轨道。在接下来的 3 个多小时里，飞船将绕地球飞行 2 圈，在此期间要对飞船上千个系统进行检查。

壮丽的"地球升起"照片，由安德斯拍摄。尽管在流行于世的图片中，地球位于月球上方，但实际上这张照片中的视角才是正确的。

系统检查完毕，飞行控制中心最终下达了指令，要求飞船准备进入地月转移轨道。这是一个推进动作，通过火箭第三级发动机的再次点火，使飞船建立奔月轨道，速度从每小时约 28000 千米加速到约 39200 千米，从而摆脱地球引力。奔向月球的太空旅程相对平静，没出现什么问题，只有博尔曼犯了胃炎，有段时间他出现了发烧和恶心的症状。

"阿波罗" 8 号飞船在飞至距地球 326200 千米的时候，开始跨越星际空间的一条重要分界线，即飞出地球引力影响范围，进入月球引力场。这是人类有史以来首次抵达月球引力范围。"阿波罗" 8 号飞船宇航员们发回了一些模糊的地球电视画面，指令长博尔曼描述了他们在太空中能够看到的地球地理特征。

1968 年的平安夜，"阿波罗" 8 号飞船的发动机成功点火并进入月球轨道。当飞船绕着月球飞驰时，3 名宇航员都惊奇地凝望着 97 千米之下的荒芜而贫瘠的月面。洛弗尔报告说："在休斯敦，从这个高度观察月面真是妙极了。我们毫不费力就找出了在地图上了解到的那些月面特征。月面看上去呈灰白色，像是踩有大量脚印的脏海滩，又像是一片熟石灰。我们能够看见许多细节"。[3]

飞行到第 4 圈时，博尔曼缓慢转动飞船，宇航员们的注意力仍然集中在下面布满凹坑的月表上。突然，比尔·安德斯大叫了一声："天啊，看那边！地球正在升起。多美啊！"他知道，只有很短的时间可以拍到地球从月平线上升起的景象，他急忙找出彩色胶卷，装入那部瑞典制造的"哈苏"（Hasselblad）500C 高级相机中，然后开始对准远处按动快门。洛弗尔问，"拍到了吗？"安德斯说拍到了。于是，这幅名为"地球升起"的照片，成了那个太空时代极其珍贵的影像之一。[4]

还有一个令人难忘的瞬间将与平安夜那次"阿波罗"8 号飞船飞行任务永远联系在一起。在来自"阿波罗"8 号飞船宇航员的电视直播中，人们看不见他们的画面，因为他们在向地球发送圣诞问候时，正用摄像机对着月面进行拍摄。此时，出人意料的是，3 名宇航员开始接续诵读《圣经》中《创世纪》的前 10 句。安德斯先读了 1—4 句："起初，神创造了天和地……"。他读完后，洛弗尔接着读 5—8 句。最后，博尔曼读 9—10 句，并在直播结束时说道："这是来自'阿波罗'8 号飞船全体宇航员的问候，我们在此度过了一个美好的夜晚。祝各位好运，圣诞快乐，愿上帝保佑所有人，保佑美好地球上的全人类"。宇航员们诵读《圣经》的举动，让平时十分务实的 NASA 高管们也颇感意外，虽然有些猝不及防，但是他们的反应与迅速传遍全美的激动情绪是一样的，那是信仰、和平、欢乐、探索发现以及分享圣诞精神的一个动人场景。也许在今天，人们不大会赞成用诵读福音书的方式来表达基督教信仰，但是，"阿波罗"8 号飞船宇航员在月球轨道上的这次直播，确实在当时的美国引起了强烈反响，正是在那少有的珍贵时刻，美国人民才在敬畏中团结在了一起。圣诞节期间 3 名宇航员的声音来自浩瀚的太空，这样的直播史无前例，也是带给人类世界最具深远意义和强大力量的电视直播之一。

下面该做最关键的一个动作了——发动机将再次点火，使指令舱摆脱月球引力。此时，指令舱正在月球背面的轨道上飞行，宇航员们无法与地面飞行控制中心联系。他们知道，如果发动机点火失败，他们将被困在月球轨道上，氧气最终也会耗尽。幸运的是，发动机点火成功，当他们与地面恢复联系时，兴高采烈的洛弗尔第一句话就是："报告，这里有一位圣诞老人"。

回家之旅即将结束，宇航员们抛掉了飞船的服务舱，带着厚重防热罩的指令舱完成了再入姿态调整。这次以及后来的"阿波罗"宇航员在返回地球再入大气层时，要比飞出时快得多，他们将以每小时接近 40000 千米的极高速度冲入大气层。打个比方，现代大型喷气式客机正常巡航高度为 10000 多米，如果宇航员用再入大气层的速度到达地面，仅仅需要一秒钟。

从再入阶段的大火球中冲出后，宇航员做好了打开降落伞、溅落在太平洋水面上的准备。一切按计划进行，飞船落点距离回收船"约克城"（Yorktown）号航空母舰不到 5.5 千米。几分钟后，一架直升机在飞船上空盘旋，并与"阿波罗"8 号飞船上的宇航员取得了联系。3 名宇航员安全回到航空母舰上后，一个由 15 名医生组成的医疗团队用了 4 个小时，对他们身体进行了检查，最后报告说，宇航员健康状况良好。

有一个未经证实的故事："阿波罗"8 号飞船绕月飞行的那年，当时美国总统候选人罗伯特·肯尼迪和民权活动家马丁·路德·金都遭到了暗杀。据说弗兰克·博尔曼回来后收到了一封电报，这是数千封中的一封，不幸的是已被丢弃了。在这封电报中，一位女士简单地写道，"谢谢你，'阿波罗'8 号，你拯救了 1968"。

命运多舛的登月计划

尽管苏联对外矢口否认，实际上他们一直在为登月做着秘密准备。NASA 对苏方的这些秘密努力深感忧虑，不知道对方的计划是否包含将宇航员送往月球的任务。回到 1965 年 3 月 8 日，当时 NASA 负责人詹姆斯·韦布面对参议院太空委员会为此作证时，告诉参议员们：

> 我们不知道他们是否已经确定了具体目标，比如登陆月球，或者甚至在复制我们的"阿波罗"任务……没有证据表明他们正在建造像"土星"V 这样的大推力火箭……我认为对美国政府来说最有价值的情报是苏联正在实施一个庞大的基础性计划，就是发展那些飞行任务所需的各种能力，他们认为这方面将是他们的优势。[5]

NASA 后来发现，苏联确实已经提前拟订了计划，旨在开展绕月飞行，以及非常类似"阿波罗"计划的载人登月飞行。后来发现，苏联和美国登月计划的主要区别是，苏联由 2 名宇航员参与，而美国是 3 名。在苏联的计划中，1 名宇航员着陆月球时，他的同伴将留在月球轨道上。在苏联总设计师谢尔盖·科罗廖夫 1966 年 1 月去世之前，他正在积极参与一枚名为"N1"的全新大推力运载火箭的设计工作。他设想中的这枚火箭将用于发射登陆月球的 LK 飞船（即登月舱）。

按照原来的登月计划，LK 飞船在月球轨道上与主飞船分离后，准备登陆月球的宇航员将驾驶 LK 飞船下降到距月表 110 米的高度，在那里宇航员将使飞船悬停在空中，以便找到一个安全的着陆地点。然后，宇航员将手动驾驶 LK 飞船（最初也叫 L1 飞船）到达选定区域。如果发现地形不合适而有可能使着陆器倾覆，就放弃着陆。为此，几名资深宇航员，包括具有太空行走经验的阿列克谢·列昂诺夫，都花了大量时间，分别在米－4直升机上，以及安在离心机机械臂上的 LK 飞船模拟器内练习在月表着陆。阿列克谢·列昂诺夫将与登月宇航员配合，其职责是在月球轨道上驾驶主飞船。

对于列昂诺夫个人而言，一个很大挫折是美国在登月计划方面显然正处于领先地位，而苏联已被远远甩在了后面。这主要是因为 N1 运载火箭研发的延迟。对他而言，更糟糕的是 1968 年 9 月 14 日的"探测器" 5 号（Zond-5）是一艘无人探测器。这艘探测器在质子 K/D 火箭上发射升空，成功进入地月转移轨道后，携带着乌龟等生物样本以及身着宇航服的等尺寸人体模型进行了绕月飞行。列昂诺夫知道，"探测器" 5 号飞船是"联盟"号 7K-L1 飞船的改进版，最初计划是搭载 2 名宇航员进行绕月飞行，但早期的两个无人探测器飞行任务均告失败，苏联担心这时进行载人飞行可能让宇航员丧命，所以对于在"探测器" 5 号飞船上搭载宇航员一事显得格外谨慎。这也表明，那个只追求宣传效果而不计后果的赫鲁晓夫时代早已过去了。当然，"探测器" 5 号飞船任务本身是成功的，在完成绕月之旅后安全返回地球，落入大海后不久即被苏联回收团队回收。列昂诺夫很遗憾，因为他和马卡洛夫原本有可能成为那艘飞船的驾驶员。[6]

与此同时，开发大推力的 N1 火箭工作也一直在进行，这是一种高达 105 米、可产生超强推力的火箭。1969 年 2 月 21 日，第一次试验发射选择在拜科努尔航天中心进行，但是这次发射却以惨败告终。火箭经过 80 秒的上升阶段后，第一级的 30 台发动机过早关机，导致火箭坠落地面，好在坠落点距离发射台较远。列昂诺夫在场见证了这次发射，按照他的说法，火箭首次发射出现这样的事故不足为奇。他认为火箭有一个致命缺陷："火箭的 30 台发动机排列成两个同心圆。当它们全部同时点火时，在两个同心圆之间会产生不稳定且具有破坏性的真空环境。这个缺陷在发射前没有被发现，因为没有合适的设施可以测试 30 台发动机在一起工作时的状态"。[7]

后来，列昂诺夫参加了第二次 N1 火箭的发射测试，但这次发射对当时苏联的太空计划来说也变成了一场灾难。发射后仅几秒钟，火箭就被一个巨大的火球所吞没，并向后倒在了发射台上。2 年以后，1971 年 6 月和 1972 年 11 月，2 次 N1 火箭发射又都发生了严重故障，毁掉了 2 枚火箭。另一个临时发射计划准备搭载一艘 L3 飞船（为登月任务设计的改进版"联盟"号飞船），但在 1974 年 5 月，这个 N1/L3 计划也被取消了。

列昂诺夫在回忆录中透露，当"阿波罗"8 号飞船绕月飞行及"阿波罗"9 号飞船搭载登月舱在地球轨道测试飞行均获成功的消息传来，他感受到无比巨大的挫折。列昂诺夫写道："此时，我知道我们将不可能击败他们了。虽然没有宣布确定的日期，但我们相信，在登月这个终极目标实现之前，美国还会有不止一次的'阿波罗'飞船飞行任务，而我们却再也不能按时完成计划中的登月任务了"。[8]

出人意料的是，事实上苏联也已经造出了他们的 LK-3 飞船，一个先进的月球着陆器。这个秘密一直保守到 1989 年。那一年，来自麻省理工学院的一个航空航天专家代表团在莫斯科航空学院一个教学工程实验室参观时，看到了一个外观笨拙的宇宙飞船摆放在一个建筑的角落里。他们问向导那是什么？向导漫不经心地说，这是打算在月球着陆的宇宙飞船。他们迅速拍了照，代表团一回到美国，麻省理工学院就发布了这则令人吃惊的新闻。同年 12 月 18 日，《纽约时报》在第一版率先刊出一篇文章，标题是："现在苏联承认了登月竞赛"。[9]

有趣的是，一个与 LK-3 飞船同等大小的工程模型，通过轮船从俄罗斯运到伦敦科学博物馆，成为一个主要展品。在博物馆的介绍中写道："诞生于太空时代"。这次公开展示一直持续到 2016 年 3 月。

轨道上的"蜘蛛"和"橡皮糖"

1969 年 1 月 3 日，承担"阿波罗"9 号飞船发射任务的"土星"V 火箭，经过 7 小时的行程，由一台巨大的履带式拖拉机运抵 39A 号发射台。此次飞行任务将是一次"豪赌"，为的是在 20 世纪 60 年代结束前兑现肯尼迪的诺言，实现载人登月目标。因为这是首次全要素演练，所以飞船的全部组件——指挥舱、服务舱和看上去很脆弱的登月舱——要随火箭一同发射。登月舱由承包商格鲁曼航空公司制造，一开始称为"月球游览舱"（the Lunar Excursion Module，LEM），随后 NASA 认为"游览"一词有点令人误解，后来便弃用了这个名字。不过，这个名字的缩写"LEM"对于电视转播而言依然有用，因此被保留了下来。

飞行乘组运行中心主任，前"水星"计划宇航员斯莱顿曾经解释说，用基本术语来讲，登月舱由下降级和上升级 2 部分组成。"下降级是一个带有 4 条腿的箱型结构，而上升级则是一个昆虫状的乘组舱。上升级的顶部有一个对接口，前面有一个舱门，宇航员将从这个舱门出舱"。[10] 从月球离开时，位于上升级下面的发动机将点火，上升级与下降级通过爆破方式分离，下降级将永远留在月面上。

1968 年圣诞节，"阿波罗"8 号飞船绕月飞行的成功引起了轰动，这是第一次载人绕月飞行。现在，登月舱也已经准备好，"阿波罗"9 号飞船的任务可以继续推进。这使乔治·洛和其他相关人员身上的压力减轻了许多。飞行工作准备就绪，宇航员可以对指令舱和登月舱起一个代号名称，以便在宇航员与飞行控制中心进行联络时，让人明白对方指的是什么。"双子座"3 号飞船任务第一次这样做以后，这种方式就一直沿用了下来。由于飞行中涉及 2 个太空舱，有必要给它们分别指定一个有特色的代号名称。出于沟通交流的需要，登月舱被称为"蜘蛛"，这得益于它的棱锥状外形，而指令舱则叫"橡皮糖"。

发射日期最初定在 2 月 28 日，星期五。由于乘组有人感冒，发射日期被推迟了 3 天。医生认为造成宇航员感冒的原因是连续数天每天 18 小时的训练，使宇航员体力消耗过大。3 月 3 日，星期一，一切准备就绪。在近乎完美的倒计时结束后，强大的"火星"V 火箭点火后冲向云霄。

2 小时后，他们正式开启了为期 10 天的绕地飞行。指令舱"橡皮糖"与"土星"IVB 火箭第三级分离后，完成了 180° 转向，再向后飞接近火箭的第三级。火箭第三级现在已露出了处于折叠状态的登月舱"蜘蛛"。在指令舱驾驶员斯科特小心操作下，指令舱"橡皮糖"逐渐迫近位于"土星"IVB 火箭鼻端的登月舱"蜘蛛"，最后完成了对接。指令 / 服务舱与登月舱连在一起后，便从火箭第三级上撤出，并飞离了燃料已耗尽的第三级。第三级火箭最终会再入地球大气层并在大洋上空烧毁。随后，位于指令 / 服务舱后部的发动机点火，将整个飞船推入到大约 503 千米的高轨道上。在接下来的几天时间里，宇航员准备按计划日程进行各种测试。在打发了发射当天的剩余时间后，宇航员于星期二在指令舱内对飞船系统进行了全面检查，并对主发动机进行了测试。飞行到第 3 天时，麦克迪维特和施韦卡特通过飞船舱门间的连接通道进入了登月舱，而斯科特则留在了指令舱内。然后，2 名宇航员对登月舱制动发动机进行了测试，并尝试身着便服开始工作，这样他们可以摘下头盔，并进行了 6 分钟的电视直播。他们让登月舱"蜘蛛"的下降发动机点火工作了 6 分钟，产生了足够的加速度，致使安装在登月舱外层的几块金属箔衣被甩出。宇航员们注意到了这一点，但认为不必担心。

按预定计划，施韦卡特要从飞船出舱进行太空行走。在这次太空行走中，宇航员并没有使用通常使用的生命支持系统，而是背了一个特殊背包。这个背包可为宇航员提供氧气并净化他呼出的气体，同时可以通过内置水循环系统给宇航员身体降温。糟糕的是，在出舱前，施韦卡特报告说他感觉有点儿恶心，想呕吐。NASA 可不愿冒这个险，因为如果他吐在头盔内，

"阿波罗" 9 号飞船的指令 / 服务舱和登月舱在地球轨道上对接在一起。指令长斯科特站在指令舱舱门口上的照片，由施韦卡特拍摄。

会导致窒息而死。为此，这次太空行走只好放弃。后来到第 4 天，施韦卡特报告说他感觉好多了。在这种情况下，地面控制中心同意他进行部分出舱活动。在这次有限制的太空行走期间，他穿了一双玻璃纤维做的 "金鞋" 爬上了登月舱外面的平台，"金鞋" 实际是宇航员使用的脚下约束装置。在那里，他给飞船、地球和月球拍了大量照片。虽然他的出舱活动只持续了 38 分钟，但这是对笨重的太空服系统的一项重要测试。那年的后期，承担登月任务的宇航员将会用到它，并首次使其暴露在太空的真空环境下。在施韦卡特进行舱外活动的同时，斯科特也打开了指令舱的舱门，对施韦卡特和登月舱"门廊"进行拍摄报道。

到第 5 天的时候,斯科特驾驶指令舱与登月舱"蜘蛛"分离,并在距登月舱 180 千米外返回。指令舱离开后,麦克迪维特和施韦卡特驾驶登月舱"蜘蛛"飞行了大约 4 小时,让上升级和下降级发动机都点火工作,以测试其性能。随后,他们抛掉了下降级。经过 6 小时 22 分钟分离之后,登月舱和指令舱在指定位置会合并再次完成对接。很快,麦克迪维特和施韦卡特按原路返回指令舱。一切准备就绪后,登月舱"蜘蛛"的剩余部分——上升级也被"放飞"。在确认了指令舱与之成功分离后,宇航员通过遥控方式让登月舱"蜘蛛"上升级的发动机点火工作 6 分多钟,直到燃料被彻底耗尽,使其飞入一个更高的椭圆形轨道上。最终,它会在地球引力影响下慢慢落回到大气层内。12 年后的 1981 年 10 月 23 日,登月舱"蜘蛛"在大气层中被烧毁。

在准备再入大气层之前,"阿波罗" 9 号乘组还将在飞行的"母船"上度过剩下的 5 天时间,以进一步积累飞行经验。由于西大西洋上空天气恶劣,他们的着陆时间向后推迟了一些,一直飞行到第 152 圈。之后,他们将在预定回收区域以南约 772 千米处降落,那里的天气和海况要更好一些。作为主回收船的美国海军"瓜达尔卡纳尔"(Guadalcanal)号航母接到指令后连夜高速驶向新降落区。斯科特后来回忆说,"我们确定了'阿波罗' 9 号的降落点,它准确降落在目标区域内,落点就在航母附近。那里有一架待命直升机已做好准备把我们从海里吊起。回收船为我们准备了一顿丰盛的大餐。在返回休斯敦的途中,我们在巴哈马群岛作了短暂停留,我们的家人已经在机场跑道上等候我们了"。[11]

"阿波罗" 9 号在探月道路上迈出了重要的一步,对登月舱进行了关键性的工程测试。有些遗憾的是,在今天,这次飞行并没享受到后来登月飞行所获得的突出荣耀,但是航天历史学家一致认为,对于 NASA 需要开展的下一阶段"阿波罗"计划而言,即在月球轨道模拟载人登月的"阿波罗"10号，这次飞行为其提供了所需的全部数据。

登月前的最后一步

1968年11月14日，经验丰富的"双子座"宇航员汤姆·斯塔福德、约翰·扬和尤金·塞尔南被指定执行"阿波罗"10号任务飞往月球。这次任务将下降到距月球表面几千米的高度，为接下来的"阿波罗"11号任务做一次关键性的演练。"阿波罗"11号飞船任务是计划将第一批宇航员送往月球，真正在月球上着陆并在月面上进行漫步。"阿波罗"11号载人登月任务是否进行，将在很大程度上依据"阿波罗"10号飞船的测试结果进行决断。

为期8天的"阿波罗"10号飞船飞行任务，除了实际着陆以外，几乎囊括了下一个乘组要做的每一件事情。在此次任务中，约翰·扬要单独留在指令舱中，斯塔福德和塞尔南则要进入登月舱，并驾驶它下降到距月球表面15.6千米的高度以内，而后他们将飞回与指令舱进行对接，然后再抛掉登月舱。在月球轨道飞行2天半后，飞船主发动机将点火，飞回地球。在训练期间，宇航员最快乐的事情之一便是给登月舱和指令舱分别起一个代号名称——"史努比"（Snoopy）和"查理·布朗"（Charlie Brown），这样便将连环漫画《花生豆》（*Peanuts*）[1]中的角色变成了象征此次任务的半官方的吉祥物。

早已确定的发射日期是1969年5月18日。那一天，巨大的火箭矗立在39B发射台上，这是唯一一次在此处发射"土星"V火箭，因为39A发射台正在为在7月份发射"阿波罗"11号飞船做着准备。当天下午12

---

[1]《花生豆》是美国知名漫画家查尔斯·M.舒尔茨（Charles M. Schulz）创作的一部广受欢迎的连环漫画，史努比是漫画中的一个爱做冒险梦的狗，查理·布朗是其主人。而查理·布朗的原型就是作者自己。——译者注

"阿波罗" 10 号飞船飞行乘组朝着人类即将实现登月目标又迈进了一步。左起：塞尔南、斯塔福德和约翰·扬。

时 49 分，"阿波罗" 10 号飞船搭载着 3 名宇航员点火起飞，这是当时最雄心勃勃同时也是最具冒险性的一次载人太空飞行。火箭升空 12 分钟之后，飞行任务控制中心报告说，"阿波罗" 10 号飞船已进入环绕地球的停泊轨道。

对飞船各系统进行彻底检查后，宇航员按指令开始执行下一个动作——进入地月转移轨道。"土星" IVB 火箭第三级的发动机点火，向后释放出最大的推力，将"阿波罗" 10 号飞船推入奔月轨道。火箭燃料耗尽后，约翰·扬将指令 / 服务舱与火箭分离，并完成 180° 转向，这样组合体可以面向火箭顶端的开口，此时登月舱"史努比"正在火箭上等待被取出。约翰·扬小心翼翼地驾驶着组合体与登月舱完成对接后，将它从火箭上取下。随后，他调转飞船，使其头朝前并沿着一条固定轨道奔向月球。

这次太空之旅还算顺利，宇航员把他们在飞船上的生活以及地球逐渐隐于他们身后的画面通过电视直播传回地面。3 天之后，飞船主发动机成功点火，把他们送入椭圆形环月轨道。塞尔南评价说："这台发动机实在是太出色了"。之后，发动机还将再次点火，让飞船进入预期的 111 千米的圆形环月轨道。

在月球轨道上飞行到第九圈时，斯塔福德和塞尔南穿上轻软的太空工作服，从指令舱与登月舱之间的连接通道飘入登月舱，然后开始对登月舱进行长时间的充电。又飞行了 3 圈后，一切准备就绪，他们收到指示后开始与指令舱分离。约翰·扬负责 2 个舱的分离程序。当对接锁打开后，约翰·扬小心地驾驶着指令舱"查理·布朗"向后撤并离开登月舱"史努比"。宇航员完成了对登月舱的全面检查，"史努比"下降级上的发动机按时点火，约翰·扬在暂别同伴时说，"再见，6 小时后我们回来见"。塞尔南答道，"在我们离开期间，祝你一切顺利"。

下降级发动机按计划完美点火并工作了 59 秒，把他们送至一个很低的月球轨道上。塞尔南后来在其回忆录《月球上的最后一个人》(*The Last Man on the Moon*) 中写道：

我们快速冲下来，高度越来越低。月亮已不再是一个大灰球，她变平了，我们看到了她的地平线。现在，我们看上去好像正飞行在亚利桑那的沙漠上空，但是，没有那块地球沙漠曾有过这样的地貌。我们原来向下看到的那些环形山，现在展现出真容，险峻的山脉看上去令人生畏，好像我们就飞在这些峰峦之下。这块区域岩石林立，大小不一，阳光在峡谷峭壁两侧之下投出了一道道长长的阴影，这里的最高处看起来都高过了我们这个"小飞虫"的飞行高度。[12]

在下降过程中，斯塔福德和塞尔南还从月球上空惊奇地看到"地球升起"的壮观景象，那是一幅让此前"阿波罗"8 号飞船宇航员惊叹的一幅画面。进入月球低轨道后，他们就开始执行规定任务了，其中最重要的一项是在月面静海区域（the Sea of Tranquillity）为"阿波罗"11 号飞船未来可能的着陆地点进行拍照。当"史努比"上的计算机对月表持续探测时，他们也对登月雷达进行了测试，准备"抓住"可能影响后续"阿波罗"飞行任务的任何问题，因为在实际着陆月面之前，那些宇航员要做的与他们 2 人现在做的完全一样。

时间飞快，已经到了要返回预定会合点与待在指令舱上约翰·扬会合的时间了。登月舱的下降级此时被抛掉，他们开始为上升级发动机点火做准备。而这时事情突然变得乱套了。斯塔福德和塞尔南乘坐的上升级开始不断翻滚、跳动并向下俯冲，"史努比"好像完全疯掉一样。舱上雷达原本要引导他们飞向指令舱，而现在却锁定了一个大目标——月球。他们遇到了极大的麻烦。接下来的 15 秒非常惊险，在他们在努力解决问题时，飞行控制中心通过麦克风给他们提出了一些选择性建议。尽管晃动很剧烈，斯塔福德还是设法关闭了舱中计算机系统并切换到手控模式。后来表明，如果失控状态再持续 2 秒钟，他们很可能会撞到月面。

斯塔福德向高度紧张的飞行控制中心报告，说问题已经得到解决。尽管遇到了刚才发生的问题，但他们仍然按时打开了上升级的发动机。在"史努比"与"查理·布朗"分离 5 个半小时后，它再次飞回并与"查理·布朗"成功对接在一起。当再次飞到月球背面时，"史努比"被抛掉。之后，3 名宇航员，包括已经精疲精疲力竭的斯塔福德和塞尔南，都仰坐在座位上睡了 9 个小时。

在月球轨道飞行了 31 圈后，指令 / 服务舱主发动机再次点火，"阿波罗"10 号飞船踏上了归途。在这次飞行中，所有任务几乎都完成了。经过 55 小时的飞行后，临近再入大气层阶段，此时服务舱也被抛掉，指令舱调转方向让底部面对大气层。再入过程十分顺利。在经历了 8 天 3 分 23 秒史诗般的飞行之后，指令舱带着主降落伞溅落在美国海军"普林斯顿"（Princeton）号航空母舰附近的大洋中。

全美举国欢庆，NASA 上下更是欣喜万分。尽管在飞离月球上空时计算机系统出了点问题，但原因很快就被查明并得到了及时纠正，"登月计划"可以继续了，下一次飞行将实施真正的月球着陆。现在，实现伟大壮举的时刻已经到了："阿波罗" 11 号飞船。

第 7 章

伟大的飞跃

1969 年 2 月 9 日晚，NASA 正式宣布了拟于 7 月执行"阿波罗"11 号飞船任务的宇航员名单。此时距离艾伦·谢泼德执行美国第一次载人太空飞行已过去了 8 年时间。这是"阿波罗"计划的第五次载人飞行任务。如果前两次准备阶段的飞行任务——"阿波罗"9 号和"阿波罗"10 号不遇到严重问题，那么"阿波罗"11 号的宇航员们将首次尝试在月面着陆。这也意味着已故的肯尼迪承诺的在 20 世纪 60 年代末之前的历史性目标仍将如期实现。次日上午，NASA 在位于休斯敦的载人飞船中心举行的新闻发布会上向外界公布了"阿波罗"11 号的宇航员。

根据 1969 年 2 月 24 日 NASA 载人飞船中心《综述》(*Roundup*) 杂志，在"阿波罗"计划中，虽然"阿波罗"11 号飞船被视为最早可能执行登月任务的飞船，但另一种情况仍可能存在，即此前的"阿波罗"9 号和"阿波罗"10 号中任何一次出现问题，都可能需要"阿波罗"11 号飞船执行"一次替补任务"，"这样，真正的登月任务就只能等到下一次了"。[1]

遴选"阿波罗"宇航员与遴选"双子座"宇航员的标准都一样，十分严谨，要综合考虑多种因素。宇航员的遴选工作从 1963 年 10 月就开始了。德凯·斯莱顿被任命为飞行乘组运行部门的主管助理，同时负责宇航员办公室管理工作，他曾搭乘"水星"号飞船遨游太空并安全返回地面。这个岗位赋予他独立遴选飞行乘组的职责。当然，他做出决定后还要经过

执行"阿波罗"11号登月任务的3名宇航员，左起：尼尔·阿姆斯特朗、迈克尔·柯林斯、埃德温·奥尔德林。

NASA总部的同意。在"双子座"3号的开始阶段，最初的指令长艾伦·谢泼德因患慢性病而无法胜任此项任务，斯莱顿就打算选择格斯·格里索姆担任指令长，与宇航员弗兰克·博尔曼搭档。但不久他意识到，这两个人个性太强，很难相容。如果让他们在飞船狭小的空间中一起工作，随时都可能引发灾难性后果。为谨慎起见，斯莱顿将博尔曼安排到下一次任务中，而让约翰·扬与格斯·格里索姆搭档，从而组成了一个非常和谐的飞行乘组。

　　此后，斯莱顿在选择飞行乘组成员时，都会首先考虑每名宇航员的职业操守、操作技能以及工作能力是否与目标任务相匹配，而包容性则是其中一个关键因素。后来他又制定了一项正式规定：首先，执行一项飞行任务时，乘组成员要能相互替补；其次，一个乘组完成飞行任务后，在接下来的两次任务中要轮休，然后再担任第三次飞行的主乘组。在"双子座"和"阿波罗"计划中，尽管因伤病或退休等个体原因，一些乘组出现了一些人员的调整，但这项规定还是被很好地执行了下去。

　　乘组轮换制度意味着阿姆斯特朗、奥尔德林和柯林斯将成为"阿波罗"11 号的主乘组。最初，登月舱驾驶员是弗雷德·海斯（Fred Haise），后来他被分到另一个乘组，由柯林斯顶替了他，但柯林斯承担的是指令舱驾驶员职责，奥尔德林便从指令舱驾驶员改为登月舱驾驶员，这样奥尔德林就有机会在月球漫步了。尽管当时他们被定为可能执行首次登月任务的乘组，但这绝不是一件板上钉钉的事，因为在真正执行前，随时都可能出现意想不到的问题。

机缘巧合的"阿波罗"11 号乘组

　　"阿波罗"11 号的 3 名宇航员都在"双子座"系列飞船上单独执飞过一次任务。尼尔·阿姆斯特朗被任命为"阿波罗"11 号飞行任务的指令长。1930 年 8 月 5 日，阿姆斯特朗出生于俄亥俄州的沃帕科内塔，妻子是来自伊利诺伊州的珍妮特·希罗恩（Janet Shearon），夫妇 2 人育有 2 子 1 女，两个儿子分别叫埃里克和马克，女儿叫卡伦，但幼年夭折。阿姆斯特朗之前曾是从事 X-15 飞机研究的飞行员，后成为海军飞行员，参加过朝鲜战争，之后又到印第安纳州普渡大学继续完成大学学业，1955 年 2 月获得航空工程硕士学位。毕业后，他在刘易斯飞行推进实验室工作，该实验室隶属于美国国家航空咨询委员会。1958 年，该实验室更名为美国国家航空航天局刘易斯研究中心；1999 年，又以"水星"号宇航员先驱之名再次更名为约翰·H.格伦研究中心。在这里，阿姆斯特朗从事的是包括贝尔 x-1b 试验机（Bell x-1b）在内的大量高性能飞机的试飞工作。1958 年后期，他成为 NACA 的 X-15 火箭飞机项目最早的 3 名飞行员之一。1960—1962 年，他执行过 7 次火箭飞机的飞行任务，却从未成功跨过太空边界，美国空军认可的太空界限是距地面 80 千米的高度。[2]

有一段时间，阿姆斯特朗参与了美国空军的 X-20 动力—滑翔器（Dyna-Soar，Dynamic Soaring）项目，这个项目是用来设计开发三角翼飞行器的，这种飞行器可执行多种军事作战和侦查任务。三角翼，以希腊大写字母"Δ"（delta）命名①，后来被应用于美国航天飞机上。

这架暗黑色的动力—滑翔器（The matt black Dyna-Soar）将被放在"大力神"ⅢC 型火箭顶端发射到地球轨道上。飞行任务完成后，它将通过滑翔方式降落在跑道上。后来，美国的航天飞机基本上是以同样的方式发射和返回的。由于该项目成本高昂，加之备受质疑的潜在军事用途，1963 年 12 月，X-20 动力—滑翔器项目被取消了。

1962 年，在 X-20 项目被放弃之前，阿姆斯特朗参加了 NASA 宇航员的选拔和培训，并成为九组中第二小组（the nine-strong Group 2 contingent）的一员。一开始，他担任的是"双子座"5 号的后备指令长，与驾驶员埃利奥特·西伊（Elliot See）搭档；之后作为"双子座"8 号指令舱驾驶员，他和斯科特一起完成了自己的首飞。1966 年 3 月 16 日，他们 2 人搭乘"双子座"8 号升空入轨，与在轨运行的无人驾驶目标飞行器"阿金纳"会合后，首次完成了对接任务。对接后，飞船的一台火箭发动机发生故障，导致飞船出现剧烈旋转，他们被迫与"阿金纳"脱离。之后，2 人重新操控了这艘"双子座"飞船，并根据指令放弃了剩余任务，顺利返回地面。

接下来，阿姆斯特朗担任了"双子座"11 号的后备指令长。完成这次任务后，他又被任命为"阿波罗"8 号的后备指令长。当时正值实施乘组轮换制度，这意味着"阿波罗"8 号主乘组完成飞行任务后，阿姆斯特朗就会

---

① 三角翼，形似希腊大写字母"Δ"（英文：delta，中文：德尔塔），因此其英文称为"delta wing"。——译者注

成为"阿波罗"11 号主乘组的指令长。

在阿姆斯特朗的乘组中,登月舱驾驶员是埃德温·E. 奥尔德林。1930年 1 月 20 日,奥尔德林生于新泽西州的一个军人家庭。其父亲是一名航空公司经理,曾是美国空军飞行员,他母亲是马里昂(Marion),其姓氏恰巧是"月亮"(Moon)。继承了家庭的军人传统,奥尔德林考进了西点军校,1951 年本科毕业。毕业后到美国空军服役并被派往朝鲜战场。3 年后,他与琼·阿彻(Joan Archer)结婚,1959 年进入麻省理工学院深造,1963年撰写了载人飞船空间交会技术方面的论文,获得航空航天学博士学位。在此前一年,他已经参加了 NASA 宇航员的选拔,希望成为 NASA 的第二名宇航员,但因没有通过飞船驾驶员资格测试而未能如愿。[3]此时,他与琼已经有 3 个孩子:贾尼丝、詹姆斯、安德鲁。当 NASA 宣布选拔第三批宇航员时,奥尔德林成功入选了,并于 1963 年 10 月成为 14 名 NASA 新宇航员中的一员。

经过 3 年培训,奥尔德林接受的第一次任务是作为"双子座"10 号的后备驾驶员,同组的飞行指令长是洛弗尔。洛弗尔此前曾执行过"双子座"7 号飞船的飞行任务。在当时实行的乘组轮换制度下,这也意味着该后备乘组将轮空两次飞行任务,然后成为下一次飞行任务的主乘组——理论上是"双子座"13 号飞行任务。但那个任务实际上并不存在,因为"双子座"系列任务只有 12 个,这意味着他没有机会去执行"双子座"飞行任务。对此,奥尔德林深感失望。1966 年 2 月,在密苏里圣路易斯发生了飞机失事事故,"双子座"9 号主乘组成员埃利奥特·西伊以及查尔斯·巴西特不幸罹难,而奥尔德林却因此交了好运。这就是说,斯塔福德和塞尔南这个后备乘组将变为"双子座"9 号的主乘组,随后的乘组人员重新调整,洛弗尔和奥尔德林变为这次任务的后备乘组。如此一来,他们将成为最后发射的"双子座"12 号的主乘组。[4]

这两名宇航员出色地完成了"双子座"系列飞行的最后一次任务。这次任务于 1966 年 11 月 11 日发射升空，在 4 天的飞行期间，奥尔德林成功完成了 NASA 的首次真实太空行走，进行了 5.5 小时的出舱活动，完成与其他飞行器的轨道交会任务。这些经历使他最终有幸承担起了"阿波罗"11 号登月舱驾驶员的职责，与其一同执行任务的就是前 X-15 火箭飞机项目的飞行员、"双子座"8 号任务指令长尼尔·阿姆斯特朗。

迈克尔·柯林斯，1930 年 10 月 31 日出生于意大利的罗马，美国驻意大利使馆武官詹姆斯·柯林斯（James Collins）少将的小儿子，母亲是弗吉尼亚·柯林斯（Virginia Collins）。很巧合，3 名"阿波罗"11 号宇航员都生于 1930 年。随父母返回美国后，柯林斯进入西点军校学习，1952 年毕业。之后，他选择进入美国空军服役。1957 年，他与来自波士顿的帕特西亚·芬娜根（Patricia Finnegan）结婚，两人育有 3 个孩子：凯西、安妮和迈克尔（小）。经过几次不同工作的历练和数次升职后，柯林斯于 1960 年 8 月被派到空军实验飞行试飞员学校（the Air Force's Experimental Flight Test Pilot School）60c 班学习，在那里，他参加了多次课堂交流会，执行过多种型号飞机的试飞任务，并对飞机性能做出评估。在他的教员中，有一位就是后来的宇航员汤姆·斯塔福德（Tom Stafford），他的两名同班同学弗兰克·博尔曼和詹姆斯（吉姆）·欧文（Jim Irwin），后来也都成了宇航员。完成学业后，他被派往加利福尼亚爱德华兹空军基地，从事新型战斗机的试飞工作。1962 年，他进入同在爱德华兹的航天研究飞行员学校（the Aerospace Research Pilot School），为可能承担未来太空军事飞行任务接受训练，1963 年 5 月学习结束。此后，他留在爱德华兹空军基地担任试飞员，直到应选加入 NASA 的宇航员队伍，成为 NASA 的第三组宇航员，同组的另一位宇航员则是他在未来"阿波罗"11 号乘组中的同伴奥尔德林。

他与约翰·扬是"双子座"7 号的后备宇航员，而约翰·扬曾与格斯·格里索姆一起执行过"双子座"计划的首飞任务。此后，柯林斯与约翰·扬承担了"双子座"10 号的飞行任务。这艘飞船于 1966 年 7 月 18 日从肯尼迪航天中心发射升空。在执行此次任务期间，他们完成了与"阿金纳"无人目标飞行器的交会对接任务。之后与他们"阿金纳"飞行器脱离，并再次追上这艘飞行器，又一次完美地完成了交会任务。随后，柯林斯出舱进行了两次太空行走。

1966 年 9 月，柯林斯入选"阿波罗"飞行任务第二乘组的后备乘组，承担登月舱驾驶员职责，同组的指令长是弗兰克·博尔曼，指令舱驾驶员为汤姆·斯塔福德。然而，3 个月后，柯林斯又被分到了"阿波罗"飞行任务的第三乘组，将首次搭乘"土星"V 巨型火箭升空。1967 年 2 月，"阿波罗"飞行任务的第一乘组减员，导致其后几个乘组人员出现调整。同年 11 月，NASA 宣布柯林斯为"阿波罗"8 号的指令舱驾驶员，同组的还有指令长博尔曼以及登月舱驾驶员安德斯。1968 年，柯林斯发现自己的双腿有些不适，医生确诊是颈椎间盘突出症引起的问题，需要通过手术将受影响的两块椎骨融合起来。治疗使他不得不离开"阿波罗"8 号乘组，由洛弗尔取而代之。斯莱顿对柯林斯错过"阿波罗"8 号绕月飞行任务十分遗憾，觉得一旦有合适的任务，就应首先给他一个位置。[5] 随着柯林斯完全康复，他就入选了另一个乘组，成为"阿波罗"11 号指令舱的驾驶员。

首次登上月球

1969 年 7 月 16 日，星期三，一百多万激动的民众聚集在肯尼迪角，露营在小汽车、面包车以及帐篷中，等待见证强大的"土星"V 火箭搭载着"阿波罗"11 号飞船发射升空，开启其月球之旅。看台的贵宾中，有被誉为美国"孤独雄鹰"（Lone Eagle）的查尔斯·林德伯格，他是首次单独完成横跨大西洋不着陆飞行的人。那一天，来自全球各地的数千名新闻记者、摄影师在现场忙着调试设备，准备进行报道。随着发射倒计时的开始，全世界约有 10 亿人在电视机前收看了实况转播。后来，记者约翰·曼斯菲尔

1969 年 7 月 16 日，"土星" V 火箭发射搭载着"阿波罗"11 号宇航员开启了月球之旅。

德（John Mansfield）记述了这个历史性瞬间：

佛罗里达，上午9点32分前8.9秒时，"土星"V火箭第一级5台发动机按计划精准点火，伴随着震耳欲聋的巨大轰鸣，这枚巨大的月球轨道火箭产生了760万磅（1磅力=4.45牛顿）的推力。9点32分，来自任务控制中心沉稳而自豪的声音响起："起飞！"刹那间，移动发射塔臂退开，5万加仑（1加仑=3.79升=0.0038立方米）冷水瞬间涌出以冷却发射塔架基座，防止火箭喷出的炽热火焰将其熔化。在塔架下方的导流槽中有特殊的火焰导流装置，能吸收发射时产生的全部热量。尽管有巨量水体的冷却，但导流槽所用的耐火混凝土和涂有火山灰的表层仍被烈焰烧结成了玻璃状。[6]

起飞几分钟后，"土星"V火箭的第一级耗尽燃料后成功分离，随后火箭第二级发动机点火，将"阿波罗"11号飞船推到近地轨道高度。火箭第二级燃料用完后也被抛掉，随后火箭第三级开始工作。不久，乘组报告飞船成功入轨。

进入地球轨道后，飞船飞行了1圈半。这期间，飞船乘组和地面控制人员仔细对飞船各系统进行了检查验证。之后，"土星"V火箭第三级再次点火，将阿姆斯特朗、奥尔德林和柯林斯所乘飞船推离地球轨道，进入地月转移轨道。此时，飞船正以每小时4.4万千米的速度飞行。不久，飞船上的"哥伦比亚"号指令／服务舱（指令舱与服务舱的组合体，CSM）与火箭第三级分离，但处于折叠状态的"鹰"号登月舱还在火箭第三级上。指令／服务舱在柯林斯的操控下完成了180°转向，调头向后靠近火箭第三级。柯林斯操控这个组合体慢慢接入"鹰"号登月舱的对接装置，在确认形成硬连接后，他轻轻地从火箭第三级中取回了登月舱。成功完成这一步后，"阿波罗"11号就开始朝着月球飞驰。飞船按照计划顺利飞行着，宇航员们仰躺在飞船中，此时他们该好好睡上一觉了。接下来的一天，飞船执行了一次小幅轨道修正。当美丽的地球渐渐隐于身后茫茫太空时，3 名宇航员在飞船上进行了一次电视直播。

在太空飞行 3 天后，飞船主发动机开始点火工作近 6 分钟，使背向月球飞行的飞船减速，以便被月球引力捕获。再经过 4 小时多一点的时间，发动机再次短暂工作，使飞船速度稳定下来并开始进入近圆形环月轨道。

一切准备就绪后，阿姆斯特朗和奥尔德林与柯林斯道别，后者将独自一人留在"哥伦比亚"号指令舱中。他们两个人成功进入狭小的"鹰"号登月舱中，关闭了身后的舱门。再次检查确认一切正常后，他们开始给登月舱系统加电，展开折叠的着陆架，随即与"哥伦比亚"号指令舱分离。柯林斯操控指令舱撤离至一个安全距离。此时登月舱的状态是"脚"在前，"头"在后。当阿姆斯特朗和奥尔德林打开登月舱降落发动机后，他们开始朝着月球表面下降。

直到此时，一切进行得都很平稳，没有出现任何问题。但是，当两个小心谨慎的宇航员向月面降落时，报警器开始反复出现"1202，1202"这样的警报数字，他们突然有些不知所措。在动力减小过程中，一共响起数次"1202"警报和一次"1201"警报。实际上，电脑发出的警报是在提示乘组，此时电脑过忙，需要重启程序。尽管电脑总是可以自我调整的，但仍不免让很多人在脑海中闪过"放弃"这个词。幸运的是，在地面任务控制中心，许多飞行控制人员在此前数月的模拟演练中都遇到过同样的异常情况，担负引导降落职责的史蒂夫·贝尔斯（Steve Bales）（他可以要求放弃着陆）恰好知道这种警报的含义，因此他没有下令中断着陆。每当这种警报响起时，贝尔斯总是冷静地告知阿姆斯特朗和奥尔德林："继续"。

由于导航出现了微小误差，加之降落速度快得令人无法及时做出反应，将要着陆的地点已超出预定位置约 6.5 千米，飞船正朝着一个布满岩石的巨大陨石坑落去。飞船上的宇航员们也已经注意到这种情况，他们知道如果登月舱降落在一个坡度过大的月面上，也许将无法再次起飞返回。为避免这种情况，他们得寻找一个更合适的地方降落，然而，这也意味着要进一步消耗登月舱的宝贵燃料。阿姆斯特朗后来回忆：

当我最终能看清将要降落的地点时，才发现我们当时所处的高度过低，无法远望确认任何有效的月表陆标，下面是一个令人叹为观止的巨大陨石坑，当时并不能确认这是哪里，后来证明这里就是"西陨石坑"（West Crater）^①。随着登月舱逐渐接近月表，我们觉得自动降落系统似乎会带我们落到那个陨石坑以外的区域。当我们降到距月面不足 1000 英尺（1 英尺 = 0.3048 米）高度时，我们已确信自动系统将使我们落在陨石坑外一个布满岩石的地方，那里并不是理想的着陆点。那里的巨石着实令我惊讶，有些就像小汽车那么大。在那一刻，我们似乎马上就要撞上这些石头了，而此时时间过得飞快。[7]

立即切换到手动操作模式，阿姆斯特朗的经验和技能派上了用场。凭借多年驾驶速度最快的喷气飞机翱翔蓝天时练就的机敏反应，他冷静地操纵登月舱飞离那个陨石坑。虽然他们每次向休斯敦报告飞船移动情况时，话语中都带着自信，但问题并未真正解决——没有合适的地点着陆。附近月面上，巨石及其表面脱落的碎屑到处都是。宝贵的燃料即将耗尽，这将成为一个严重的隐患。

奥尔德林继续以沉稳而清晰的声音向阿姆斯特朗报告着导航数据："30英尺，出现模糊阴影"。位于休斯敦的飞行任务控制中心也发出了警告："30 秒（可用的剩余燃料）"。

---

① 西陨石坑（West Crater），因该陨石坑地处预定降落点以西而得名。——译者注

当悬挂在登月舱下面的长探针触及月表时，一位焦急的飞行任务控制员传来呼叫："着陆灯亮起！好了，发动机关闭。降落发动机手控指令撤除"。他希望听到奥尔德林的回话。此时，阿姆斯特朗驾驶登月舱已轻轻降落在月球的"静海"（Sea of Tranquillity）区域。之后，他深深吸了一口气，随即向任务控制中心报告："休斯敦，这里是静海基地，'鹰'号登月舱已着陆"。

好险！在登月舱推进器关闭时，所剩燃料只够用几秒钟的时间了。假如在推进器关机前燃料真的耗尽，"鹰"号登月舱就会径直砸向月面。"明白……，静海，收到"。从飞行任务控制中心传来了宇航员查理·杜克（Charlie Duke）的声音，他如释重负，但舌头有点儿打结，"你们让大家紧张死了，现在我们可以喘口气了，多谢"。阿姆斯特朗和奥尔德林相互祝贺了一番，随后迅速做好了登月舱紧急飞离月面的准备工作。当然，此时似乎一切都很好。

登月舱是用蜂窝状结构的轻质铝金属制作的，目的是利用着陆时该结构易于塌陷的效果吸收冲击力。根据预设程序，当"鹰"号登月舱距月面只剩几英尺高时，阿姆斯特朗应当关闭发动机。但实际上，阿姆斯特朗在月面着陆时太轻，降落支架根本没有被压缩，从而让登月舱驾驶室距离月面的高度比计划多了数英尺。

根据飞行计划，接下来两名宇航员需要休息 4 小时，但阿姆斯特朗一刻也没有歇息。一切都在按计划顺利进行，登月舱状态良好，两人毫无睡意。阿姆斯特朗请求早点出舱，飞行任务控制中心最后批准了。

出舱前，仍然有大量的检查工作要做，另外还要穿戴好一整套适于舱外的宇航服，这是此前已演练过的步骤。他们渴望尽快踏上月面，但不能有丝毫疏忽，必须做到万无一失。在"鹰"号登月舱降落月面 6 小时 21 分钟并完成舱内减压之后，阿姆斯特朗终于打开了向内开启的飞船舱门；他放下细长的登月舱舷梯，并在此过程中打开了一台电视摄像机。此时，全世界无数家庭都守在电视机前，所有人都屏住了呼吸，耐心等待着，眼里充满了期盼与自豪。突然，首批粗糙的黑白图像幽灵般出现在了全世界的电视屏幕上（有那么一小会儿，影像是颠倒的），画面显示一个身着宇航服的人正小心翼翼地从一台笨拙的机器——"鹰"号登月舱上走下来。

登月舱的舷梯最后一级与月面的距离比计划高出许多，这意味着宇航员得从梯子慢慢跳到登月舱着陆架的支脚上。不过，月球引力只有地球引力的六分之一，做这种慢动作一点儿都不难。美国东部时间晚上 10 时 56 分，阿姆斯特朗报告说他已经站在着陆架的支脚上。当环顾四周时，阿姆斯特朗发现着陆架的支脚仅插入月壤一两英寸。"颗粒细小，粉末状"，他这样描述着月壤。

随后，阿姆斯特朗报告说他将走下着陆架支脚。此时，全世界都屏住了呼吸。他用右手抓住舷梯，伸出左脚，在月球表面坚实地踩下了人类的第一个脚印。此时，阿姆斯特朗说出了那句载入史册的名言："这是个人的一小步，却是人类的一大步"。

此时，全世界都欢呼起来，不管是坐着还是站着的人，都被亲眼见证的历史所震撼。他们注视着阿姆斯特朗朝更远区域继续探索，收集起一些临时性月壤样本，放入宇航服左腿的裤袋中。大约 20 分钟后，同伴奥尔德林也加入进来，开始了月球漫步，他对自己看到的周围景象十分惊奇，称之为"壮美的荒芜"。

还有些仪式性工作要做。第一件，揭掉安装在登月舱一个着陆支架上的饰板，露出事先写在上面的文字："来自地球的人类第一次踏上月球，公元 1969 年 7 月。我们为全人类的和平而来"。他们还将一面美国国旗插在了月壤中。两人都报告说在月球上行走毫不费力。刚开始时，他们还小心翼翼，后来有了信心便跳着走起来，甚至在登月舱前还做出了"袋鼠跳"的动作。这期间，他们铲起了一些月壤和岩石样本，架设了实验仪器，以便向地球发送相关数据。

在月球上留下的脚印。

此时，地面控制中心通知两名宇航员，准备收听时任美国总统尼克松的电话录音。尼克松说，"通过你们的壮举，天宇已成为人类世界的一部分。因为你们正在月球上有人类足迹的地方与我们交谈。'静海'将激励我们更加努力，给地球带来和平与安宁。在这个全人类无比自豪的时刻，地球上的所有人真正成为一家人：大家一起为你们的壮举而骄傲，大家一起为你们平安归来而祈祷"。

奥尔德林安装好最后一台实验仪器，阿姆斯特朗也收集了大量样本，在返回"鹰"号登月舱之前，他们在月面又安放了被动地震检波器，用来记录可能发生的月震；另外还架设了激光测距器，用来测量月面与地面之间的精确距离。他们把收集好的样本抬入登月舱后，奥尔德林首先爬回了舱室，阿姆斯特朗紧随其后，然后关闭、锁紧身后的舱门。整个舱外活动共耗时2个半小时多一点，行走的距离共约1千米。阿姆斯特朗还曾漫步至距登月舱60米远的地方去探查一个较大的陨石坑。他们将带回21.55千克的月岩和月壤。

安全进入"鹰"号登月舱后，两位宇航员虽然有些疲惫但仍异常兴奋，他们完成了舱内增压，收起自己的舱外宇航服。安顿好后，他们准备去睡个囫囵觉——阿姆斯特朗躺在绑于舱内的简易吊床上，奥尔德林蜷缩着身

这是 20 世纪最吸引眼球、最具标志性的一张照片。照片中的宇航员是奥尔德林，阿姆斯特朗的影像恰好映在奥尔德林的头盔面罩上。

"鹰"号登月舱在返回月球轨道的途中，它将与"哥伦比亚"号指令舱进行会合。

体躺在舱内地板上。睡醒之后约 5 小时，他们开始准备返回月球轨道，准备与柯林斯驾驶的"哥伦比亚"号指令仓对接。

上升级发动机按预定时间准时点火，然后托举着"鹰"号登月舱腾空而起，被抛掉的下降级平台则留在身后的月球表面。上升级的速度很快，仅仅几秒钟，"鹰"号登月舱就升至很高的位置，准备执行与"哥伦比亚"号指令舱的交会对接程序。在交会对接的最后阶段，柯林斯注视着右侧悬窗，他能清晰地看到"鹰"号正逐渐接近"哥伦比亚"号。现在，他的任务就是引导"哥伦比亚"号的对接机构插入位于"鹰"号底部的对接口。之后，对接机构前端 3 个锁紧装置把两个舱段连在了一起。美国东部时间下午 5 时 40 分，飞行任务控制中心开始接管"阿波罗"11 号飞船，这表明两个飞行器已经对接成功。"有了同伴真好！"指令舱里的柯林斯感叹道。[8]

两位月球漫步者脱去太空服和身上其他许多沾有月壤的用具，并将它们打扫干净。然后，他们将脱下来的衣服和用具，收集来的月岩、月壤样本，以及其他设备转移到指令舱内。对接后 4 个小时，位于两个飞行器之间的两个舱门已完全封闭，安装在对接环周围的少量炸药被引爆，"鹰"号登月舱慢慢飘离而去，尽管它曾是许多研制者的杰作，但在月球轨道飘荡数周后，最终的命运是撞向月球表面，而具体的撞击位置至今仍无法确定。

不久，当"阿波罗"11号飞到月球背面时，柯林斯开启了服务推进系统（SPS）的发动机，开始了返回地球之旅，这需要飞船飞行2天半的时间。在整个返回途中，他们要进行一次中途轨道修正，并抛掉服务舱。

从肯尼迪角发射的那一刻算起，8天零3小时18分钟35秒后，"阿波罗"11号的"哥伦比亚"号指令仓溅落在夏威夷西南1480千米的太平洋上，落点位置距离主回收船——"大黄蜂"号航母仅有19千米。飞船溅落后不久，海军蛙人从一架守候在这一区域的直升机上降下来，用一根浮绳拴住摇摆中的飞船，保持其正面朝上，防止它沉没海中。

在确认安全后，宇航员们从里面打开了"哥伦比亚"号的舱门，救援人员递进来3套生物隔离服，因为不能确定他们身上是否会带着月球的有害细菌。当他们从舱内出来后，工作人员还用聚维酮碘（povidone-iodine）[1]溶液对3名宇航员进行了擦洗。之后，他们被直升机转送至"大黄蜂"号航母上，在那里，3位宇航员将在一个移动医学隔离房（基本相当于一个改进的负压空气车）内进行隔离。尼克松通过隔离房的玻璃窗向他们表达问候。之后，载着3位宇航员的隔离房被运输机送回美国本土。在国内，他们还需隔离3周，在医生对他们身体进行医学消毒处理后，才可和家人重聚。

肯尼迪在1961年对美国人民的承诺最终兑现了，人类取得了史无前例的伟大的科学成就。正如尼克松在亲自迎接"阿波罗"11号宇航员返回地球时所说的，"这是开天辟地以来人类历史上伟大的一周"。

邂逅闪电

NASA的第二次登月任务危机四伏，起飞后不久几近夭折。"阿波

---

① 原文"povidine-iodine"，有误，应为"povidone-iodine"。——译者注

"阿波罗"12号宇航员：康拉德、戈登和比恩。

罗"12号上的宇航员都来自美国海军，这艘飞船于1969年11月14日，从佛罗里达肯尼迪航天中心39A发射台发射升空。火箭上升时天气糟糕，乌云翻滚，大雨倾盆。在这种情况下做出继续发射的决定，也许有尼克松亲临现场的因素，但实际上，这样的天气应该不会对发射产生实质性影响。

发射后的第36.5秒和第52秒，由于被两道闪电意外击中，火箭受到严重的电子干扰。第一次，一道落地闪电的放电，触发了飞船驾驶舱中的警告指示灯和报警器。通讯中断，仪器和时钟运行出现混乱，3个燃料电池全部断电。第二次被未落地的云中闪电击中，导致"土星"V火箭导航系统关闭，飞船中的所有断路器都亮起红灯。"我不知道出了什么问题，"指令长康拉德向地面任务控制中心报告说："这里的一切都停摆了"。

根据后来的飞行事故报告，NASA的马歇尔航天飞行中心解释道："飞船发射时正处于一个弱电环境中，这种环境的产生与一个弱冷锋气流正在经过航天中心上方有关"。后来的分析显示，这股弱冷锋气流对大自然而言虽然很弱，不足以引发闪电现象，但对火箭而言却很强。在这种环境下，火箭喷出的离子化导电气流弥漫开来时产生了电荷，引发了两道闪电。[9]在休斯敦地面控制中心，飞行控制员约翰·亚伦（John Aaron）的监视器上出现了一连串毫无意义的数字。他很快意识到，显示器上这些混乱的数字，在之前的一次无人模拟飞行中也遇到过，似乎是因电压波动造成的。他迅速向飞行主管格里·格里芬建议，让飞行乘组将信号调节装置切换到备用设备上，然后重启系统。幸运的是，登月舱驾驶员艾伦·比恩（Alan Bean）恰好知道出现这种问题的原因及切换开关的位置，能够手动重新调适惯性平台（inertial platform）。不久，系统重启，燃料电池恢复供电，约翰·亚伦从监视器上看到数据也随之恢复了正常。[10]

对于那次危及"阿波罗"12号飞行任务的事故，以及控制中心为恢复飞船飞行能力所做的拯救行动，NASA前飞行主管吉恩·克兰兹（Gene Kranz）在2005年谈道：

> 当时飞船处于死机状态，火箭正带着它急速飞向轨道，飞船中有我们的3名宇航员。唯一还在运转的就是火箭引导系统。飞行控制中心只有两分钟窗口挽救这次飞行任务。一名飞行控制员打来电话，要求重启飞船上的仪器设备。我们开始上传语音指令，验证化学反应物已流回到燃料电池中，并重新与他们恢复了联系。在那个2分钟窗口期内，我们要保障导航系统的安全。此时，我们已成功挽救了这次飞行。我们让飞船飞入轨道，对其进行仔细检查，通过在轨多飞一圈，延迟了飞船进入地月转移轨道的时间。完成这样大胆的步骤后，我们决定让他们继续飞向月球。[11]

飞船乘组和地面人员对飞船的检查结果都表明，飞行可以继续。3位宇航员康拉德、比恩和指令舱驾驶员戈登，终于能够集中精力进入地月转移轨道，朝着此行的目的地——月球的风暴洋区域——进发。

11 月 19 日，康拉德和比恩在月表"勘测者陨石坑"（Surveyor Crater）的西北边缘成功着陆。实际上，这次着陆十分精准，着陆点距离"勘测者"3 号探测器仅有 182 米远。"勘测者"3 号是一艘无人探测器，于 1967 年 4 月 2 日在月球表面着陆。

康拉德身高 5.5 英尺，以幽默著称。刚踏上月球时，他显然比尼尔·阿姆斯特朗当初要轻松一些。他高声嚷道，"哇！这一步对尼尔来说也许是一小步，但对我来说却是一大步"。他在月面上跳着蹦着。随后踏上月面的比恩开始架设彩色电视摄像机，准备拍摄他们在月球上的各种活动。但是，当他准备把摄像机固定在三脚架上时，却意外地把镜头直接对准了太阳，结果强烈的阳光将摄像机传感器立刻烧坏了。在地球上，电视机前的观众除了眼前的黑屏外，根本无法看到宇航员在月面活动的影像。

他们在月面上的第一次出舱活动持续了 3 小时 56 分钟。在此期间，康拉德和比恩在月面插上了一面美国国旗，收集了一些月岩样本，安装了首个"阿波罗月面实验设备箱"（Apollo Lunar Surface Experiments Package，ALSEP），里面有实验用的各种仪器设备。在第二次出舱活动中（第二天，持续了 3 小时 49 分钟），两名宇航员查看了两年前落在这里的"勘测者"3 号无人探测器，拆除了上面的一些部件，以便带回地球进行分析研究。

在月面总共停留 31 小时 31 分钟后，"无畏"号登月舱在一片扬尘中点火飞离月面，朝着戈登驾驶的"洋基快艇"（Yankee Clipper）号指令舱飞驰。起飞 3 小时 30 分钟之后，登月舱与指令舱实施了交会对接。对接后，康拉德和比恩想直接回到指令舱中，戈登看到他们时却一脸惊骇，他看到他们的宇航服上沾满了月面尘土，意识到这些尘土颗粒会飞进指令仓、损坏舱内的精密仪器。他大叫道："你们不能这样进来，脱掉宇航服！"他们俩对视了一下，耸了耸肩，随即一件件地脱掉了身上的衣服。当他们最终飘进指令舱时，两人都乐了，因为他们已彻底赤身裸体了。

"阿波罗"12 号指令长康拉德在探查"勘测者"3 号探测器。在画面远处的月平线上，可看到"无畏"号（Intrepid）登月舱的身影。

　　这段小插曲过后，他们把登月所穿的衣服、收集的月球样本和使用的装备都从登月舱里转移了出来。"无畏"号登月舱被分离，之后会坠向月球。撞到月面时，"阿波罗"月面实验设备箱（ALSEP）中的月震仪记录到了这次撞击波，并将数据传回地面飞行任务控制中心。当然，"无畏"号登月舱的具体坠落地点，也与之前的"鹰"号登月舱一样，不得而知。

　　绕月球轨道飞行了 45 圈，带着飞行乘组的全部补给，"洋基快艇"号指令舱的发动机开始点火。"阿波罗"12 号乘组开始踏上回家的旅程。途中，他们还看到了一次壮观的月蚀景象。11 月 24 日，飞船溅落于太平洋，距离主回收船——美国海军"大黄蜂"号航母很近。之后，如同之前的"阿波罗"11 号乘组一样，康拉德、比恩和戈登也被转移到专门的隔离房中隔离 3 周，以确保他们不把任何有害微生物带到地球上。[12]

太空中的生存博弈

1970 年 4 月，全世界都经历了极为紧张和揪心的 4 天时间。"阿波罗"13 号宇航员们为了生存，在太空与一场意外灾难进行着战斗，他们要在飞船葬送自己之前，设法返回地球。在此过程中，全世界所有人的心都一直悬着。这是 NASA 的第三次登月任务，就在飞船发射 55 小时后，低温氧气装置发生爆炸，使服务舱的侧面遭到破坏，NASA 不得不放弃此次登月任务，紧急投入到史无前例的救援工作中，他们要在飞船氧气供应耗尽之前，让 3 名宇航员返回地面。尽管灾难导致"阿波罗"13 号任务目标未能成功实现，但却成就了一段战胜重重困难而奇迹般生存下来的史诗故事。后来，这个惊心动魄的故事被搬上了银幕。

在准备发射的前两天，飞行乘组出了一件事，指令舱驾驶员肯·马汀利（Ken Mattingly）不得不被换掉。早在两周前，这次飞行的首发乘组及后备乘组准备放松一下，与家人一起欢度出发前的最后一个周末。但随后发现宇航员家人中有一个孩子得了麻疹。飞行乘组所有宇航员都必须接受一次检查，以确定他们没有感染。检查结果表明，只有马汀利无法确诊。尽管他感染麻疹的可能性很小，但 NASA 可不愿意派一个有疾病隐患的宇航员去执行这次为期 10 天的飞行任务，因为在此期间他有可能发病。经过反复讨论，最终决定让后备乘组的指令舱驾驶员杰克·斯威格特（Jack Swigert）替代他。虽然马汀利后来被派去执行了"阿波罗"16 号飞行任务，但此时此刻，他不得不接受无法执行"阿波罗"13 号任务的情况。

1970 年 4 月 11 日，"阿波罗"13 号飞船发射升空，按计划将执行 10 天的月球往返飞行任务，其间指令长洛弗尔和登月舱驾驶员海斯将在月球的弗拉·毛罗（Fra Mauro）高地着陆。就在"土星"V 火箭把飞船送往太空的过程中，发生了一些事关任务能否继续执行的问题。NASA 飞行主管吉恩·克兰兹这样描述：

准备飞往月球的"阿波罗"13 号宇航员：指令长詹姆斯（吉姆）·洛弗尔、杰克·斯威格特和弗雷德·海斯。

对于继续执行这次任务，我们并没有经过仔细探究。火箭能释放出 750 万磅推力，这就是一种保障。因此，没有人想着做出改变或阻止任务执行。这种盲目自信让我们不想浪费每一秒时间，不想错失任何可能成功的机会。在火箭第二级飞行过程中，一台发动机失效了。我们立刻检查了剩余 4 台的状况，运行都很正常。随后我们便计算了这些发动机的关机时间，重新将数据上传给了飞行乘组。一切都照常运行，飞船进入了轨道。我们仔细检查了飞船在轨状态，两个半小时后，我们做出了让飞船继续飞往月球的决定。[13]

火箭发动机按时点火，指令／服务舱调整好姿态并与登月舱对接，一切都顺利完成，"阿波罗" 13 号开始进入与月球会合的飞行阶段。4 月 13 日晚，在太空飞行 55 小时之后，灾难突然降临，服务舱低温氧气装置的一个故障引发了严重爆炸，服务舱的侧面被撕裂。宝贵的氧气开始泄漏到太空。

灾难肇始于一个例行动作。"阿波罗" 13 号宇航员的地面同事、太空舱通信员（CapCom）杰克·洛斯马（Jack Lousma）提示斯威格特按下操控台上的一个开关，执行 "低温—搅动"（cryo-stir）程序，以传送服务舱低温氧气箱中剩余气量的数据信息。飞行乘组运行部主任德凯·斯莱顿后来解释道："我们推断低温氧气箱中有裸露的电线，可能是在发射前数周的几次地面测试期间，因工作失误导致电线绝缘层被破坏。'低温—搅动' 这个动作产生了火花，点燃了氧气箱中的氧气。当箱内压力过大时，就爆炸了……爆炸发生在服务舱的侧面"。[14]

起初，宇航员们认为可能是一颗流星或轨道上的太空垃圾撞上了飞船。但之后不久，他们就发现飞船中的氧气在快速流失。斯威格特从指令舱中向外观察并说道，"在我看来……我们似乎正在排放什么东西"。"这是一种气体"。当地面控制中心 "紧急、环境与补给管理系统"（EECOM）的红灯亮起时，传来了吉姆·洛弗尔的急促声音。他说，"休斯敦，我们遇到了问题"。这意味着要紧急中止此次登月任务。正如后来斯莱顿所说的："给指令舱供电的燃料电池很快就失效了。舱中气压开始下降。无论飞行主管吉恩·克兰兹和其团队如何努力，似乎都无济于事。'奥德赛'指令舱正在死去！"[15]

当地面控制中心疯狂地寻找挽救生命的各种办法时，飞行乘组一直很冷静，尽管如此，他们也知道自己遇到了大麻烦。吉恩·克兰兹回忆道：

第二天结束时，"阿波罗"13号的宇航员们距离地球已有20万英里远了，距离月球只有5万英里，很快就进入月球引力场，即他们将跨过地球引力边界，进入月球引力影响范围。在一个非常短的时间段内，也就是4小时左右，我们必须在两种放弃任务选项中做出抉择。一个是飞船飞到月球正面时返回，另一个是完全绕飞月球后返回。不管哪种，都得尽快做出决定，因为时间已经不多了。[16]

幸好，他们正处于飞往月球的过程中，而不是登月后的返回途中。此时，"宝瓶座"登月舱仍在飞船上。在最初的一阵恐慌消失后，大家开始不知疲倦地全力投入到艰苦的自救工作中。尽管疲劳与寒冷不断袭来，但宇航员们按照地面控制人员的建议，在飞到月球背面时及时点燃了发动机，开始返回地球。

没有了供电、供热，无法使用电脑和动力推进系统，洛弗尔、海斯和斯威格特被告知要疏散到登月舱中，将其作为一艘临时救生船，而且还要想办法净化这个狭小生存空间中不断累积的二氧化碳气体，这可是潜在的致命因素。地面控制中心已准许他们创造性地利用飞船内的一切东西来解决这个问题。

他们知道，伴随着每一次呼吸，他们3人正在让登月舱中的几个二氧化碳涤气器不堪重负。这些涤气器相当于一个装满氢氧化锂的过滤装置，

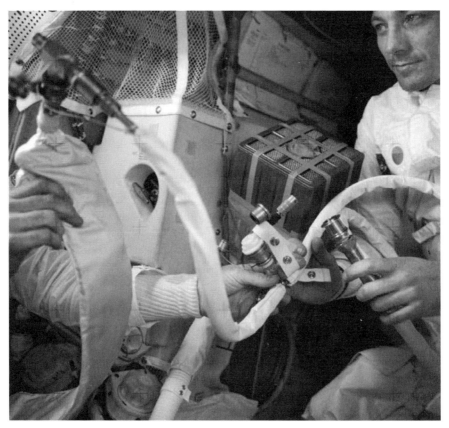

"阿波罗"13号宇航员不得不利用飞船上的一切可用材料,临时构建起生命保障设备。

用来吸收二氧化碳。空无一人的指令舱中还有几个涤气器,但它们与登月舱中的尺寸和形状不尽相同。登月舱中用的是圆形的,而指令舱中用的是方形的。在这种情况下,需要试着将方形接头安装在圆孔中。NASA的工程师们全力以赴,最终找到了一个只利用舱内设备就能解决问题的可行方案,并通过语音告诉飞船上的宇航员。渐渐地,宇航员们利用自己宇航服上的软管、导管带,甚至身上的袜子,成功地将指令舱中方形涤气器变形后接入了登月舱过滤系统的圆形接口中。

此时,宇航员们已筋疲力尽,缺乏睡眠,舱内还十分寒冷。在这种条件下,他们还得想办法储备能够聚集起来的少量电能,执行两次途中轨道修正任务。不过，他们都完美地做到了。

他们正与时间进行赛跑。4 月 16 日，宇航员们转移到"奥德赛"号指令舱内，给系统加电，抛掉了服务舱，他们第一次能够看清并拍到飞船受损的整体状况；正是因为受损严重，他们才不得不放弃此次登月任务。此后，又到了抛掉"宝瓶座"号登月舱（无疑，它曾挽救了他们的性命）的时候了，他们要准备返回地面了。"再见，宝瓶座，谢谢你！"心怀感激的洛弗尔一边注视着登月舱慢慢飘去，一边感叹道。这个曾经救命的登月舱不久将在坠入大气层时被烧毁。

带着祈祷，飞船载着 3 名宇航员成功通过了再入大气层后的剧烈燃烧阶段，随后进入了通信中断的黑障期。此时，太空舱通信员乔·柯温（Joe Kerwin）不停呼叫着"奥德赛……奥德赛……"，但没有任何回音。终于，杰克·斯威格特平静的声音传来，"好了，乔"。此时，地面控制中心的每一个人都松了口气，相互庆贺起来。这次能成功返回十分侥幸。陷入困境后 6 天多一点的时间，飞船终于在美国"硫磺岛"（Iwo Jima）号军舰附近成功溅落。3 名宇航员站在军舰的甲板上，虽筋疲力尽但十分兴奋，他们知道自己在太空中曾命悬一线，如果返回失败就可能因此而终结"阿波罗"登月计划。

探月退潮

在这场太空竞赛中，美国以"阿波罗"11 号成功登月的壮举取得胜利。但胜利的喜悦随后很快就消散了。随着越来越多的宇航员在月表留下了自己的足迹，曾经痴迷于这场伟大冒险的美国人对以后的"阿波罗"任务逐渐失去了兴趣。一些人甚至开始把问题抛给美国国会的议员们，他们想知道，在国内尚有许多紧迫的社会问题需要解决，为什么 NASA 在耗费巨资去收集一些月球石头。对许多美国人而言，宇航员们在月球上欢呼雀跃的场景正变得令人生厌。而公众对 NASA 登月计划的支持率开始大幅下滑。"阿波罗" 13 号飞行期间上演的戏剧性生死瞬间，充分表明了太空载人飞行任务的巨大风险。当宇航员们安全回到国内时，美国人对未来太空探索再次表现出普遍的漠然态度。

在"阿波罗" 13 号任务开始前的 1970 年 2 月，NASA 正面临经费预算短缺的窘境，因此，很不情愿地将"阿波罗" 20 号计划从计划任务单中裁掉了。已故总统肯尼迪是对的："让宇航员登上另一个星球，是一场耗资不菲的实践"。8 个月后，1970 年 9 月 2 日，随着经费预算再次被削减，NASA 还得再砍掉两次登月任务，"阿波罗" 18 号和 19 号任务被取消，登月任务目标重新进行调整，最后 3 次登月任务的编号变为了"阿波罗" 15 号、"阿波罗" 16 号、"阿波罗" 17 号。

在裁掉 3 个"阿波罗"登月任务 4 个月后，"阿波罗" 14 号飞船于 1971 年 1 月 31 日发射升空，成为第三个成功登月的太空飞船。指令长艾伦·谢泼德和登月舱驾驶员埃德加·米切尔（Edgar Mitchell）降落在月球的弗拉·毛罗高地，这里是此前"阿波罗" 13 号曾经要登陆的地点。位于休斯敦的月球与行星际协会（the Lunar and Planetary Institute）这样描述了该登陆区域：

> 着陆地点是一片开阔的山谷地带，位于弗拉·毛罗高地的放射性山脊与距离雨海盆地边缘大约 500 千米之间。哥白尼环形山是这里的主要山脉，位于着陆点以北 360 千米处。发端于哥白尼环形山的放射性纹理构造很明亮，覆盖了大部分着陆区域。最靠近着陆区域的月貌，主要特征是有一个年轻而斑驳的科恩陨石坑（Cone Crater），直径约 340 米，嵌入着陆区东侧山脊的风化层中。[17]

对于"阿波罗" 14 号指令长艾伦·谢泼德而言，再次进入太空是其长

艾伦·谢泼德作为"阿波罗"14 号的指令长重返太空。左起：斯图亚特·鲁萨，艾伦·谢泼德和埃德加·米切尔。

久的渴望。10 年前，他成为第一位飞入太空的美国人，但在太空停留的时间只持续了 15 分钟。在戈登·库珀搭乘"水星"计划"信心 7 号"（Faith 7）飞船完成飞行任务后，谢泼德一直做着各种努力，包括利用每一次重要会面，去争取在"水星"计划中获得一次长时间飞行机会。直到与肯尼迪总统见面，他都一直在努力。谢泼德的理由是，毕竟还有一艘空闲的"水星"号太空船（飞船 15b，"信心 7 号"的备份船）可用。但肯尼迪婉转地把谢泼德的请求推给了 NASA 的负责人詹姆斯·韦布，而韦布坚持认为"水星"计划已经结束了，NASA 的绝大部分人员正忙于开展"双子座"计划。

　　之后，谢泼德患上了内耳性眩晕症，也就是美尼尔氏病。这使他失去了执行首次"双子座"飞行任务的资格和位置。他担心自己的宇航员生涯可能就此结束，十分郁闷地接手了宇航员办公室主任这个临时性工作。1968 年，他冒险做了耳部手术，手术成功了，谢泼德重新获得了宇航员资格。他急切渴望亲自指挥一次"阿波罗"飞行任务。他与德凯·斯莱顿讨论了一种可能性，即接替戈登·库珀担任眼前这次任务——"阿波罗"13号任务的指令长。戈登·库珀曾是"阿波罗"10 号的后备指令长，正等待执行"阿波罗"13 号任务。那时，库珀正让人觉得不太好管理，在"阿波罗"计划中的训练也是松松垮垮。谢泼德对此心知肚明，因此，对于自己抢这位"水星"任务伙伴的指令长位置，内心并没感到有什么不安。库珀对此十分震惊，愤而退出了 NASA。接下来面临的问题是谢泼德及其乘组缺乏充分的训练。解决之策是把谢泼德乘组换到"阿波罗"14 号任务上，而让接受了良好训练的吉姆·洛弗尔乘组执行"阿波罗"13 号任务。

现在，"阿波罗"14 号乘组成员是：指令长艾伦·谢泼德，指令舱驾驶员斯图亚特·鲁萨（Stuart Roosa），登月舱驾驶员埃德加·米切尔。乘组中除了谢泼德，另外两位宇航员此前都没有太空飞行经历，所以，当"阿波罗"14 号飞向月球时，这个乘组的全部太空飞行时间只有区区 15 分钟。

在这次登月任务中，乘组添加了一个额外的月面装备，一辆可折叠的双轮驱动运输车，人们称之为模块化运输车（the Modular Equipment Transporter，MET）。相比此前登月的宇航员而言，这辆车不仅可以让宇航员从登月舱出发行进更远的距离，而且还能装载更多东西，车上还携带了几种工具、照相机及一台便携式磁力仪。

他们在月球上共停留了 33.5 小时。其间，谢泼德和米切尔进行了两次舱外活动，在月面共计逗留了 9 个小时。从"天蝎座白星"号（Antares）登月舱出发，他们行驶的距离超过 3.5 千米，去了 13 个地点，安装了 10 台试验设备，对特别感兴趣的区域和月貌进行了探查与拍照。他们收集了大约 34 千克月岩和月壤，以备日后在地球上进行研究分析。

在第二次舱外活动中，谢泼德和米切尔曾尝试抵达科恩陨石坑的边缘，该地位于他们着陆点上方 90 米处。刚步入陨石坑内，飞行控制中心就警告他们没有时间探查了，他们只好从身边收集了一些样本，然后返回登月舱。在这次舱外活动中，谢泼德创造了一个宇航员在月球表面行进距离最长的新纪录，约 2.74 千米。

然而，如果你问任何一个人，"阿波罗" 14 号任务中最让人印象深刻的事情是什么，回答提问时总会提及这样一个场景：谢泼德在月面上随身携带着一根改装的高尔夫球杆，一只手臂上用带子系着两个高尔夫球。谢泼德的这根球杆是他用挖掘工具的轴杆打造的。他也许会在任务完成后笑着说这两个球飞了 "数英里"，但实际上，在身着舱外加压服的情况下，他根本无法用力摆动手臂，所以，这两个高尔夫球只不过飞了几米而已。

2 月 6 日，登月舱从月面点火升空，并与斯图亚特·鲁萨驾驶的 "小鹰"（Kittyhawk）号指令舱与服务舱组合体成功对接。1971 年 2 月 9 日，飞船安全溅落，宣告这次任务圆满结束。由于月球被证明没有生命体存在后，这个乘组首次不用忍受被隔离一段时间的痛苦了，检疫被取消了，他们及后来的 "阿波罗" 乘组回到地球后都轻松了许多。

载入史册

最后 3 次登月任务将在月面停留更长时间，探索更广的区域。为此，宇航员将在月面组装首个月球车（Lunar Roving Vehicle, LRV），以便更加便捷地开展工作。"阿波罗" 15 号宇航员成为第一个承担这项任务的飞行乘组。这次登月的着陆点位于月球北部的亚平宁山脉山脚附近，毗邻哈德利溪谷（Hadley Rille），对探索而言，这是一个地质构造很丰富的区域。1971 年 7 月 26 日上午 9 时 34 分（美国东部时间），"阿波罗" 15 号在肯尼迪航天中心 39 号发射台准时发射升空，整个发射过程很完美，在朝目的地飞行过程中也没有遇到任何问题。进入月球轨道后，指令长斯科

"阿波罗" 15 号宇航员：指令长斯科特、指令舱驾驶员沃登、登月舱驾驶员欧文。

特和登月舱驾驶员詹姆斯（吉姆）·欧文转移到"猎鹰"（Falcon）号登月舱中，留下艾尔弗雷德·沃登（Alfred Worden）独自驾驶"奋进"号（Endeavour）指令服务舱组合体在月球轨道上飞行。"猎鹰"号降落在哈德利溪谷附近的一片暗色平原地带。之后，在月面停留的 3 天多时间内，斯科特和欧文开展了 3 次舱外活动，创造了探索月表及月貌活动时长新纪录——18 小时 37 分钟。

月球车非常成功，两位宇航员乘着它行进了 27 千米多的距离，收集了 77 千克多的月球样本，包括从月表下 3 米深的地方钻取了一截月岩岩心，安装了各种设备和试验仪器，拍摄了数百张照片。

8 月 2 日，"猎鹰"号升空发动机点火，带着上升级从已不再有用的下降级上腾空而起，飞向月球轨道。当"奋进"号指令 / 服务舱在月球轨道

欧文在"猎鹰"号前向美国国旗敬礼。

上飞行到第 50 圈时，"猎鹰"号与之成功完成了交会对接。飞到第 74 圈时，宇航员从服务舱上释放了一颗用于探测粒子与磁场的小型子卫星（PFS）。在接下来的一圈飞行中，发动机再次点火工作 2 分 21 秒钟，开启了"奋进"号返回地球之旅。

　　8 月 5 日，沃登成为第一个在深空执行出舱活动的宇航员。他将保险绳的一端系在身上，然后离开指令舱舱门，小心翼翼地爬向服务舱后部。在他返回指令舱前，从科学仪器舱的舱外相机上取回了一些胶片暗盒。欧文在舱外的途中等待接过胶片暗盒。与指令舱中的斯科特一样，沃登也穿着全套太空防护服。当他离开舱门时，地面控制中心的同事卡尔·黑尼策（Karl Henize）曾告诉他不必急于返回"奋进"号，但沃登过于专注自己要执行的任务，早把同事的话忘在脑后了。后来返回"奋进"号并关闭舱门后，他才意识到自己应该听取黑尼策的建议，抽点时间欣赏一下舱外那令人惊叹的壮观景色。当然，在他将双脚固定在特殊约束装置内，并等着欧文过来接过胶片暗盒时，还是快速瞥了一眼四周。沃登在后来的回忆录中，精彩地描摹了此时脑海中的所思所感：

> 此时此刻，我真的有种不知身处何地的感觉。直直地站在飞船一旁，仅有一双脚依附其上，身上那根松软的保险绳蜿蜒爬向舱门。我仿佛遨游于深海之下，在幽暗的海水中与一头硕大的白鲸为伴。身后的太阳角度很低，射来的光线为舱外每个凸起部分都投下了一道阴影。我不敢回头直视身后的太阳，我知道那样会刺坏我的双眼。环顾其他方向，周围空无一物。那种感觉是外人无法体验的，除非你也飘游在深空之中，哪怕最近的星球也离你有万里之遥。那不是幽暗的海水，不是漆黑的夜空，也不是我能理解的任何其他无垠的空间。那种黑暗令人无法领悟，因为它一直延伸到无边无际的深空。[18]

沃登最后解开了脚下的束缚装置，返回舱口，历时 18 分钟的深空舱外活动也创造了历史。在返回舱内的途中，他看到了一幕更加令人惊叹的难忘景色，退回舱口的欧文还有半个身子在舱外，此时的他与身后一轮巨大的明月同框，构成了一幅美轮美奂的画面。沃登后来说，如果出舱时能携带相机并拍下这幅画面，那肯定是太空探索以来所能拍到的最著名的照片。

两天后，"阿波罗"15 号成功溅落在火奴鲁鲁以北的太平洋上，为历时 12 天零 7 小时的太空飞行画上了圆满的句号。不久，宇航员们乘直升机降落在主回收船——美国海军"冲绳"号军舰上。

探查笛卡尔山脉

"阿波罗"16 号是倒数第二个探月任务，也是最后 3 次大范围探月任务中的第二个。1972 年 4 月 16 日，"阿波罗"16 号从肯尼迪航天中心 39A 发射台顺利发射升空。直到"猎户座"（Orion）号登月舱进入月球轨道，一切都运转正常。指令长约翰·扬和登月舱驾驶员查利·杜克给登月舱系统加了电，准备开始向月面降落。而肯·马汀利则独自留在了"卡斯珀"（Casper）号指令舱中。

为了做好万一无法着陆月面的准备，马汀利还要练习一下指导"卡斯珀"号与"猎户座"号的交会对接程序，需要测试一下指令舱上微型可操纵发动机的点火程序。测试期间，马汀利发现了一个故障，他不得不尝试在开始登月前排除它。排除故障用了 6 个小时，在此期间，扬和杜克只好耐心地在"猎户座"号中等待。最终，NASA 表示测试结果表明故障不再影响登月舱着陆，通知他们可继续登月，扬这才松了一口气。

4 月 20 日，扬和杜克娴熟地驾驶着"猎户座"号降落在笛卡尔山脉（Descartes Mountains）的西部边缘地带，笛卡尔山脉位于月球的中部高地。他们在月面停留了 70 小时零 2 分钟。在此期间，两位宇航员坐着月球车进行了 3 次舱外活动，累计时间达 20 小时 14 分钟，行驶距离超过 26 千米，共收集了 96.6 千克月球岩石及其他样本；他们安装了一些仪器设备并进行了测试，另外还钻取了一些月岩岩心样本。由于着陆时间比预计的晚了一些，为了严格按照计划时间返回，第三次舱外活动时间只持续了 5 小时 49 分钟，比前两次的时间少了约两小时。最亮眼的一件事是他们行进到了一块巨石旁边，这是在月面未曾见过的最大石头之一，他们将这块巨石称为"房石"（House Rock）。在第三次月面远足的最后，扬放下杜克，独

"阿波罗"16 号任务的宇航员：指令舱驾驶员肯·马汀利、指令长约翰·扬、登月舱驾驶员查理·杜克。

自一人驾驶月球车急驰，最高速度曾达到每小时 18 千米，身后卷起一片月尘，最后把月球车丢弃在月面。他们开始准备离开这里了。

在休斯敦飞行任务控制中心的操控下，安装在月球车上的一台相机记录下"猎户座"号起飞发动机的点火瞬间，在飞船轰然飞上月空并最终与"卡斯珀"号交会对接的过程中，相机也一直跟踪拍摄。在绕飞月球 64 圈后，飞船释放了一颗子卫星，并与已空无一人的"猎户座"号登月舱分离。此时，"卡斯珀"号的发动机开始点火，"阿波罗"16 号宇航员们踏上了回家之旅。在返回途中，马汀利像此前的沃登那样，执行了一次类似的深空出

安装在月球车上的摄像机拍摄的"猎户座"号在月面起飞的瞬间。

舱活动，从科学仪器舱的外舱壁上取回了一些相机的胶片暗盒，在舱外共耗时 1 小时 24 分钟。最终，飞行乘组安全溅落，落点距主回收船——美国海军"提康德罗加"号军舰仅有 1.5 千米；37 分钟后他们被送上军舰。[19]

月球上的最后一个人

在"挑战者"号登月舱舷梯的不锈钢装饰板上写着这样的文字："在这里，人类完成了其首次探月任务，公元 1972 年 12 月。愿我们来此的和平精神映照在全人类的生活之中"。"阿波罗"任务最后一次月面远足地点位于月球的"金牛—利特罗"山谷（Taurus-Littrow Valley）。因地处金牛山脉附近，又紧靠"利特罗"环形山而得名。之所以选择这个地方，是因为这里有丰富的地质样本可供收集，既有远古的高地，也有年轻的火山活

执行最后一次登月任务的"阿波罗"17号宇航员：登月舱驾驶员哈里森（杰克）·施密特，指令舱驾驶员罗纳德·伊万斯，指令长尤金·塞尔南。

动区。最后一次登月任务由尤金·塞尔南上校指挥，同伴是地质学家哈里森·施密特。将收集好的所有样本和其他设备安全收到登月舱后，他们也完成了这最后一次探月任务，该起飞回家了。

塞尔南准备与月球道别了，他的足迹已经留在身后的月壤中。由于没有确知的重返计划，这将是挑战太空前沿的第一代人所留下的最后足迹。塞尔南停下了脚步，凝视着眼前的一切，意味深长地说道："我带着始于月球的最后脚步即将走入不远的未来，此时此刻，我只想记录下这段历史——今天美国人的挑战铸就了明天人类的命运"。他接着补充道，"我们将从这座山谷离开，一如来时那样；遵从上帝旨意，我们该回家了，带着和平，带着全人类的希望"。随后，他跟在施密特后面登上了舱梯，进入了狭小的"挑战者"号登月舱。[20] 塞尔南当时并不知道，直到 2017 年去世，他都是历史书籍中记述的那个在月球留下足迹的最后一个人。

塞尔南和施密特是第 11 和第 12 个登上月球的人，他们的 3 次舱外活动也创造了新的纪录，相比之前历次"阿波罗"登月任务，他们在月表停留的时间最长（22 小时零 5 分钟），行走的距离最远（35.4 千米）。这是一次雄心勃勃且十分成功的飞行，它为"阿波罗"载人登月计划画上了圆满的句号。

上述这一切都始于 1972 年 12 月 7 日零点 33 分的那次发射，"阿波罗"17 号从肯尼迪航天中心第 39A 发射台发射升空。因电脑出现小故障，此时的发射时间已经比原计划推迟了 2 小时 40 分钟。出于轨道动力学的考量，这次"土星"V 火箭的发射是第一次放在夜间执行。"阿波罗"17 号乘组包括指令长尤金·塞尔南、指令舱驾驶员罗纳德·伊万斯（Ronald Evans）以及科学家兼宇航员及登月舱驾驶员哈里森·施密特。施密特在最后一刻才加入这个乘组的，最初担任登月舱驾驶员的是乔·恩格尔，恩格尔曾是前 X-15 火箭飞机计划的飞行员。由于"阿波罗"计划的最后 3 次飞行任务（18 号、19 号、20 号）被取消，作为地质学家接受飞行训练的施密特突然没有机会登月了，而其地质学背景对于月球探索而言极为宝贵。这种情况随后影响了 NASA 的决策，施密特被调进了最后一次登月任务飞行乘组，而沮丧的恩格尔因此失去了这个机会。[21] 起飞的那一刻，"土星"V 火箭的 5 台大功率 F1 发动机猛烈点火，发出震天的轰鸣声，将佛罗里达的午夜映照得如破晓的黎明。

飞船安全进入地球轨道之后，下一步的动作便是发出"月球转移轨道射入"指令。随着指令下达，"土星"V 火箭第三级发动机再次点火，宇航员随着巨大推力靠在座椅靠背上，飞船被加速到约 4 万千米的时速并脱离了地球轨道，开始飞向月球。

"阿波罗"飞行任务（1968—1972）

"阿波罗"飞行任务	宇航员（指令长、指令舱驾驶员、登月舱驾驶员）	发射及返回日期	任务亮点
"阿波罗"7号（AS-7）	沃利·斯基拉 唐·埃西尔 沃尔特·坎宁安	1968年10月11日 1968年10月22日	"阿波罗"1号之后，第一次载人飞行
"阿波罗"8号（AS-8）	弗兰克·博尔曼 詹姆斯·洛弗尔 威廉姆·安德斯	1968年12月21日 1968年12月27日	第一次载人绕月飞行
"阿波罗"9号（AS-9）	詹姆斯·麦克迪维特 戴维·斯科特 拉塞尔·施韦卡特	1969年3月3日 1969年3月13日	第一次在地球轨道测试登月舱
"阿波罗"10号（AS-10）	汤姆·斯塔福德 约翰·扬 尤金·塞尔南	1969年5月18日 1969年5月26日	成功练习了首次载人登月任务
"阿波罗"11号（AS-11）	尼尔·阿姆斯特朗 迈克尔·柯林斯 爱德华·奥尔德林	1969年7月16日 1969年7月24日	人类第一次在月球表面行走
"阿波罗"12号（AS-12）	皮特·康拉德 理查德·戈登 艾伦·比恩	1969年11月14日 1969年11月24日	人类第二次成功登上月球
"阿波罗"13号（AS-13）	詹姆斯·洛弗尔 约翰·斯威格特 弗雷德·海斯	1970年4月11日 1970年4月17日	因指令/服务舱内发生爆炸，中途放弃登月任务
"阿波罗"14号（AS-14）	艾伦·谢泼德 斯图亚特·鲁萨 埃德加·米切尔	1971年1月31日 1971年2月9日	在月表进行了此前未曾有过的最长时间行走，第一次在月球上打高尔夫球

续表

"阿波罗" 飞行任务	宇航员 （指令长、指令舱驾驶员、 登月舱驾驶员）	发射及返回日期	任务亮点
"阿波罗" 15 号（AS-15）	戴维·斯科特 艾尔弗雷德·沃登 詹姆斯（吉姆）·欧文	1971 年 7 月 26 日 1971 年 8 月 7 日	第一次利用月球车在 月表进行探查活动
"阿波罗" 16 号（AS-16）	约翰·扬 肯·马汀利 查理·杜克	1972 年 4 月 16 日 1972 年 4 月 27 日	第二次利用月球车在 月表进行探查活动
"阿波罗" 17 号（AS-17）	尤金·塞尔南 罗纳德·伊万斯 哈里森·施密特	1972 年 12 月 7 日 1972 年 12 月 19 日	结束"阿波罗"探月 任务，塞尔南成为登 上月球的最后一个人

　　在飞往月球的 3 天旅程中，宇航员们很忙碌，但各项工作一切如常，十分顺利。进入月球轨道后，3 位宇航员便开始准备随后一天的登月任务。这次登月的着陆点，位于月球"金牛－特利罗"区域一座高山边缘，探索的首要目标是一个周长 610 米的火山口，科学家认为里面布满了远古时期火山喷发所形成的火山灰，能给他们提供最古老和最年轻的月球地质材料，这是以前未曾获取过的。此前的"阿波罗"飞行乘组已拍摄了该区域的高分辨图像，证实这的确是一个令人颇感兴趣的地方。在此前的训练中，塞尔南和施密特已将此处命名为"卡米洛"（Camelot）[①]，以此致敬已故美国总统肯尼迪的那届美国政府。

　　登月舱与"美洲"号指令 / 服务舱成功分离，"美洲"号由罗纳德·伊万斯独自驾驶。从月球轨道向月球表面的动力下降过程用时 12 分钟，"挑战者"号登月舱着陆过程十分完美，下降级中的燃料还有剩余。着陆后，塞

① "Camelot"，又译为"卡默洛特"，在亚瑟王传奇中属于亚瑟王的宫廷所在地。在美国文化中，又被喻为肯尼迪执政的兴盛时期。——译者注

这张著名的地球全景照片被称作"蓝色大理石"（the Blue Marble），是登月舱驾驶员施密特在其太空之旅中拍摄的。当然，NASA 将此归功于"阿波罗"17 号的全体宇航员。

尔南从登月舱舷梯上爬下来，首先环顾了四周的景色，他把着陆点东侧那些高达千米的山峦比作百岁老人的沧桑容颜。施密特也被周围这荒凉的景色所吸引，向休斯敦地面控制中心报告说，相比此前 5 次探月所见到的，矗立在这里的是一种不同种类的岩石。

在着陆点插上一面美国国旗后，塞尔南和施密特乘月球车巡查，两人再加一辆车，开始上演耗时最长、内容最丰富的月面探索"三重奏"。期间，他们还对破损的月球车挡泥板临时进行了修理，因为月球车在行驶过程中，里里外外都沾满了月表黏土，挡泥板因此受到了损坏。

他们乘坐月球车行驶到距"挑战者"号登月舱最远 8 千米处，在这

施密特站在这块"特雷西"巨石（Tracy's Rock）旁，该石位于此次出舱活动的第六站。

里，他们发现了一些独特的月球地貌并制作了标本。其中一个标本是一块橙色月壤，施密特认为，这或许表明在较近时期里，这里曾有火山活动，月球上也有水存在的可能性。施密特还收集了一块月岩，他认为这是一个熔融在一起的混合物，"由不同尺寸、形状，甚至不同颜色物质混生在一起……是一种以十分和平的方式共生的东西"。在月面活动期间，他们还安放了一个核动力科学装置，这个装置能迅速将有关数据发回地球。[22]

完成创纪录的 75 小时月面探索后，塞尔南和施密特准备起飞返回月球轨道。装在月球车上的一台彩色摄像机发回了登月舱起飞时的一段画面，在扬起的一片尘土碎屑中，"挑战者"号急速升起，迅即进入黑暗的太空之中。"挑战者"号将飞向在月球轨道上的"美洲"号指令／服务舱，准备与之会合。此时，伊万斯已经单独驾驶指令／服务舱在轨道上飞了3天时间。

飞船在太空中实施对接并不容易，在第一次失败后，塞尔南和施密特的第二次尝试成功了。他们通过连接通道进入"美洲"号与伊万斯重聚。随后，他们把101.6千克的样本转移到准备返回地球的指令舱中。地面上，科学家们正急切地等待这些样本以及地质学家施密特的归来，当然，他们还得耐着性子等待一些日子，因为宇航员们还要在月球轨道上再飞两天多的时间并抛掉"挑战者"号登月舱（登月舱最终会坠落在月球上）后才能踏上回家的旅途。宇航员们知道，对未来一段时期而言，他们或许是最后光临月球的人了，因此要利用这段难得的时间，尽可能收集一些近月数据及月球图像资料。

在返回途中，伊万斯完成了一次例行的深空出舱活动（持续了66分钟），他从服务舱外壁上取回了一些胶片暗盒。从肯尼迪航天中心起飞后12天半，"美洲"号指令舱溅落在美国海军"提康德罗加"号航母附近的海面上。蛙人把浮圈布置妥当后，3位宇航员从舱内爬出，并快速登上航母，接受医学检查并进行简要汇报。

至此，"阿波罗"登月计划全部结束。6次成功登月带回了大量丰富的月球标本。根据NASA的有关资料："1969—1972年，6次'阿波罗'登月活动从月表带回了共计382千克样本，包括月岩、岩心、鹅卵石和月表沙土。6次太空飞行，从月表的6个不同区域带回了2200个单独样本"。[23]

第 8 章

苏联的挫折与美国的"天空实验室"

随着"阿波罗"17 号之后的登月计划被终止，NASA 开始把部分工作重点转移到创建载人轨道工作室上，并打算利用已被取消的 3 个"阿波罗"登月任务的火箭和相关硬件。与此同时，苏联重启了自己的"联盟"飞船计划。此前，因在发射过程中损失了 4 枚动力强劲的火箭，苏联取消了把宇航员送上月球的计划。

弗拉基米尔·科马罗夫在执行"联盟"1 号任务中不幸牺牲，18 个月之后，"联盟"2 号飞船在拜科努尔航天中心升空，开启了一次无人飞行之旅。3 天后，由格奥尔基·别列戈夫霍伊（Georgi Beregovoi）驾驶的"联盟"3 号飞船发射升空，该任务的计划是与之前的"联盟"2 号无人飞船进行对接。这时仍有不少问题困扰着联盟飞船计划；和以往一样，别列戈夫霍伊并没使用自动对接系统，而是尝试进行手动对接，但未获得成功。在此过程中，他用掉了大多数用于定位的燃料，最终不得不放弃努力返回地球。令人难以置信的是，他并没意识到"联盟"2 号与自己飞船的位置当时是相互倒置的。为了降低这次失败的影响，苏联媒体宣称本次任务的各项目标均已实现，然而别列戈夫霍伊不会再次返回太空了。

1969 年 1 月，"阿波罗"计划中首次载人登月前的各项任务已经全面展开了，而此时，弗拉基米尔·沙塔洛夫（Vladimir Shatalov）刚搭乘"联盟"4 号进入太空，第二天由 3 名宇航员搭乘的"联盟"5 号与"联盟"4

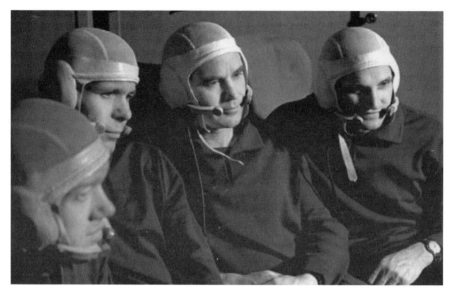

参与"联盟"4号和"联盟"5号交会对接的4名宇航员（从左至右：阿列克谢·叶列谢耶夫、叶甫根尼·赫鲁诺夫、弗拉基米尔·沙塔洛夫和鲍里斯·沃雷诺夫）。

号在轨进行了连接。这次，也就是1月16日，对接圆满成功——两艘苏联的载人飞船首次实现了在轨对接。对接完成之后，"联盟"5号上除了鲍里斯·沃雷诺夫（Boris Volynov）留下之外，另外两名宇航员叶甫根尼·赫鲁诺夫（Yevgeny Khrunov）和飞行工程师阿列克谢·叶列谢耶夫（Alexei Yeliseyev）身穿苏联的猎鹰航天服出舱并进入弗拉基米尔·沙塔洛夫所在的"联盟"4号飞船。乘员交换之后，两船分离。第二天，"联盟"4号返回并成功着陆；而独自航行的沃雷诺夫将于一天之后返回[1]。

9个月后，"联盟"6号升空入轨，次日"联盟"7号升空，1天后"联盟"8号进入太空并加入前两艘飞船的行列，共同执行任务。这次，轨道上首次聚集了3艘飞船，共载有7名宇航员。此次飞行任务是"联盟"7号与"联盟"8号进行交会对接，在附近的"联盟"6号负责整个对接过程的拍摄工作。令人懊恼的是这次对接并不成功（塔斯社重申此次飞行任务并无这项计划），随后3艘飞船先后安全返回地面。

　　苏联领导层里有人很快对载人飞船失去了兴致。尽管如此，考虑到美国也在开发类似计划，总书记勃列日涅夫宣布建立地球轨道空间站计划刻不容缓。随后，他下令在苏联设计局内实施一项紧急计划，力争赶在美国天空实验室之前开发、建造、发射一个民用空间站。

首批 "联盟" 号飞船飞行任务一览表

飞行任务	宇航员	发射日期	返回日期	飞行目标与结果
"联盟" 1 号	弗拉基米尔·科马罗夫	1967 年 4 月 23 日	1967 年 4 月 24 日	任务失败；宇航员返回失败，死亡
"联盟" 2 号	无	1968 年 10 月 25 日	1968 年 10 月 28 日	着眼于与 "联盟" 3 号对接的实验性飞行
"联盟" 3 号	格奥尔基·别列戈夫霍伊	1968 年 10 月 28 日	1968 年 10 月 30 日	与 "联盟" 2 号对接失败
"联盟" 4 号	弗拉基米尔·沙塔洛夫	1969 年 1 月 14 日	1969 年 1 月 17 日	与 "联盟" 5 号对接，两名宇航员出舱转换
"联盟" 5 号	阿列克谢·叶列谢耶夫叶甫根尼·赫鲁诺夫鲍里斯·沃雷诺夫	1969 年 1 月 15 日	1969 年 1 月 18 日	叶列谢耶夫和赫鲁诺夫转至 "联盟" 4 号，沃雷诺夫独自返回
"联盟" 6 号	格奥尔基·绍宁瓦勒里·库巴索夫	1969 年 10 月 11 日	1969 年 10 月 16 日	"联盟" 7 号和 "联盟" 8 号共同执行轨道任务
"联盟" 7 号	阿纳托利·菲利普琴科弗拉季斯拉夫·沃尔科夫维克托·戈尔巴特科	1969 年 10 月 12 日	1969 年 10 月 17 日	"联盟" 6 号与 "联盟" 8 号共同航行
"联盟" 8 号	弗拉基米尔·沙塔洛夫阿列克谢·叶列谢耶夫	1969 年 10 月 13 日	1969 年 10 月 17 日	"联盟" 6 号与 "联盟" 7 号共同航行
"联盟" 9 号	安德烈安·尼古拉耶夫维塔利·谢瓦斯季亚诺夫	1970 年 6 月 1 日	1970 年 6 月 19 日	在 "礼炮" 号空间站发射之前长时间飞行

　　1971 年 4 月 19 日，世界首座空间站——"礼炮" 1 号（DOS，亦称长期轨道站）进入近地轨道，在距地球 200—220 千米范围内绕地球运行。塔斯社报道，该太空实验室与赤道呈 51.6° 的夹角运行，每 88.5 分钟绕地

球一周。塔斯社指出，"礼炮"1号的发射旨在"完善设计舱室系统各环节，并进行太空科研和实验"[2]。该社进一步指出，这座冠名"礼炮"的空间站运转正常，但未透露其尺寸及是否具备载人能力。尽管如此，西方普遍认为一艘发往"礼炮"1号的载人飞船已经为时不远了。

仅仅4天之后，"联盟"10号于4月23日上午发射升空，目标是完成与"礼炮"1号空间站的对接任务。飞船上共有3名宇航员，分别是弗拉基米尔·沙塔洛夫、阿列克谢·叶列谢耶夫和尼古拉·鲁卡维什尼科夫（Nikolai Rukavishnikov），其中尼古拉·鲁卡维什尼科夫是首次参与民用太空飞行任务。3人成功操纵飞船到达空间站，在"礼炮"1号在轨飞行到第86圈、"联盟"10号在轨飞行到第12圈时，开始进行对接操作。因二者在接近时的角度问题，自动对接无法实现，宇航员随之也遇到了一些麻烦。最终，"联盟"10号通过手动方式完成对接，但15分钟后沙塔洛夫报告他看不见对接光线，说明飞船和空间站之间的电路连接出现了问题。

地面遥测装置显示，两艘飞船仍处于分离状态，中间有个9厘米的空隙，对接机构无法封闭。不能登上"礼炮"1号，宇航员们深感沮丧，只能在原位坐着，等待来自地面的下一步指示。随后，他们按地面建议采取了几项措施，尝试了几种方案，沙塔洛夫多次尝试强行对接，但都无济于事。与空间站的软对接尝试耗时5小时30分钟，最后地面控制中心很不情愿地下令停止操作并脱离接触。

然而新的问题又出现了，尽管沙塔洛夫做了最大努力，"联盟"10号的对接探针却无法从空间站的对接口收回。一个可行方案是放弃"联盟"10号上的轨道舱，将其留在"礼炮"1号上，但这会让"联盟"飞船在执行未来任务时无法进行对接，因此也意味着不得不放弃空间站。最后，地面控制人员找到了问题所在，他们发现只要乘员在对接装置里放一个断路器，供电中断后探针就会自动缩回。随后问题迎刃而解，大家都松了口气。分离完成后，乘组奉命返回地面。返回过程中又出现了新问题。不知何故，

"联盟" 11 号宇航员在训练间歇交谈。维克多·帕萨耶夫（Viktor Patsayev）、弗拉季斯拉夫·沃尔科夫和格奥尔基·多布罗夫斯基（Georgi Dobrovolsky）。

一些有毒气体充斥于飞船内，鲁卡维什尼科夫因此昏迷了。尽管如此，着陆正常进行，3 名宇航员最后都毫发未伤。[3]

一次惊人的损失

为执行 "联盟" 2 号飞船前往 "礼炮" 1 号空间站的任务，最开始由格奥尔基·多布罗夫斯基、弗拉季斯拉夫·沃尔科夫和维克多·帕萨耶夫受命组成后备乘组。这次任务的主乘组本打算由阿列克谢·列昂诺夫（Alexei Leonov）、瓦勒里·库巴索夫（Valery Kubasov）和彼得·科洛丁（Pyotr Kolodin）组成。其中阿列克谢·列昂诺夫 6 年前创造了人类首次太空行走的历史纪录，一时间闻名遐迩；瓦勒里·库巴索夫是执行过 "联盟" 6 号飞行任务的老兵；彼得·科洛丁则是第一次执行太空飞行任务。他们曾担任 "联盟" 10 号的后备乘组，后来飞船因与空间站对接失败不得不提前返回，于是他们便承担起原本应由前面乘组执行的这次长时间飞行任务。

飞行的各项准备工作一直有序进行着。发射前一周，库巴索夫在例行医学检查时发现肺部异样，后来确认不过是对某种农药的过敏反应，这种农药常见于拜科努尔航天中心发射场周边地区。当时，上级打算让后备乘组的飞行工程师沃尔科夫把库巴索夫从主乘组中替换下来。直到临发射前，上级决定由后备乘组取代主乘组，因为临时更换部分乘员会引发混乱。列昂诺夫对此非常愤怒，公开表示不满，但被驳回。最后，这次任务由多布罗夫斯基担任指令长，乘员还有维克多·巴萨耶夫和沃尔科夫。

尽管发生了上述变故，发射任务仍在 1971 年 6 月 6 日如期进行。早上 4 点 55 分，"联盟" 11 号飞船离开发射台，沿着一条完美轨迹呼啸升空并进入预定轨道。与之前的失败任务不同，"联盟" 11 号飞船于次日与"礼炮" 1 号空间站牢牢地对接在一起，进而宇航员成功转入轨道实验室，成为有史以来第一批进入太空实验室的宇航员。连接在一起的两艘飞船尺寸达到了 21.4 米，容积有 100 立方米，足够宇航员们在里面工作、放松和睡觉。莫斯科电台及时发布了成功对接的消息，并对外公布了宇航员名单。

两星期后，3 名宇航员打破了由 NASA 宇航员博尔曼和洛弗尔 5 年前在"双子座" 7 号上创造的太空停留时间纪录，而且他们仍在继续飞行，后来还超越了"联盟" 9 号上安德烈安·尼古拉耶夫和维塔利·谢瓦斯季亚诺夫近 18 天的停留时间。然而，这次飞行也不是没有问题，比较严重的一幕是他们在空间站的一个系统中发现了一个小电火花，一时间舱室里充斥着刺激性烟雾。幸运的是，他们及时扑灭了火花并按计划继续执行任务。和当时出现的其他问题一样，苏联太空计划领导人对事故进行了掩盖，直到几年后才被揭晓。

6 月 29 日，他们在轨已达 24 天，比"双子座" 7 号的纪录多出一倍，随后他们开始返回"联盟" 11 号飞船。多布罗夫斯基成功操纵飞船与"礼

"联盟"11 号飞船和"礼炮"1 号空间站对接图。

炮"1 号进行了分离，随后他们开始做返回地球的准备工作。为了多省出一些空间让大家舒适一点，尽管有点儿冒险，3 名宇航员都没穿太空防护服。

又飞了几圈之后，多布罗夫斯基通知地面控制中心他们即将返回。随后，"联盟"11 号开始再入大气层，在此过程中他们与地面失去所有联系。这是一种常见现象，原因是飞船返回过程中会出现电离和加热效应，电波无法从中穿过。按常理几分钟后电波应该与返回途中的飞船恢复联系，但人们没听到一点儿动静。地面控制人员反复呼叫，大家的心都揪了起来。

此时，茫茫的哈萨克草原上看起来一切正常。不久，负责回收任务的直升机报告，发现"联盟"11 号返回舱从天空飘落下来，巨大的红白相间的降落伞飘下来盖在舱体上。就在返回舱行将落地之际，火箭自动喷出火焰以减缓冲击力。返回舱落地后便倾倒在一侧，直升机刚在附近着陆，救援人员便冲了过去。此时，飞船侧仰在地面上，这种姿态不利于宇航员出舱，除此之外并没什么不寻常的情形。当时，地面控制人员认为一定是飞船的通信装置出了什么问题。

救援人员满心欢喜，他们在烧焦的船体上敲了敲，里面没有丝毫反应，安静得令人不寒而栗。飞船舱门打开后，救援人员发现3人都静静地坐在椅子上，一动不动，面部有青紫色擦伤，血正从耳朵和鼻子里往外流。人们立即把宇航员移出来，反复做人工呼吸，但已经于事无补。消息传到莫斯科，领导人别无选择，只能决定把这个可怕的消息公布出去[4]。

除表示哀悼外，事故立即引起了西方的高度关注，但苏联航天官员对事故原因却三缄其口。有人担心，宇航员的神秘死亡是因为长时间失重导致身体机能蜕变，面对突然而至的重力，身体关键器官崩溃[5]。鉴于这类死亡情况对自己的长期太空计划有深远影响，美国方面要求苏联配合，及时给出答案。当时，NASA正考虑"阿波罗"计划之后在空间站上的天空实验室开展一系列长期科研任务，参加这些任务的宇航员轻易就能打破"联盟"11号宇航员保持的23天在轨飞行纪录。12天后，苏联展现出配合的姿态，但对关键细节仍有所保留，仅透露3名宇航员死于栓塞，也就是因骤然减压导致血液中出现气泡的情形[6]。

大约3年后，苏联方面才最终透露了压力骤减的真正原因，症结是有个小压力平衡阀在返回舱与服务舱分离时突然打开。该减压阀的设计初衷是在飞船向下穿过稠密大气层时保持舱室与外部气压的平衡。可悲的是，该阀门在飞船返回时提前打开，舱室迅即充满了空气。由于3名宇航员都没穿为发射和返回时准备的压力服和头盔，所以在这次事故中没有丝毫防护。有证据表明，他们曾发现有漏气情况并试着查找源头，但由于暴露在太空的真空环境中3人很快失去了知觉，在完成破纪录飞行仅几分钟后就因窒息而死[7]。事后的调查表明，其实只要简单用手指堵上漏气的地方，也许就不至于丢掉性命。

人们为3名宇航员的遗体换上便服，让他们享受了庄重的国葬待遇；

遗体火化后的骨灰被安葬在莫斯科克里姆宫墙墓地，紧挨之前因事故牺牲的加加林和弗拉基米尔·科马罗夫。他们是第 3 名、第 4 名和第 5 名葬在这里的宇航员，也是最后一批。

根据原来的设计，"礼炮" 1 号在轨停留 3 个月。为了延长寿命，该空间站被推至更高轨道，尽管如此，其反应控制系统在 1971 年 10 月的一次电器故障之后变得越发不稳定了。苏联于是做出决定，要赶在地面对"礼炮" 1 号完全失去控制之前尽快将其移出轨道，并使之安全落入太平洋。1971 年 10 月 10 日，地面站启动了空间站主引擎，在轨 175 天之后，全世界首座空间站进入大气层，最后在坠入大洋之前几乎燃烧殆尽。

"天空实验室"：美国首座太空站

"天空实验室"（Skylab）最初是人们熟知的"阿波罗"应用计划，后来发展为对"阿波罗"登月装置进行转换并在此基础上建立美国首座太空站。一旦被送入轨道，"天空实验室"将成为研究太阳科学、恒星天文学、空间物理、地球资源以及生命和材料科学的独特平台。按照计划，该空间站作为一种特别设施可以供来访宇航员学习相关技能、体验太空长期生活和工作场景。

当时，在所有发射入轨的航天器中，"天空实验室"是最大的一个。实验室为人类入住提供了全套装备，有些报刊将其形容为"太空之家"。从 1973 年 5 月至 1974 年 2 月，实验室共接待了三拨带着不同研究任务的客人，分别待了 28 天、59 天和 84 天。对美国宇航员而言，"天空实验室"不仅仅是个临时工作场所而且还被视为 NASA 开拓未来视野的先驱。NASA 将其运作称作"在太空中迈出合乎逻辑的下一步"，为人类在太空长期驻足创造了条件。然而，整个计划命运多舛，在搭乘"土星" V 运载火箭升空过程中，空间站受到若干严重问题的影响，计划差点儿被放弃。

1973 年 5 月 14 日下午 5 点 30 分，安装在"土星" V 火箭第三级上的

"天空实验室"发射升空（1973年5月14日）。

"天空实验室"从肯尼迪航天中心 39A 发射台发射升空。船箭分离后，"天空实验室"在 436 千米高度上近乎完美地进入轨道，并按计划在发射 15 分钟后将有效载荷的外罩抛掉。

经检查，地面控制人员发现大多数设置任务均已完成。作为其中的一项，阿波罗望远镜（太阳观测台）旋转 90° 进入工作位置，附在上面的 4 块太阳能电池板也展开了。完成了这项主要动作后，地面人员又探测出一些小误差并进行了相应调整。最紧迫的一个问题是遥测装置显示热防护罩（同时也是微小陨星防护罩）还没打开，导致舱室温度飙升。此外，实验室对连续发出的信号没有反应，而该信号本应激活船舱外壁上的太阳能电池。因此，实验室的供电远低于规范要求。

问题的症结很快浮出水面，主要是上升过程中产生的巨大加速力所致。结果，用于防范太空碎片渗透以保护实验室的微陨星防护罩脱落，安装在实验室两侧的太阳能电池板中的一个被刮掉，导致留存的电池板被碎片缠住，进入轨道后无法全部展开。"天空实验室"成功入轨后，从理论上讲已经具备接待第一批航天员的条件，但现实情况却是室内温度高达 77℃，基

入驻"天空试验室"的首批宇航员（SL-2）。从左至右：乔·克尔温（Joe Kerwin），皮特·康拉德、保罗·魏茨。

本上无法使用。

　　最终，地面控制人员调整了实验室方位，尽可能减小对着太阳的面积，进而使舱内温度略为降低。NASA 现在面临两难选择，要么做出决定丢弃问题缠身的空间站，要么想办法训练第一批宇航员，让他们用各种之前未曾尝试过的办法进行抢修，这期间很可能会涉及若干次危险的出舱操作。出舱操作的目的是临时安装一个微陨星防护罩以替代被脱落的那个；另外就是让部分展开的太阳能电池板全部展开。毫无疑问，出舱操作风险高，但宇航员们义无反顾。

　　与"天空实验室"相关的所有人员群策群力，争取找出可行的建设性方法，他们中既有工程师也有技工、宇航员等。时间紧、任务急，这次马拉松式会战后来被人们称作 NASA 历史上"五月里的 11 天"。

　　为了完成一些实验，之前在工作室里已安装了一个用以进入外部真空环境的小气闸，使用该气闸有可能解决这个主要问题，即将安装在 8 米长吊臂末端的一顶可折叠聚酯薄膜伞从气闸推出，展开后用来遮挡实验室正对太阳的一侧。这项操作正在中性浮力模拟池中进行测试，待完善之后便将薄膜伞送至肯尼迪航天中心，准备随首次载人飞行任务送上"天空实验室"。

另一个问题，也就是被缠住的太阳能电池板，摆在马歇尔航天飞行中心的工程师面前，他们想出了一个既简单又实用的方案，就是利用类似我们从五金商店买的那种树木剪枝工具。工程师门对这种工具做了一些修改，然后联系一家当地公司照此生产一种重型线缆切割工具，并将其装在一根长 3 米的可折叠杆上。该工具被送往肯尼迪航天中心，待"阿波罗"号指令舱就位后执行出舱切割任务。为此，宇航员保罗·魏茨（Paul Weitz）正在接受这项操作的训练[8]。

"天空实验室"恢复服务状态

在原定发射计划的 10 天之后，也就是 1973 年 5 月 25 日，"天空实验室" 2 号（SL-2）飞行乘组搭乘阿波罗飞船由"土星"IB 火箭发射升空。一切都很顺利，宇航员康拉德、克尔温和魏茨用时不到 10 分钟就进入了轨道。很快，康拉德开始引导飞船进入交会轨道；7 小时 40 分后，他们开始接近受损的"天空实验室"。

绕飞空间站一圈之后，康拉德报告休斯敦，微陨星防护罩不见了踪影，另外，为实验室提供动力的一个太阳能电池板不知去向，另一个太阳能电池板只有部分展开并与微陨星防护罩碎片缠在一起，其中一片薄铝条楔入了电池板面。3 名宇航员穿好太空服和头盔，将全身保护起来，康拉德谨慎驾驶指令舱接近空间站。这时，魏茨和克尔温把舱门打开，克尔温使劲抱住魏茨的大腿，魏茨紧握那把线缆切割器从舱口探出身子。整整 40 分钟过去了，他试了好几次但都没能把碎片剥离，电池板仍被牢牢地缠绕着。筋疲力尽的魏茨最终放弃努力，缩回舱内，随手把身后的舱门关上。

疲惫的宇航员们又承受了另一个打击。在尝试对接的时候，"阿波罗"飞船上的对接探针无法工作。第三次尝试后，任务控制员告知康拉德，他们认为问题出在捕获控制启动器的开关上。为解决此问题，必须对飞船进行减压以便用一根铅丝绕过开关。为此，在操作前宇航员必须再次检查自己是否穿戴就绪。飞越太平洋上空时，他们又做了一次尝试，结果捕获非常成功，最终完成了一次堪称完美的硬连接。"嘿！"康拉德向地面控制人员喊话："我们对接成功了！"飞船通信员理查德·特鲁利（Richard Truly）回答道："后面还有不少事儿要办"。他的话几乎被控制室里的喝彩声淹没。康拉德在后来的一次通话中回顾了过去 21 小时的艰辛历程，并说道："我们有我们的问题，你们有你们的问题。我们已经吃过晚饭，现在得睡上一觉。明天早上还得抓紧做第一件事"。飞行任务控制中心表示同意，于是宇航员们回到座椅上美美地睡了一觉[9]。

第二天，即 5 月 26 日，宇航员们起得比较晚，然后经过连接通道进入"天空试验室"。由于担心受损舱室温度过高，里面的舱壁可能产生有毒气体，所以每个人都戴了防毒面具。确认安全后，3 位宇航员开始进行维修，这时实验室里的电力很有限。实验站里炙热难耐，他们每 20 分钟须返回气闸中去"凉快一会儿"。

首批任务中的一项是把面积为 7.3 米 ×6.7 米的阳伞遮篷，经气闸朝上方推出去，然后把纸一样薄的篷布在铝支架上展开，看起来俨然像一顶支起的帐篷。完成工作后，他们回到指令舱，在那儿待了 3 天以观察实验室温度是否降到适于工作的程度。任务控制中心发来通报，该太阳罩应该发挥了作用，而且效果还不错；遥测数据显示里面的温度已经大幅下降，预计温度还会进一步下降，届时 3 人就可以离开那艘拥挤不堪的飞船了[10]。

温度刚稳定在摄氏 27℃，他们便进入"天空实验室"并激活相关系统，

克尔温和康拉德出舱操作，最终打开被缠住的太阳能电池板。

为正常开展在轨实验做好准备工作。宇航员们预计他们可以安全地在轨道上对天体、地球以及人类长时间在微重力状态下的反应等进行研究。康拉德、克尔温和魏茨3人已转移到他们在"天空实验室"的房间中，那里有3个铺位，分上下两层。此外，他们在餐室实况转播了一次新闻发布会，而且还通过圆形悬窗展示了438千米下方的太平洋海岸的壮观景色。康拉德在8分钟的发布会上说："我想我们已经把问题解决了……期待28天的飞行任务能圆满成功，现在我们的一切状态良好"。[11]然而，等待他们的还有一项重要任务。

6月7日，"天空实验室"的宇航员戏剧性地完成了一次太空行走，成功打开了留在上面的太阳能电池板。这是一项之前从未有过的精细操作，能与之比肩的唯有17年后对哈勃空间望远镜的维修工作。在克尔温的协助下，康拉德在被卡住的电池板上安了个扶手，然后来到那个已经扭曲的铝带旁，正是它使电池板无法充分展开。康拉德先用一把巨型断线钳剪断铝带，这样可以让电池板得以部分程度展开，然后用一根绳子绑住电池板，再使劲拉动使其呈 90°角。如此一来，电池就可以开始充电了，发挥关键作用的后续电力源源不断流进实验室。整个操作堪称完美，实验室终于进入正常工作状态。执行"天空实验室"2 号任务的 3 位宇航员不仅让空间站成功复活，而且通过自己的出色表现拯救了整个"天空实验室"计划。

在接下来的几周里，魏茨和克尔温一起集中全部精力抓紧进行科研活动。到 28 天的任务期结束时，他们利用阿波罗空间望远镜完成了计划中 81% 的太阳观测任务，并利用地球资源实验包完成了 88% 的地球观测任务（实验包由 6 个遥感系统负责读取可见光及红外和微波辐射数据，并将其发送给地面众多调查人员手中，以进行地球科学和技术评价）。

6 月 18 日，执行"天空实验室"2 号任务的宇航员打破了两年前由"联盟"2 号宇航员创造的 24 天在轨工作记录。两天后，康拉德和魏茨出舱 96 分钟，从舱外取回胶片同时装上新胶片。这是他们要执行的最后几项任务之一。随后，3 人准备关闭实验室，直到 7 月份第二批宇航员（"天空实验室"3 号乘组）的到来[12]。

7 月 22 日，乘组转移至"阿波罗"飞船并穿好宇航服，与实验室成功分离后，他们一边绕飞实验室进行检查一边进行拍摄，然后启动服务舱引擎开始返回地面。飞船在圣地亚哥以西 1289 千米处落入大洋，距离负责回收的"提康德罗加"号航母只有 10 千米。飞船被打捞到甲板上后，宇航员们爬出了舱口，走路虽不太稳，但还不至于让别人搀扶。

宇航员轮换

1973 年 7 月 28 日，前往"天空实验室"的第二批宇航员在肯尼迪航天中心发射升空，他们预计将在实验室创造一项 56 天的工作纪录。"天空实验室"3 号乘组由艾伦·比恩（曾搭乘"阿波罗"12 号在月球上行走）、欧文·加里奥特（Owen Garriott）和杰克·洛斯马组成。

第二批入驻"天空实验室"的宇航员（SL3乘组）：欧文·加里奥特（左）、杰克·洛斯马和艾伦·比恩。

在服务舱的4个推进器上共有4个喷口，其中一个出现了联氨推进剂泄漏情况。尽管如此，总体而言对接还算顺利。因阿波罗飞船要在精准状态下返回地面，上述问题还是引发了一些担忧。比恩报告说，他看到一些像雪粒一样的颗粒从飞船里流出来。即便如此，宇航员们还是登上了空间站[13]。

NASA已将这次任务延至59天，但开始时并不顺利。先是洛斯马因太空适应证病倒了，紧接着加里奥特和比恩也病了。不过，晕船现象很快过去，他们开始逐渐适应庞大空间站的环境。6天后，他们又发现那种有毒联氨推进剂泄漏情况，这引起了任务控制中心的高度关注。为应对宇航员所乘飞船无法安全返回的情况，NASA立即行动起来，夜以继日制定应急预案。这些计划会将飞船姿态控制系统降至最低可飞行状态。此外，他们正在为另一艘"阿波罗"飞船安放5张座椅，同时让唐·林德（Don Lind）和万斯·布兰德

杰克·洛斯马在舱外安装了新的太阳罩。

（Vance Brand）两名宇航员组成的营救小组抓紧进行预备性训练[14]。

　　"天空实验室"共有两个对接口，这样乘组人员就可以登上营救飞船，然后 5 个人一同返回地面。尽管做了许多准备，但最终看来都不太必要而被放弃了，因为比恩及乘组其他人员认为问题并不像之前想的那么严重。他们说可以利用 4 个推进器中的两个实施安全操作。

　　因病耽搁了 6 天之后，第一次计划中的太空行走可以进行了。作为任务指令长，比恩留在舱口区域对整个活动进行监控，洛斯马和加里奥特则走出舱外，在原来第一批宇航员安装的太阳罩上面再装一层更牢固的 V 型伞罩，原因是前一个太阳罩已卷在一个角上。安装就位后他们更换了 4 个太阳望远镜相机里的电池，另外又做了一项实验。后来，他们怀疑空间站冷却系统中存在一处泄漏并进行了相应检查，结果并没发现什么异常情况。在太空行走 6 个半小时之后，他们返回空间站，因没发现冷却剂泄漏情况而感到欣慰。很快，宇航员们报告，空间站里的温度还在下降，这为长期工作创造了更舒适的环境[15]。

"天空实验室"第二批宇航员（SL3 乘组）在太空停留 59 天并环绕地球飞行 858 圈，然后在圣地亚哥西南落入太平洋。入驻实验室期间，洛斯马进行了两次出舱活动。尽管在开始时 3 名宇航员出现身体不适情况，但他们克服困难、恢复状态，最终完成了各项既定任务，还完成了一些计划外任务。

一次太空"兵变"

自 1966 年 3 月 "双子座" 8 号飞船执行任务以来，这次的 "天空实验室" 4 号乘组（第三批，也是最后一次执行 "天空实验室" 任务的宇航员）由清一色的新宇航员组成。指令长杰瑞·卡尔（Jerry Carr）和乘员比尔·波格（Bill Pogue）经验都很丰富，都曾是军方试飞员。作为太阳物理学家，爱德华·吉布森（ED Gibson）以科学家身份于 1965 年 6 月被选为宇航员，为此他接受了为期一年的喷气飞机驾驶训练并获得美国空军飞行资质。这次轨道实验室任务将创造一项在轨 85 天纪录。在此期间，新近发现的 "科胡特克" 彗星（Comet Kohoutek）将在 12 月末环绕太阳飞行，他们将利用这个机会对其进行首次观测。

按原计划，发射时间定在 1973 年 11 月 10 日，经过两次推迟后，飞船最终在 6 天后搭乘 "土星" IB 火箭升空。整个发射过程完美无瑕，飞船在轨飞行 5 圈后追上了空间站并做好了对接准备。令卡尔沮丧的是，两次对接均告失败，第三次尝试终于成功，将飞船与对接舱口连接起来。大伙儿紧张的心情也随之放松了下来，随后向地面报告对接完毕，并将于次日进入实验室。

宇航员们一心想抓紧时间开展工作，但很快发现日程安排得太满以至于没有足够时间吃饭、睡觉和放松。看起来，在为期两周的任务期间，每

第三批（SL4，"天空实验室"最后一批）宇航员：卡尔、吉布森和波格。

一天的每一小时都提前做了安排，力争按时出结果。疲惫和困难如影随形，
3 人逐渐变得烦躁起来。

　　进入实验室不久，波格因头晕、恶心吐过一次。因搞不清怎么回事，
卡尔只是将其恶心的症状向地面做了汇报，并说他已经服用了治疗晕动症
的药物且少吃了一顿饭。他和吉布森交换了意见，都担心如果 NASA 的医
生得知呕吐情况可能引发医生的过度反应，所以把这一情况压了下来。地
面控制中心对波格病情的了解来自实验室通过专线向地面发送的录音，当
时他们并没意识到里面有呕吐过程的录音。此举招致首席航天员艾伦·谢
波德的怒斥。"不让我们知道上面的全部情况，这是个严重错误"，他对卡
尔吼道，"我们在下面帮助你们，有什么情况尽快让我们知道！"卡尔很自
责，深表歉意地说："好的，我同意，原来的做法很荒唐"。[16]

宇航员们继续开展有关研究和其他工作。波格和吉布森出舱修理天线、更换太阳观测装置的胶卷。这次出舱活动创造了在太空停留 6 小时 34 分的舱外活动纪录。在实验室上面的研究工作继续进行着，但工作的节奏很紧、强度很大，宇航员们不断要求多给他们留点儿空闲时间。对他们的要求，NASA 不做回答，似乎已下决心让他们照计划执行任务。不仅如此，地面还给乘组增加了一些额外实验任务和工作。

12 月 28 日，也就是圣诞节后的第三天，因过度劳累而疲惫不堪的宇航员出了差错，在整整一圈的绕轨飞行中他们没和地面保持无线电联系。其实这不过是个简单的失误而已，原本每名宇航员应轮流接听或回答地面的问询，但无意中那天 3 个通话器都没人值守，主要原因是他们太疲惫了。发现这个情况后他们立即恢复了正常通信联系。在接下来的通话中，他们不停地抱怨，最终 NASA 同意在后续执行任务时给他们多留出点儿空暇时间。不幸的是，这次沉默事件被有些记者说成乘组刻意关闭通信装置达一天之久以示抗议，以至被（或故意）讹传为乘组发动了"兵变"。

12 月 29 日，宇航员对准"科胡特克"彗星调校那部灵敏相机，以确定其在太阳环境中的强引力和高热度条件下的工作状况。12 月 30 日，波格和吉布森将再次出舱，利用该彗星距离太阳 2100 万千米（最近距离）时做进一步观察。随后，宇航员与该彗星发现者——出生于捷克的天文学家卢博斯·科胡特克（Luboš Kohoutek）进行了交流，当时他就职于联邦德国的汉堡天文台[17]。

进驻"天空实验室"的第三批宇航员创造了一项奇葩纪录：每 93 分钟飞越一次国际日期变更线，这样他们一会儿进入 1974 年，一会儿又回到 1973 年，前后共 16 次之多。至 1 月 8 日，该乘组已经完成了主要工作任务，同时他们还实施了一些计划外的实验和测试工作，现在该是离开实验室的时候了。在创造了驻留实验室 83 天 4 小时 38 分 12 秒的纪录后，他们成功与之分离。又进行了几项入轨操作后，飞船落入位于圣地亚哥西南的洋面

"天空实验室"4 号乘组在"天空实验室"度过了漫长的 83 天。这是他们返回时为其拍的最后一张照片。

上，随后被转至美军"冲绳"号直升机航母上。

　　进行了一番体检和例行汇报后，有关人员又与乘组进行了闭门讨论，对他们在执行任务期间的轻率行为好像也没采取什么纪律措施。在 2008 年出版的自传《环绕地球 84 天》[18]（*Around the World in 84 Days*）中，杰瑞·卡尔对这次讨论只字未提。后来，除 1975 年的阿波罗 / 联盟测试项目之外，NASA 没什么新的项目安排。其实也很自然，因为当时 NASA 的重点正向航天飞机过渡，因此很多早期航天员离开 NASA 去从事其他工作。

NASA 最初的想法是，航天飞机计划在 1977 年一经启动就立即安排航天员进驻"天空实验室"。初步计划是，在第一批航天飞机乘组中安排一组宇航员携带引擎升空，将那颗被遗弃的空间站推入更高轨道，然后让后续乘组再对其进行整修并入驻其中。由于太阳活动的增加造成大气密度相应提高，导致空间站在绕地飞行时受到更大的牵引力。有鉴于此，上述想法最终被放弃。如此一来，在航天飞机正式投运前，"天空实验室"的飞行轨道会逐步降低并最终在坠入大气层时燃烧殆尽。后来在"天空实验室"再入大气层的过程中，地面控制人员想方设法调整其方向，以防碎片落到人口密集地区。和设想的一样，"天空实验室"在坠入大气层时燃烧起来并在印度洋上空解体。尽管如此，仍有大块碎片于 1979 年 7 月 11 日落在澳大利亚西部，好在都是无人居住区。

在此之前的 1975 年 1 月，报纸上就已经出现了唱衰"天空实验室"的报道。雪上加霜的是，大幅度削减预算让策划中的第二个"天空实验室"（Skylab-B）计划无疾而终。按原计划，这些宇航员中有此前为救援"天空实验室" 3 号乘组而接受培训的人员，唐·林德便是其中的一员。"很明显，万斯·布兰德（Vance Brand）、比尔·勒努瓦（Bill Lenoir）和我会进入第二个'天空实验室'"。林德后来回忆道：

> 在前往首座实验室的前两次飞行任务中我们都是后备乘组，布兰德、勒努瓦和我都是救援人员。每个人都清楚，我们将承担飞往第二个"天空实验室"的任务。但他们削减了预算，接着取消了飞行任务，用焊枪把它切成两半后送到华盛顿的航空航天博物馆。它价值高达 25 亿美元，是世界上最昂贵的展品。我们为两次飞行花了两年半时间进行训练，最后也没飞上太空[19]。

第 9 章
恢复"联盟／礼炮"飞行计划

美国"天空实验室"第二批乘组完成了为期 59 天的漫长任务。两天后的 1973 年 9 月 27 日，又有两名苏联宇航员被送入地球轨道。两年前，在完成"礼炮"1 号空间站任务后，3 名宇航员搭乘"联盟"2 号飞船返回时遭际失败。这两名宇航员是那次事故后苏联首批送入太空的宇航员。

"联盟"12 号飞船指令长瓦西里·拉扎列夫（Vasily Lazarev）是一名空军上校，另一名宇航员是飞行工程师奥列格·马卡洛夫（Oleg Makarov）。上次事故的教训是沉重的。这次，两名宇航员穿上了笨重的太空服，由于空间有限，舱室内只能容纳两人。自从 1965 年 3 月执行"上升"2 号飞行任务以来，这是第一次宇航员们在发射、对接和返回环节都身穿这种加压服。

根据计划安排，"联盟"12 号飞船上的 2 名宇航员要完成与"礼炮"2 号空间站的对接任务，后者于 1973 年 4 月 3 日发射升空。莫斯科一度疯传，两名宇航员一直在为执行与"礼炮"2 号的对接任务进行训练，很快就要发射升空。随后，一切又都沉寂下来。后来有报道说，"礼炮"2 号空间站的预定轨道更高，椭圆形轨道比之前的"礼炮"1 号更扁，这也许和"质子"K（Proton-K）火箭表现不佳有关。轨道上发现有大量碎片，有人猜测这是因火箭的末级爆炸所致。下面这段文字来自 1984 年 10 月为美国参议院准备的有关苏联 1976—1980 年航天计划的报告：

问题出现在 4 月 14 日，当时有报告说"联盟"飞船发生了"灾难性故障"，太阳能电池板以及架在外面的对接雷达和无线电发送应答机被刮掉，导致飞船在太空中翻滚而无法进行遥测。飞船可能碎成好几块，有的比较大可以追踪，但多数都很小，很快就坠落了。大多数人认为是火箭末级发生爆炸，碎片将空间站撞毁。尽管如此，我们还是倾向于是爆炸或推进器点火失败导致了这样的结果。[1]

5 月 28 日，空间站残体最终脱离轨道，于再入大气层时烧毁。为掩盖这次失败，苏联方面宣布，"联盟"2 号所有计划中的操作都已顺利完成，空间站各系统和科学仪器运转正常。很长时间之后，隐秘在空间站损毁之后的真相才最终被披露出来。

1973 年 9 月 27 日，原本负责对接任务的宇航员拉扎列夫和马卡洛夫被送入太空，去执行一项为期两天的任务。他们将在重新设计的"联盟"7K-T飞船上对改进的系统进行综合检查和测试，同时在不同环境下进行自动和手动操控，并对地表部分区域进行光谱拍照。9 月 29 日，"联盟"12 号安全返回，被苏联太空计划负责人赞誉为执行了"一次完美无缺的任务"。这次任务之后，"联盟"13 号又成功完成了一次为期 8 天的在轨飞行任务。

另一个空间站是"礼炮"3 号，其体量相当于 NASA "天空实验室"的三分之一。该空间站于 1974 年 6 月 26 日发射升空并进入轨道。与"礼炮"3 号进行首次对接的是"联盟"14 号飞船乘组，由参加过"东方"号飞行任务、具有丰富经验的宇航员帕维尔·波波维奇负责指挥。他和飞行工程师尤里·阿尔秋欣（Yuri Artyukhin）一起升空，两人在轨道上停留16 天，然后与空间站分离并安全返回。

执行后续任务的"联盟"15 号则远没有如此骄人的成绩。宇航员根纳季·萨拉法诺夫（Gennady Sarafanov）和列夫·德明（Lev Demin）因对接系统出现故障导致与"礼炮"3号对接失败,在轨飞行仅两天便被迫返回地面。

尽管上次飞行没能完成对接任务,但1974年12月2日发射升空的"联盟"16号并不会与空间站对接。按照计划,这艘飞船将作为姊妹船为来年美苏联合实施的"阿波罗-联盟"测试项目做预演,并模拟这一历史性太空国际合作的相关过程。在轨6天后,指令长阿纳托利·菲利普琴科和飞行工程师尼古拉·鲁卡维什尼科夫,在白雪皑皑的哈萨克大草原安全着陆。

"联盟"16号返回后不到5个星期,为执行与"礼炮"4号空间站的对接任务,另一艘载人飞船于1974年12月26日发射升空。之前进入太空的"礼炮"3号仍然在轨运行,按计划将于1975年1月24日离开轨道。"联盟"17号于1975年1月11日发射升空,由指令长阿列克谢·古巴廖夫和非军方的飞行工程师格奥尔基·格列奇科(Georgi Grechko)组成的乘组,成功完成了与"礼炮"4号的对接任务。他们入驻太空站后会在30天任务期满时返回,这是当时苏联宇航员在太空停留时间最长的一次飞行活动。

1975年4月14日,载着瓦西里·拉扎列夫和奥列格·马卡洛夫的"联盟"18号发射升空,之前两人曾共同执行了"联盟"12号飞行任务。随后发生的一切对于苏联太空计划而言是一次近乎灾难性的打击。这次,两人的任务是和"礼炮"4号进行对接并按计划在空间站工作60天。然而,天不遂人愿,该计划命途坎坷。刚一升空,运载火箭就开始偏离航线并自动关机;与此同时,飞船被失控火箭炸离,并在1600千米外的阿尔泰山脉附近安全降落,这里地处人迹罕至的西伯利亚西部,两名宇航员均未受伤。尽管如此,苏联仍心有余悸,因为火箭如果再飞行几秒钟就会落入中国境内,险些酿成一起外交事件[2]。随后,苏联决定再次发射,宇航员也做了更换,上次那个"流产"的任务被官方命名为"联盟"18A。

距"联盟"18A飞船发射失败6个星期后,由指令长彼得·克利穆克和飞行工程师维塔利·谢瓦斯季亚诺夫组成的乘组,于5月24日从拜科努

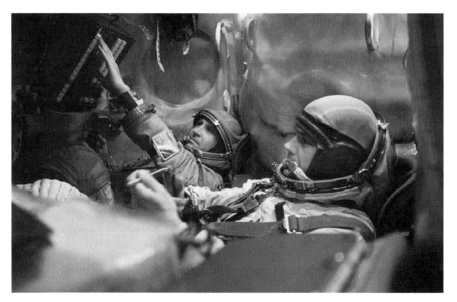

奥列格·马卡洛夫和瓦西里·拉扎列夫第二次共同执行任务。运载火箭离开发射塔不久就发生了爆炸，好在"联盟"18号成功降落，险些酿成一起悲剧。

尔航天中心发射场24号发射台升空，前往太空与"礼炮"4号进行交会对接。实际上，他们在空间站上停留的时间与苏联下一次太空发射（"联盟"9号）有所重叠。"联盟"9号的任务是与美国"阿波罗"号飞船进行对接。彼得·克利穆克和维塔利·谢瓦斯季亚诺夫在太空停留了63天，这是当时时间最长的一项太空任务。

太空握手

　　1972年5月，美国总统尼克松和苏联领导人勃列日涅夫签署了一项太空合作计划，这是美苏之前讨论的若干合作项目中的一个。在莫斯科会谈期间，双方同意在1975年将美国的和苏联的宇航员送入太空，共同执行一项具有历史意义的地球轨道飞行任务。在此之前，双方航天机构就技术细节进行了长达18个月之久的讨论，最终确定了合作计划的内容并于会谈结束后次日签署了正式协议。除其他几个协议之外，这次合作还催生了一项限制战略武器协定。

根据计划安排，3 名美国宇航员将搭乘"阿波罗"号飞船与前期发射升空的苏联"联盟"号飞船进行交会对接，苏方宇航员人数为两名。为此，要专门开发一种对接口和能相互兼容的气闸，以便对接后用来平衡两艘飞船之间的气压差。这样一来，两艘飞船就可在两天内连接在一起。在此期间，双方宇航员可以开展一些庆祝活动，同时还可以做几个小实验。此举不仅仅是两个超级大国之间展现缓和的姿态，同时也探索了两种迥异飞船之间在必要时实施救援的实用方法。任务初步定在 1975 年 7 月实施。

早在 1962 年，斯莱顿就被纳入了执行第二次"水星"任务的宇航员遴选名单，后来因体检时发现有心率不齐症状而落选。对他而言，这的确是一次残酷打击，但他仍就职于 NASA 的"载人飞船中心"，负责后续宇航员的遴选工作并在其中发挥着关键作用。多年来，他从未放弃过有朝一日亲自翱翔太空的梦想。为保持强健体能，他戒烟并坚持跑步、在健身房锻炼。1972 年，在接受一系列身体测试并顺利通过后，他的候选宇航员资格得以恢复。斯莱顿听说过"阿波罗－联盟"飞船测试项目（the Apollo-Soyuz Test Project，ASTP），早在项目发布之前他就着手研究苏联方面的经验教训，一直期待自己有幸成为执行任务的一员。于是，他把 ASTP 项目宇航员遴选工作正式交给了中心主任克里斯·克拉夫特。"阿波罗"17 号执行完最后一次登月任务后，克拉夫特很快就宣布了 ASTP 项目的乘组名单：指令长斯塔福德、指令舱驾驶员布兰德，对接舱驾驶员斯莱顿。其实，这种安排并非斯莱顿期待的结果，但他仍欣喜若狂，自己终于在入选"水星"飞船乘组 16 年后飞往太空。宇航员支持小组由 4 人组成：卡罗尔·博布科（Karol Bobko）、鲍勃·克里平（Bob Crippen）、迪克·特鲁利，以及鲍勃·奥弗迈耶（Bob Overmyer）。苏联于 1973 年 5 月 24 日分别公布了主乘组和后备乘组名单，主乘组为阿列克谢·列昂诺夫、瓦勒

"阿波罗－联盟"飞船测试项目双方宇航员。后排（左起）：指令长斯塔福德、列昂诺夫。前排（左起）：斯莱顿、布兰德和库巴索夫。

里·库巴索夫。其中，列昂诺夫是 1965 年执行"东方"2 号任务期间第一个在太空行走的人，瓦勒里·库巴索夫曾于 1969 年搭乘"联盟"6 号上过太空。

两年来，由科学家和宇航员组成的团队穿梭于两国之间，其间他们完成了许多重要技术细节的交流和培训工作，而且还开发了新设备和流程。"冰冻三尺，非一日之寒"，几十年来双方存在激烈竞争和信任缺失，上述工作不时遭遇各种困难和挑战。两个冷战对手之间相互提防，尽管如此，双方，尤其是即将参与项目的 5 名宇航员之间逐渐建立起同志式友谊。此前双方就已经有了共识，如果双方不能相互尊重、建立起良好关系，计划的成功便无从谈起；通过到家里拜访、参加私人聚会，这种友善关系很快建立起来了。关系的发展有益于他们学习对方的语言，这是在太空顺利交流必不可少的一项要求。列昂诺夫调侃说自己必须学会两种语言：英语和斯塔福德那种带有浓重的俄克拉荷马州口音的俄语!

由于设计上比较简单,所以在轨对接时"联盟"号飞船承担相对次要的角色。为此,美方要求其宇航员最好别提及对方的不足之处。

1975年7月15日,载着3名美国宇航员的"阿波罗"号飞船在卡纳维拉尔角发射升空。服务舱头部安装着"阿波罗"对接舱(ADM),基本上就是一种在两端都配备了对接装置的气闸,以便乘组人员从中通过。飞船升空后,便开始追赶7个半小时之前从拜科努尔发射升空的"联盟"19号飞船。苏联方面向全国实况转播了"联盟"19号的发射过程,这在整个苏联历史上尚无先例。

两天后,经过一系列在轨操作,"阿波罗"号飞船很快接近了"联盟"19号飞船。为预防对接时出现意外,5名宇航员都穿上加压服。一切准备工作就绪,7月15日休斯敦时间上午11点09分,列昂诺夫宣布:"对接!"过了一会儿,斯塔福德回复道:"我方也捕获了目标,我们成功了,一切顺利!"列昂诺夫欣慰地回答道:"现在,联盟和阿波罗握手了"。[3]

3小时后,待各项安全检查工作结束后,列昂诺夫和库巴索夫打开进入对接舱的舱门;7分钟后,斯塔福德打开对接舱的另一头舱门。为显示两个超级大国之间的合作,两人见面后先简单地拥抱了一下。斯塔福德用俄语说:"见到你真高兴",列昂诺夫则用英语说:"很高兴见到你"。随后斯塔福德和斯莱顿飘进"联盟"号飞船并分别向库巴索夫问候。这时,只有布兰德暂时留在阿波罗指令服务舱里。苏联领导人勃列日涅夫和美国总统福特互致问候之后,双方宇航员交换礼物,在镜头前举起对方国旗并进行了一些其他纪念性活动,然后围坐在一张小绿桌前享受了列昂诺夫和库巴索夫为大家准备的便餐。[4]

在接下来的两天中,双方宇航员分别造访了对方飞船,他们把相关视频发回了地球。与此同时,他们还开展了医学和科学实验,一起就餐并接受采访等。

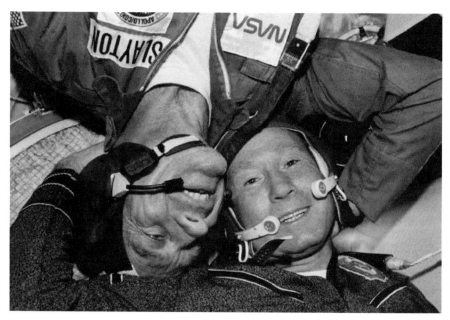

斯莱顿和列昂诺夫在"阿波罗"飞船上的快乐瞬间。

　　分别时刻终于到了。两船成功分离之后,"阿波罗"号飞船在控制火箭点火 6 秒之后离开了"联盟"19 号,并进入距地球 226.9—233.7 千米的轨道;从那儿开始,随着二者距离越来越远,"阿波罗"号飞船上的宇航员们可以一览无余地观察到下方 1 千米处的"联盟"19 号。"联盟"号飞船的宇航员开始做好返回地球的准备工作,而"阿波罗"号飞船还将在轨道上继续停留 3 天。"联盟"19 号穿过沙尘弥漫的天空,成功飘落在中亚大草原上,两名宇航员安然无恙。

　　3 天后,"阿波罗"飞船开始返回,但过程并不顺利。当飞船从 1.5 万米高空开始下降时,他们忘记打开地球着陆系统(ELS)里的两个选择开关。很快,指挥舱里充满了一种被宇航员事后形容的"黄褐色的气体"。后来证实,这是四氧化二氮气体,极具腐蚀性,通常用作态势控制推进器里的氧化剂。在着陆前的最后几分钟,乘组人员几乎被氧化剂的气味所窒息。飞船刚落水,他们赶紧找出氧气面罩,但布兰德的面罩不太合适,致使他最

从拜科努尔发射升空的"联盟"19号飞船。

后昏厥了过去。海军救援人员以最快速度赶过来,待气囊扶正舱体后,斯塔福德迅速打开舱门让新鲜空气流入舱室。第二天,载着飞船的"新奥尔良"号航母停靠珍珠港,3名宇航员被送往火奴鲁鲁的陆军医院并在那里留院观察了48小时。经过多次检查和关键体征观察之后,宇航员们都顺利离开了医院。

两个超级大国在缓和关系方面向前跨越了一大步,随后双方还开展了一些太空合作。然而,这最后一次合作几乎以悲剧收场,对3名宇航员以及整个美国太空计划而言都是惊险的一幕。[5]

"联盟"计划继续推进

继美苏之间的"阿波罗 – 联盟"飞船测试项目之后,"联盟"号飞船继

1975 年 7 月 15 日，"阿波罗"飞船发射升空。

续进入太空。在对飞船系统进行改进之后，为测试其持久性，苏联于 1975年 11 月 17 日发射了一艘"联盟" 20 号无人飞船，并与"礼炮" 4 号进行了自动对接。在轨 3 个月后，控制中心向飞船发送指令让其开启分离程序，于 1976 年 2 月 16 日返回，最后降落在哈萨克斯坦境内。

空置的"礼炮" 4 号空间站在太空又停留了两年时间。在此期间，第 3个也是礼炮系列最后一个空间站（"礼炮" 5 号）于 1976 年 6 月 22 日发射升空，后续又接待了两批分别来自"联盟" 21 号和"联盟" 23 号的宇航员。执行地球观测任务的"联盟" 22 号飞船并未与空间站进行对接。1977 年 2月 7 日发射升空的"联盟" 24 号是飞往"礼炮" 5 号空间站的最后一艘飞船；6 个月后，"联盟" 24 号返回地面。

1976 年 9 月 29 日，"礼炮" 6 号空间站升空，10 天后由指令长弗拉基米尔·科瓦利扬诺克（Vladimir Kovalyonok）和飞行工程师瓦列里·留明（Valery Ryumin）为乘组的"联盟" 25 号飞船进入太空，并准备与在轨空间站会合。在对接过程中，两人进行了 5 次尝试，但均以失败告终。最后，地面控制中心命令放弃对接。考虑到燃料在减少，电池电力也不足，于是他们遵照指令返回地面。在轨飞行两天后，飞船最终于 10 月 2 日降落在哈萨克斯坦切利诺格勒（Tselinograd，今阿斯塔纳）西北部。在 3 年多的时间里，这是苏联宇航员因导航和对接系统问题第三次被迫返回地面。

令苏联航天部门领导欣慰的是，"联盟" 26 号于 1977 年 9 月 10 日升空后成功与"礼炮" 6 号实现了对接。这次入住空间站的是指令长格奥尔基·格列奇科（Georgi Grechko）和飞行工程师尤里·罗曼年科（Yuri Romanenko）。一个月之后，弗拉基米尔·贾尼别科夫（Vladimir Dzhanibekov）和奥列格·马卡洛夫搭乘"联盟" 27 号飞船升空，在对接成功后从第二对接口进入了空间站。塔斯社高调宣布，这次双向对接是"苏联的一项重要科技成就，为今后利用外层空间服务于科学和国民经济打开了广阔前景"。[6]

通过这次飞行，苏联方面开启了那个著名的"客座宇航员"（Interkosmo）计划，"客座宇航员"每次在空间站驻留的时长为一周。为此，苏联从其他国家选拔宇航员，然后培训一番便随苏方指令长飞上太空，进入"礼炮"6号空间站工作一周。

苏联的飞行任务和更多纪录

凭借先进的"联盟"T系列飞船，苏联从1980年6月开始执行了一系列载人飞行任务，宇航员们进入"礼炮"6号和后来的"礼炮"7号空间站开展工作。执行第三次飞行任务的3名宇航员中，有一名是女性，名叫萨维茨卡娅·斯维特兰纳（Svetlana Savitskaya），她是约19年后继瓦莲京娜·捷列什科娃之后苏联第二个女宇航员。执行本次飞行任务的飞船是"联盟"T-7号飞船，其他两名乘组人员为指令长列昂尼德·波波夫

萨维茨卡娅·斯维特兰纳与"联盟"T-7号飞船乘组的其他成员：列昂尼德·波波夫（左）、亚力克山德尔·谢列布罗夫。

（Leonid Popov）和飞行工程师亚力克山德尔·谢列布罗夫（Aleksandr Serebrov）。

第二天，即1982年8月20日，他们与"礼炮"7号成功对接，加入"礼炮"7号任务序列中。在"礼炮"7号中驻留的宇航员是阿纳托利·别列佐夫霍伊和瓦连京·列别杰夫（Valentin Lebedev），他们从5月14日开始一直在空间站工作。一周后，萨维茨卡娅·斯维特兰纳、列昂尼德·波波夫和亚力克山德尔·谢列布罗夫进入"联盟"T-5号飞船准备返回，同时把来时所乘坐的"联盟"T-7号飞船留给了驻守人员，这些人将创造一项在太空停留211天的新纪录。[7]萨维茨卡娅于1984年7月17日第二次进入太空，与队友弗拉基米尔·贾尼别科夫和伊戈尔·福尔克（Igor Volk）一道执行为期12天的"联盟"T-12/"礼炮"7号任务。在这次任务期间，她于7月25日执行了一项出舱任务，成了第一个太空行走的女性。在指令长贾尼别科夫的密切关注下，萨维茨卡娅在舱外工作3小时35分钟，顺利完成了焊接试验任务。[8]

新锐宇航员

按计划，美国的航天飞机计划在1978年之前开始实施，但当时美国仍有许多问题没有解决，特别是主引擎、防热瓦以及大量其他组件。一方面，这个计划因各种困难被推迟；另一方面，现有宇航员队伍在大量流失。NASA认为有必要招收一批新宇航员并根据航天飞机特点进行专门培训。

NASA在1976年7月8日发布了招募航天飞机候选宇航员的公报，申请截止日期为第二年6月30日。NASA在公告中宣布自己"决心实施一项明确的行动计划，目标是让符合条件的少数族裔和女性加入新选拔的宇航员队伍。因此，我们鼓励少数族裔和女性候选人踊跃报名"。[9]曾经，在"水星""双子座"和"阿波罗"等飞行任务中，安排了一些在之前有过飞

行测试经历的男性
或者愿意接受喷气
式飞机驾驶训练的
科学家。但他们中
没有女性和少数族
裔，NASA 也因此
饱受诟病。如今，
这种障碍被清除掉
了，女性和少数族
裔也可以报名（公
开鼓励）。

截至规定日
期，NASA 共收到
申请 8097 份，其
中女性有 1544 份。
在所有申请中，有

NASA 第一批女宇航员。后排（左起）：凯瑟·沙利文（Kathy Sullivan）、香农·露西德（Shannon Lucid）、安娜·费舍尔（Anna Fisher）和茱蒂·雷斯尼克（Judy Resnik）；前排：萨莉·赖德（Sally Ride）和雷娅·塞东（Rhea Seddon）。

1261 份申请飞行岗位，6818 份申请新发布的专业岗位。经过筛查、遴选，候选人名单最终被压缩至 208 人。从 1977 年 8 月开始，候选人中的第一批开始前往约翰逊航天中心接受为期一周的面试，同时还要接受生理和精神病学检查。

1978 年 1 月 16 日，NASA 负责人宣布，入选的 35 名候选人年内就开始接受培训。35 名候选人中有 6 名女性，3 名黑人和 1 名亚裔，他们都是第一次进入这个阶段的候选人。在这 35 人中，15 人属于航天飞机驾驶员系列，其他人为飞行任务的候选人。

在公布姓名的同时，NASA 告知参加培训的新人于 7 月 1 日向约翰逊航天中心报到，然后加入现有的 27 名宇航员队伍中，并进行为期两年（后

1978 年第一批入选的美国黑人宇航员。左起：罗纳德·麦克奈尔（Ronald McNair）、盖恩·布卢福德（Guion Bluford）和弗雷德·格里高利（Fred Gregory）。

压缩至 1 年）的训练，一旦条件具备便开始执行飞行任务。[10]

"客座宇航员"计划的来宾

　　前面提到的"客座宇航员"计划是苏联方面宣传的一项系列飞行计划，在当时成了苏联自我宣传的工具。作为一项国际"宇航员研究"计划，"客座宇航员"计划彰显了苏联和一些社会主义国家之间的团结合作。有关国家选拔合格人员到莫斯科接受培训后作为"客人"飞往"礼炮"号（后为"和平"号）空间站，参与为期一周的在轨任务。

　　该计划始于 1967 年 4 月，当时的华约国家（保加利亚、古巴、捷克斯洛伐克、东德、匈牙利、蒙古、波兰和罗马尼亚）军方领导人共同发表声明，表示有兴趣参与苏联主导的太空探索和研究，并在其中做出自己的

参加"客座宇航员"计划的捷克宇航员弗拉基米尔·雷梅克（中）与阿列克谢·列昂诺夫（左）和指令长阿列克谢·古巴列夫在一起。

努力。为此，利用苏联火箭发射的一颗研究卫星标志着该计划的正式启动。该计划进行顺利，于是 1976 年 7 月 16 日，各方又签署了一项协议，由苏联为相关国家培训一批宇航员，然后搭载"联盟"号飞船前往"礼炮"号空间站。每个国家提供两名合格的喷气式飞机驾驶员，于 1976 年 12 月赴莫斯科郊外的宇航员培训中心接受培训。

作为第一组，捷克斯洛伐克、波兰和东德于 1978 年 3 月各派两名候选人前往报到；随后的第二组候选人来自保加利亚、古巴、匈牙利、蒙古和罗马尼亚。最后抵达的是 1979 年初来自越南的两名候选人。根据要求，每名候选人都由一名负责特定任务的高级宇航员进行培训，两名候选人中条件更好者将被提名为主乘组成员并随指令长执行任务。该项目主要是为了宣传，所以在太空中进行的多是些简单的测试和实验，没有与系统相关的任务。事后，据说捷克宇航员弗拉基米尔·雷梅克（Vladimir Remek）"当场"就成了宇航员。被问及原因时，他说："嗨，其实那很简单。在'礼炮'号空间站，我每次想开关或转动什么东西，苏联人就拨开我的手，冲我嚷嚷'别碰那儿'。这听起来有点儿匪夷所思，但却是真的"。

1978 年 3 月 2 日，在莫斯科的一片宣泄气氛中，雷梅克上尉成了苏、美宇航员之外飞入太空的第一人，伴随他的是阿列克谢·古巴列夫上校。他们搭乘"联盟"28 号飞船前往"礼炮"6 号空间站执行一项为期一周的任务。随后抵达的还有尤里·罗曼年科和格奥尔基·格列奇科。这次飞行引起了世界的极大兴趣。从宣传角度看，该计划的确是一大胜利，还会继续下去。

执行"客座宇航员"计划第二次飞行任务的是"联盟"30 号飞船，于 1978 年 6 月 27 日发射升空。本次任务为期一周，乘组人员为来自波兰的宇航研究人员、空军军官米罗斯洛瓦·赫尔马舍夫斯基（Mirosław Hermaszewski）和指令长彼得·克利穆克（Pyotr Klimuk）。此时，已在空间站驻留的苏联宇航员是弗拉基米尔·科瓦利扬诺克（Vladimir Kovalyonok）和亚列克山德尔·伊万琴科夫（Aleksandr Ivanchenkov）。

按照"客座宇航员"计划，在随后的 3 年里，苏联共安排了 6 次抵达"礼炮"6 号空间站的飞行任务，随指令长执行任务的客座宇航员有：西格蒙德·雅恩（Sigmund Jahn，东德）、格奥尔基·伊万诺夫（Georgi Ivanov，保加利亚）、拜尔陶隆·法卡斯（Bertalan Farkas，匈牙利）、范俊（Pham Tuan，越南）、阿纳尔多·塔马约·门德斯（Arnaldo Tamayo Mendez，古巴）、珠德代米迪·古拉查（Jugderdemidiin Gurragchaa，蒙古）和杜米特鲁·普鲁纳留（Dumitru Prunariu，罗马尼亚）。此间遭遇的唯一一次危机情形是尼古拉·鲁卡维什尼科夫（Nikolai Rukavishnikov）和保加利亚的格奥尔基·伊万诺夫搭乘的"联盟"33号，飞船与"礼炮"6号对接失败后被迫返回地面。除这次"流产"任务之外，根据计划，所有往返空间站的任务时间都是7天左右，中间可以略有变动，以表明苏联对各参与国一视同仁。

按照总体安排，在"联盟"40号完成最后一次飞行任务后，计划完美收官，但因"礼炮"6号坠毁，"礼炮"7号发射入轨，所以苏联决定将该计划延长以接纳其他一些国家到访的宇航员。其实，这并非原来的"客座宇航员"计划，而是被命名为"国际飞行任务"。在"联盟"40号飞船上，来自罗马尼亚的杜米特鲁·普鲁纳留成了来自苏联集团国家第9名执行标准"联盟"号飞行任务的宇航研究人员。后来有些国家愿意出资让他们的一名宇航员参与在轨研究工作，1982年，来自法国的让-洛普·克雷蒂安（Jean-Loup Chretien）成为最先按此方式进入空间站的人。

在后期的"客座宇航员"计划中，只有1982年和1984年执行的两次任务前往"礼炮"7号空间站，而后续的飞船均飞往"和平"号空间站并与其对接，这个空间站是1986年2月20日发射升空的。这种国际太空飞行任务共进行了4次，最后一次搭乘"联盟"TM-7号的乘员是第二次前往苏联空间站执行任务的克雷蒂安。由于原来搭乘保加利亚宇航员的飞船与"礼炮"6号在太空对接失败，苏联又为该国宇航员安排了一次太空飞行任务，这次是飞往"和平"号空间站并取得了圆满成功。遗憾的是，原来执行任务的奥尔基·伊万诺夫未能成行，取而代之的是来自"联盟"33号后备乘组的亚力克山德尔·亚力克山德洛夫（Aleksandr Aleksandrov）。[11]

在长达10年的任务期内，他们收获了多项太空"第一"：第一个非美、非苏籍宇航员（弗拉基米尔·雷梅克），第一个国际乘组（雷梅克和古巴列夫），第一个亚洲宇航员范俊，第一个黑人宇航员（阿纳尔多·塔马约·门德斯）以及第一个印度平民宇航员拉凯什·夏尔玛（Rakesh Sharma）。

"客座宇航员" 计划的飞行任务（1978—1988 年）

"联盟" 号系列飞船	客人国籍	主乘组	后备乘组	发射日期	空间站
"联盟" 28 号	捷克斯洛伐克	阿列克谢·古巴列夫 弗拉基米尔·雷梅克	尼古拉·鲁卡维什尼科夫 奥尔德日赫·佩尔查克（Oldřich Pelčák）	1978 年 2 月 3 日	"礼炮" 6 号
"联盟" 30 号	波兰	彼得·克利穆克 米罗斯瓦夫·赫尔马舍夫斯基（Mirosław Hermaszewski）	瓦勒里·库巴索夫 泽农·扬科夫斯基（Zenon Jankowski）	1978 年 6 月 27 日	"礼炮" 6 号
"联盟" 31 号	东德	瓦列里·贝科夫斯基 西格蒙德·雅恩	维克托·戈尔巴特科 艾博哈特·克尔纳（Eberhard Köllner）	1978 年 8 月 26 日	"礼炮" 6 号
"联盟" 33 号	保加利亚	尼古拉鲁·卡维什尼科夫 格奥尔基·伊万诺夫	尤里·罗曼琴科 亚力克山德尔·亚力克山德洛夫	1979 年 4 月 10 日	"礼炮" 6 号
"联盟" 36 号	匈牙利	瓦勒里·库巴索夫 拜尔陶隆·法卡斯	弗拉基米尔·贾尼别科夫 贝拉·毛焦里（Béla Magyari）	1980 年 5 月 26 日	"礼炮" 6 号
"联盟" 37 号	越南	维克托·戈尔巴特科 范俊（Pham Tuan）	瓦列里·贝科夫斯基 布裴青廉（Bui Thanh Liem）	1980 年 7 月 23 日	"礼炮" 6 号
"联盟" 38 号	古巴	尤里·罗曼琴科 阿纳尔多·塔马约·门德斯	叶甫根尼·赫鲁诺夫 乔斯·阿尔曼多·洛佩兹·福尔肯	1980 年 9 月 18 日	"礼炮" 6 号
"联盟" 39 号	蒙古	弗拉基米尔·贾尼别科夫 珠德代米迪·古拉查（Jügderdemidiin Gürragchaa）	弗拉基米尔·里亚霍夫（Vladimir Lyakhov） 温迈达扎·干左格（Maidarzhavyn Ganzorig）	1981 年 3 月 23 日	"礼炮" 6 号
"联盟" 40 号	罗马尼亚	列昂尼德·波波夫 杜米特鲁·普鲁纳留	尤里·罗曼琴科 杜米特鲁·普鲁纳留	1981 年 5 月 14 日	"礼炮" 6 号

续表

"联盟"号系列飞船	客人国籍	主乘组	后备乘组	发射日期	空间站
"联盟"T-6号	法国	弗拉基米尔·贾尼别科夫 亚列克山德尔·伊万琴科夫 让-洛普·克雷蒂安	列昂尼德·基济姆（Leonid Kizim） 弗拉基米尔·索洛维约夫（Vladimir Solovyov） 帕特里克·博德里（Patrick Baudry）	1982年6月24日	"礼炮"7号
"联盟"T-11号	印度	尤里·马雷舍夫（Yuri Malyshev） 根纳季·斯特列卡洛夫（Gennady Strekalov） 拉凯什·夏尔玛	阿纳托利·别列佐夫霍伊 格奥尔基·格列奇科 拉维什·马尔霍特拉（Ravish Malhotra）	1984年4月2日	"礼炮"7号
"联盟"TM-3号	叙利亚	亚力克山德尔·维克多连科（Aleksandr Viktorenko） 亚力克山德尔·亚力克山德洛夫* 穆罕默德·法里亚斯（Muhammed Farias）	阿纳托利·索罗维约夫（Anatoli Solovyov） 维克多·萨维内赫（Viktor Savinykh） 穆尼尔·哈比卜（Munir Habib）	1987年7月22日	"和平"号
"联盟"TM-5号	保加利亚	阿纳托利·索罗维约夫（Anatoli Solovyov） 维克多·萨维内赫（Viktor Savinykh） 亚力克山德尔·亚力克山德洛夫（Aleksandr Aleksandrov）	弗拉基米尔·里亚科夫（Vladimir Lyakhov） 亚力克山德尔·谢列布罗夫（Aleksandr Serebrov） 克莱斯米尔·斯托扬诺夫（Krasimir Stoyanov）	1988年7月6日	"和平"号
"联盟"TM-6号	阿富汗	弗拉基米尔·里亚霍夫 瓦列里·波利亚科夫（Valeri Polyakov） 阿卜杜勒·阿哈德·穆赫曼德（Abdul Ahad Mohmand）	阿纳托利·别列佐夫霍伊 耶尔曼·阿尔察马佐夫（German Arzamazov） 穆罕默德·多朗（Mohammad Dauran）	1988年8月29日	"和平"号

续表

"联盟"号系列飞船	客人国籍	主乘组	后备乘组	发射日期	空间站
"联盟"TM-7号	法国	亚力克山德尔·沃尔科夫谢尔盖·克里卡列夫(Sergei Krikalev) 让-洛普·克雷蒂安	亚力克山德尔·维克多连科 亚力克山德尔·谢列布罗夫(Aleksandr Serebrov) 迈克尔·托格尼尼(Michel Tognini)	1988年11月26日	"和平"号

* 苏联宇航员,与保加利亚宇航员同名,勿混淆。

"航天飞机—'和平'号空间站"计划

苏联的"和平"(也称"世界")号空间站不仅是当时最大、最复杂的空间站,而且也是第一次在轨道上用多个舱段建成的空间站。其中,第一个舱段是核心舱(DOS-7),1986年2月19日该舱在拜科努尔航天中心发射升空。第一批进驻的宇航员列昂尼德·基济姆和弗拉基米尔·索洛维约夫于1986年3月中旬抵达,并在空间站工作到1986年5月5日。在接下来的4年里,陆续又有3个舱段与核心舱连接,它们是:1987年发射的"量子"1号(天体物理舱)、1989年发射的"量子"2号(扩充舱)和1990年发射的"晶体"号(技术舱)。其余舱段后来也陆续接入。

在随后几年中,许多宇航员搭乘"联盟"号飞船与这个巨型太空实验室进行对接,这几乎已经成了常态[12]。在这些飞行任务中也包括几次原来"客座宇航员"计划中的任务,乘组人员中包括部分外国宇航员。在此期间,前往"和平"号空间站的知名访客有来自日本的记者秋山丰弘(Toyohiro Akiyama)(1990年搭乘"联盟"TM-11号)和英国的海伦·谢尔曼(Helen Sharman),后者是因为"朱诺"①项目(Project Juno)

---

① "Juno",朱诺,罗马宗教信奉的主要女神。——译者注

搭乘"联盟"TM-12号进入空间站的。

在英国谢菲尔德长大的海伦·谢尔曼（Helen Sharman）从小对化学很感兴趣，从谢菲尔德大学毕业后她前往伦敦的伯克贝克学院（Birkbeck College）继续深造并获得博士学位；1987年谢尔曼成了一名食品方面的化学工程师，就职于食品公司。两年后，她从广播上听到一则关于英国首名宇航员的"招聘"信息，里面对"相关经验并无要求"。选中者将参与"朱诺"项目并飞往"和平"号空间站执行任务。作为苏联领导人戈尔巴乔夫"公开性"政策的一部分，该项目旨在提升苏、英两国关系。初期资金来自英国几家赞助单位。当时有应聘者近1.3万多人，竞争相当激烈。谢尔曼凭借自己在科研和食品技术方面的坚实背景和语言天赋脱颖而出，最后和陆军少校蒂莫西·梅斯（Timothy Mace）一起成为候选人。于是，她被送到莫斯科进行培训，随后她又被选中执行飞行任务。按计划，她于1991年5月18日搭乘"联盟"TM-12号升空，于5月26号返回，在太空停留时间为8天，其中在空间站驻留一周。

"和平"号空间站在其15年历史中共接待了100多名宇航员，其中最值得称道的是苏联宇航员谢尔盖·克里卡列夫（Sergei Krikalev）。克里卡列夫1985年被选拔为宇航员并于1988年搭乘"联盟"TM-7号飞船第一次前往"和平"号空间站，在上面待了近6个月。1991年5月，克里卡列夫第二次前往"和平"号空间站，不过这次他作为3名宇航员之一搭乘的是"联盟"TM-12号飞船。按计划他应该在5个月之后的10月份返回，但由于后续2期任务中有一期被取消，他同意延长自己在空间站的停留时间。

然而，1991年12月26日，苏联正式解体。在巨大变故面前，对如何处置仍在"和平"号空间站上的两名宇航员——谢尔盖·克里卡列夫和亚力克山德尔·沃尔科夫，没人知道该怎么办。把他们送上太空的拜科努尔航天中心现在属于刚独立的哈萨克斯坦共和国，这里也是他们原计划返回

谢尔盖·克里卡列夫成了"最后的苏联公民"。

地面的地方。在等待新决定期间，仍有一艘"联盟"号飞船与"和平"号空间站交会对接，两人本可以利用这艘飞船返回地面，但他们深知，抛弃"和平"号空间站就意味着该空间站的终结，所以两人决定继续留在上面等候新的指示。

克里卡列夫终于接到通知，官方说正着手安排新乘组升空，他很快就能回家。最后，克里卡列夫与沃尔科夫和德国研究人员克劳斯－迪耶特里希·弗雷德（Klaus-Dietrich Flade）一起搭乘"联盟"TM-13 号飞船返回地面。3 人于 1992 年 3 月 25 日在哈萨克斯坦境内着陆。这时，克里卡列夫和沃尔科夫宇航服上仍佩戴着苏联标志，兜里装着党员证。很快，两人成了西方报刊热炒的话题，把他们称为"苏联的最后公民"。对克里卡列夫而言，在太空停留的 10 个月期间，世界完全改变了，就连他的出生地列宁格勒也恢复了原来的名字——圣彼得堡。[13]

"和平"号空间站上的美国人

1993 年，NASA 与俄罗斯宇航空间计划主管机构签署了一项合作协议，允许美国航天飞机与"和平"号空间站交会对接，双方都能从中获益。协议规定：俄罗斯宇航员也可以搭乘美国航天飞机；在"和平"号空间站驻留期间，美国宇航员可以和俄罗斯宇航员一起开展工作。就后续双方共同建设和长期入驻的"国际空间站"（ISS）而言，这项合作可被视为一项创举。另外，根据协议，俄方可以获得急需的资金，让已经捉襟见肘的空间站计划得以延续下去。

"航天飞机—'和平'号空间站"计划始于 1994 年，按计划到 1998 年结束。在这 4 年中，双方取得了丰硕成果，许多重要航天事件都发生在这段时间，其中包括首次搭乘美国航天飞机执行任务的俄方宇航员谢尔盖·克里卡列夫。作为航天飞机 -60（STS-60）任务乘组成员，他于 1994 年 2 月 3 日搭乘美国"发现者"号航天飞机进入太空。1998 年 12 月，克里卡列夫搭乘"奋进"号航天飞机与美国宇航员罗伯特·卡巴纳（Robert Cabana）一道成为进入"国际空间站"的首批宇航员，并打开了美国"团结"号舱内的照明设施。

鉴于美方要在"和平"号空间站安排长期驻留人员，NASA 开始了征招志愿者的工作。对于一些人而言，这仅是一项正常工作，但对另一些人而言，因为要在莫斯科培训半年，而且还得突击学习俄语，这事的确吸引

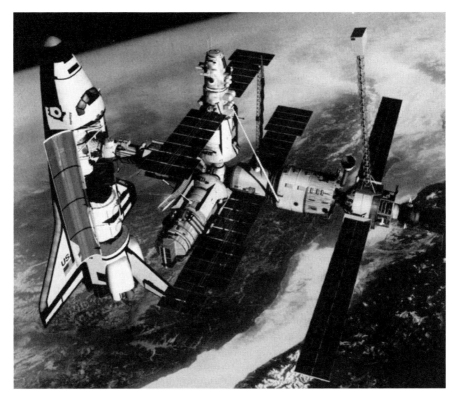

执行 STS-71 任务的"亚特兰蒂斯"号航天飞机与"和平"号空间站对接场景。

力不大，尤其对许多仍把俄罗斯当成冷战对手的美国军方人员来讲更是如此。然而，前海军陆战队上尉、科学家诺曼·萨加德（Norman Thagard）却不这么想。他积极报名，后来于 1995 年 3 月 14 日与两名俄罗斯宇航员一起乘"联盟"TM-21 号飞船升空，成了第一个搭乘俄罗斯飞船进入太空的美国宇航员。这次执行的"和平 -18"号飞行任务历时 11 天，共进行了28 项实验。

1995 年 6 月 27 日，"亚特兰蒂斯"号航天飞机从肯尼迪航天中心发射升空，此行的目的是执行航天飞机 -71 号（STS-71）任务，乘组人员共 7名，其中包括两名俄罗斯宇航员。这是该航天飞机第 14 次执行飞行任务，同时也是美国第 100 次载人太空飞行。本次飞行的主要任务是：与"和平"

号空间站实施交会对接、与俄方共同进行生命科学调查、为空间站提供后勤供给、将两名俄方宇航员阿纳托利·索罗维约夫和尼古拉·布达尔林送入空间站、将萨加德、捷祖洛夫和斯特列卡洛夫等 3 人带回地面。NASA负责人丹尼尔·戈尔丁（Daniel Goldin）将此次任务称为"美俄之间友谊与合作新时代"的开端。

两天后，"亚特兰蒂斯"号开始向"和平"号空间站靠近。此时，二者处在中亚上空，相距仅 395 千米。在随后的两个小时里，航天飞机在指令长罗伯特（'胡特'）·吉布森（Robert 'Hoot' Gibson）指挥下以每 10 秒30 厘米的速度向空间站靠近。最后二者对接成功，比预定时间仅差两秒钟，从而组成了当时的最大航天器。

在"和平"号空间站工作的美国宇航员

宇航员	抵达日期	离开日期	空间站工作天数（天）
诺曼·萨加德	1995 年 3 月 16 日	1995 年 6 月 29 日	115
香农·路西德	1996 年 3 月 24 日	1996 年 9 月 19 日	179
约翰·布莱哈（John Blaha）	1996 年 9 月 19 日	1997 年 1 月 15 日	118
杰瑞·利嫩格尔（Jerry Linenger）	1997 年 1 月 15 日	1997 年 5 月 17 日	122
迈克尔·福尔（Michael Foale）	1997 年 5 月 17 日	1997 年 9 月 28 日	134
戴维·沃尔夫（David Wolf）	1997 年 9 月 28 日	1998 年 1 月 29 日	119
安迪·托马斯（Andy Thomas）	1998 年 1 月 25 日	1998 年 6 月 4 日	130

"亚特兰蒂斯"号与空间站对接在一起长达 5 天时间，随后带着萨加德及他的两名"联盟"号飞船乘员离开空间站，索罗维约夫和布尔达林作为新成员留在空间站继续工作。从 1994 年 2 月至 1998 年 6 月，NASA 还向"和平"号空间站安排了另外 11 次飞行任务，留下 7 名宇航员在空间站长期工作。

STS-76 是第 3 次飞往"和平"号空间站并实施交会对接的飞行任

务，1996 年 3 月 22 日发射升空。香农·露西德是随航天飞机升空的 6 名
NASA 宇航员中的一员。3 月 31 日，其他 5 名宇航员返回地面而她继续留
在空间站，滞留时间长达 179 天。在此期间，她一直开展相关科研活动，
最后于 1996 年 9 月 26 日与执行 STS-79 任务的乘组一起返回地面。

"和平"号空间站的问题

从 1986 年发射升空到 2001 年被弃用，"和平"号空间站共接待了来自
不同国家的 104 名宇航员，其中 44 名来自美国，42 名来自苏联 / 俄罗斯，
6 名来自法国，4 名来自德国，以及阿富汗、奥地利、保加利亚、加拿大、
日本、斯洛伐克、叙利亚和英国各 1 名。在这些人中，有 11 名女性。

在运行的 15 年历程中，人们在"和平"号空间站上开展了大量科研工
作，空间站因此闻名遐迩。尽管如此，空间站也有过命悬一线的时刻，一
度将一些宇航员置于极端危险的境地。对任何身处太空的宇航员而言，最
惊险的场景之一是火灾。1997 年 2 月，"和平"号上的氧气发生器发生了一
次长达 15 分钟的大火，这很可能烧毁空间站并夺走宇航员的生命，其中就
包括美国宇航员、物理学家杰瑞·利嫩格尔。

2 月 23 日，在一次引擎例行点火操作中，大火突然着了起来。事后才
发现是"量子"舱中装有高氯酸锂的制氧罐出了问题。刚一着火，警报就
响起了。这时火焰就像喷灯一般朝外喷射出来，被融化的金属开始从燃烧
的制氧罐中涌出，整个空间站弥漫着浓烈的令人窒息的气体。"我从没想到
浓烟会扩散得这么快，"利嫩格尔后来回忆道，"比我想的快 10 倍"。[14]

连接两个宇航员居住舱室的通道各有一条，其中一条已被浓烟"锁"
住了，而那两个舱室是撤离空间站时的"救生船"。这意味着，空间站上的
6 名宇航员中只有 3 人能撤离受损舱段。有几个宇航员忙着戴上防毒面罩，
而利嫩格尔的防毒面罩不好使，于是他赶紧换了一个。大伙儿用 3 个灭火

美方共有 7 名宇航员在"和平"号空间站上长时间驻留。前排左起：诺曼·萨加德、约翰·布莱哈、杰瑞·利嫩格尔和戴维·沃尔夫。后排：安迪·托马斯、香农·露西德和迈克尔·福尔。

器轮番灭火。然而扑救过程很困难，因为处于微重力环境，所以得有一个人拿好灭火器以防止反向作用力。利嫩格尔后来估算了一下，大火烧了约14 分钟才被扑灭。

　　浓烟刚消散了一点，利嫩格尔就开始检查自己的 5 位伙伴。幸运的是，浓烟没对他们造成严重影响。令人惊奇的是，火灾也没造成不可修复的损害，空间站可以继续正常运转。乘组轮换的时候，利嫩格尔搭乘执行 STS-84 任务的"亚特兰蒂斯"号航天飞机于 1997 年 5 月 24 日返回地面，他这次在轨时间长达 132 天。

　　仅仅几周之后，空间站又发生了一次严重事故。1997 年 4 月，一艘无人货运飞船 "进步" M-34 号发射升空，与 "和平" 号空间站 "量子" 1 号舱的尾部舱口成功对接。2 个月后的 6 月 24 日，按计划要对 "进步" 号飞船进行对接测试，用手动控制方式将其与舱室分离并在附近伴飞空间站。第二天，亚力克山德尔·拉祖特金（Aleksandr Lazutkin）和来自 NASA 的宇航员迈克尔·福尔，饶有兴致地看着瓦西里·齐布利耶夫（Vasily Tsibliev）的对接操作。齐布利耶夫打开货运舱的引擎，并利用遥控系统让 "进步" 号货运飞船向后对准对接口；与此同时，他通过屏幕控制对接过程，屏幕上的图像则来自 "进步" 号上安装的一部摄像机。突然，拉祖特金和福尔的脸上闪过一丝惊慌，原来舱体在接近过程中突然失去了控制。齐布利耶夫立刻启动制动引擎，但为时已晚。

　　"简直太危险了，就像一条鲨鱼冲过来"。拉祖特金事后回忆道，"我看着这个满身黑色斑点的家伙从我下面滑过去。我想靠近一点看，这时听到一个巨大撞击声，整个空间站都晃动起来"。[15]这艘重达 7.15 吨的飞船先是撞上了安装在频谱舱上的太阳能电池组，紧接着又撞上该舱段，电池板被撞出一个大洞，一根天线也被撞弯了，导致该舱舱体完整性受到损害。过了一会儿，乘员们便听到气体从空间站泄漏时发出的 "咝咝" 声，让人毛骨悚然，耳朵也砰砰作响。撞击还导致了停电，成员们在黑暗里摸索着找寻切割工具，以便切断与受损舱段的线路并安全封闭舱口。与此同时，齐布利耶夫慢慢操控 "进步" 号飞船变轨，离开正在旋转的空间站。地面控制中心设法启动调姿引擎，以控制旋转并让那部未受损的电池板对准太阳所在方向，尽一切努力恢复供电和照明。

　　这次撞击差点儿酿成灾难性后果：电力中断、计算机无法运转、空间站内部空气泄漏等。尽管如此，乘员们仍继续在 "和平" 号空间站里忙着进行各种操作。然而，1997 年发生的问题并未止步于此。9 月，由于美国的一颗军用卫星飞近空间站，3 名留守宇航员（其中包括英国出生的

NASA 宇航员迈克尔·福尔）不得不把自己密封在"联盟"号飞船里，以准备启动紧急撤离空间站的程序。按计划，这颗美国卫星只是从"和平"号空间站附近经过（依据后来的推算，两者距离小于1千米），警报解除后，3名宇航员才安全返回空间站中。

很快，NASA 开始向手头拮据的俄罗斯施加压力，要求兑现其建造新的国际空间站的财政承诺，而不是对原有空间站修修补补。现有空间站过于老旧，事故不断，设备故障就多达1600多次，此外在对接过程中还发生过碰撞以及舱内起火等。2001年3月23日，"和平"号空间站的最后时刻终于来临，俄罗斯航天局批准该站脱离轨道，这部重达134吨的庞然大物在再入大气层所产生的炙热高温中解体，残余碎片坠落于南太平洋。

第 10 章

航天飞机和"国际空间站"

　　航天飞机是一种巨大的有翼航天器，它可以飞入轨道，能在无动力状态下返回地面，在常规机场跑道着陆。这是迄今为止人类设计和建造的最令人敬畏同时也是让人揪心的一种航天器。从 1981 年开始，前后有 5 架航天飞机（NASA 亦称轨道飞行器）共完成了 130 多次飞行任务。30 多年来，航天飞机承担起美国太空计划"老黄牛"的角色，不啻为一项让全球数百万人着迷的超级工程。

　　然而，庆祝胜利的喧嚣中也夹杂着对那些事故的辛酸回忆，着实令人心碎。最令人记忆犹新的事故为：1986 年 1 月 28 日，"挑战者"号航天飞机第 10 次发射，于升空 73 秒后发生爆炸，7 名机组成员全部罹难；17 年后的 2003 年 2 月 1 日，NASA 的第一架商业化运营航天飞机——"哥伦比亚"号，在返回大气层时解体，7 名宇航员也全部遇难。

　　探索过程往往伴随着沉痛代价，在人类挑战引力定律、征服充满危险的太空之旅中，NASA 并不能独善其身，但美国的航天飞机计划仍谱写了一部人类顽强拼搏与创新的华彩乐章。

不同凡响的机器

　　"你好，休斯敦！这里是'哥伦比亚'号！"在经历了 15 分钟信号中断后接收机里终于传来了资深宇航员、指令长约翰·扬那沉着而坚定的声音。休斯顿任务控制中心里一片欢腾，大伙儿相互握手、拥抱，许多人如释重负，纷纷点燃了雪茄。几分钟后，他们从屏幕上看到了满身焦痕的航天飞机从天际线上闪出，最后滑向位于莫哈韦沙漠的爱德华兹空军基地的跑道。

"哥伦比亚"号开始减速，两次音爆声响彻沙漠上空。驾驶员鲍勃·克里平笑道："我们竟然用这种方式来加州啊！"5分钟后，航天飞机开始着陆，50多万等候在着陆地点的观众狂欢起来。9秒后，飞机前轮落在了跑道上。很快，美国这部最新型太空运输工具在闪着微光的沙漠中慢慢停下来。"欢迎回家，'哥伦比亚'号"。任务控制中心传来热情洋溢的问候："妙极了，真是妙极了！"

第一架航天飞机顺利返回，标志着美国太空计划的测试阶段顺利完成。此前，飞船只能使用一次，在返回时还要使用彩色条纹降落伞，随后溅落于大海之上，最后再用直升机捞起。如今，这种情形一去不复返了，全新的太空旅行新时代初现端倪：新型航天器能执行几十次飞行任务并像普通飞机一样在常规跑道降落。

在最初的20年间，人类的太空飞行已经取得了惊人的进步，但美国正着眼于更高目标。作为一种带有飞翼的装置，"哥伦比亚"号的结构极为复杂，其意义也远远不止于此。曾几何时，国家的技术能力备受国民质疑，"哥伦比亚"号航天飞机的横空出世让这种担忧烟消云散。仅仅6年之前，饱受诟病的越南战争以失败告终。而就在几年之前，又有更多不幸事件发生：美国救援直升机在伊朗沙漠中坠毁；位于三里岛（Three Mile Island）的核电站发生反应堆堆芯部分熔化事故；作为汽车制造业中心的底特律市在亚洲进口车的冲击下苦苦挣扎。

航天飞机的原型机称为"企业"号，源自科幻小说《星际迷航》（*Star Trek*）中基尔克船长的太空船的名字。"企业"号曾被安装在经特殊改造的"波音"747客机上进行了一次无动力返回和着陆实验。尽管如此，"哥

航天飞机首次轨道飞行任务 STS-1 乘组，约翰·扬（左）和鲍勃·克里平。

伦比亚"号的首飞仍然开创了将航天飞机送入太空的先河。此次飞行任务被命名为 STS-1，也就是太空运输系统（Space Transportation System，STS）的首次飞行任务。这种运输工具被正式定名为航天飞机，这次任务由两名 NASA 最优秀的宇航员操控。任务指令长是年届 50 岁的约翰·扬，这是他的第 5 次太空飞行，此前他曾两次成功执行"双子座"任务，随后又参与了"阿波罗"计划并两次飞往月球。驾驶员是 43 岁的"新手"鲍勃·克里平，他曾是一名海军飞行员，此前曾供职于载人轨道实验室（Manned Orbiting Laboratory，MOL）项目，后来该项目被美国空军终止，他随后转到 NASA 宇航员团队。

　　此次任务的主要目标是演示航天飞机及乘组安全发射和返回，并检验整个航天飞机涉及的"组合体"——航天飞机、固体火箭推进器和外部的燃料箱——的综合表现。航天飞机上搭载的两种专用设备，分别都装有传感器和用于测量温度、压力和加速度的仪器。

对于新型载人轨道航天器而言，STS-1任务是第一次也是迄今为止仅有的一次在测试时搭载乘组人员的飞行。因此，"哥伦比亚"号在这次和接下来的3次试飞中都配备了弹射座椅，这种装置原本是为洛克希德公司的SR-71"黑鸟"超音速飞机研发的。如果在升空过程中出现险情（最大速度接近3马赫，1马赫=1225.08千米/时），或者航天器以接近音速返回却无法在跑道上着陆时，约翰·扬和鲍勃·克里平就有机会逃生。几次试飞后，有关部门宣布航天飞机可以进入运营状态。由于弹射座椅太重，在乘组人员较多的时候不可能为每个人都安排座椅，因此已经安装的两个也被弃用了；在第9次飞行后，两个座椅被彻底拆除。宇航员们深知，不管在升空还是返回过程中遭遇紧急情况，在超过亚音速状态下从航天飞机中弹出都是致命的。同时，位于中间舱的椅子也无法安装弹射设备。从后来失事的"挑战者"号及"哥伦比亚"号来看，留给乘组人员的反应时间仅有几毫秒，所以即使安装了弹射椅也不能拯救任何宇航员的生命。而且，我们可以假设，在两个固体火箭推进器尚未脱落之前弹射出舱，宇航员会葬身于炽热的尾焰中。即使推进器分离之后，航天飞机也会因高度太高、速度太快而难以弹射。"哥伦比亚"号解体时，它正穿越距地球61千米的大气层中部，飞行速度高达18倍音速，在这个高度下人根本无法活下来。在这两种情况下，弹射出来的宇航员都会被超音速飞行时形成的极高风速撕碎。

航天飞机的尺寸与"空客"A320客机相仿，但装有双三角翼。虽然长度仅有37米，但这一长度与1903年12月由奥维尔·莱特（Orville Wright）制造的第一架动力飞机相同。航天飞机的机身材料主要是铝合金，发动机的材料以钛合金为主，机身下腹部覆盖了特制的陶瓷片，用以在返回时的极度高温中保护机体安全。

每个航天飞机都安装了 3 台主引擎，由外部巨大的推进剂箱提供燃料，3 台引擎的最大功率超过 27500 兆瓦。为引擎提供动力的液氢保存在 -252℃ 温度下，而引擎燃烧室的温度则高达到 3350℃，这个温度比熔铁温度还高 500℃。发动机高压涡轮泵的转速能达到每分钟 37000 转，其中每个泵都能向空中喷射长达 58 千米的液氮柱。

航天飞机的参数：长度：37.237 米；翼展：23.79 米；高度：17.86 米；空载重量：78,000 千克；发射总重量：110,000 千克；载荷舱：4.6 米 ×18 米。

发射

1981 年 4 月 12 日，"哥伦比亚"号航天飞机名震寰宇，这一天恰好是尤里·加加林历史性飞行的 20 周年纪念日，但这纯属巧合。就在两天前，若干技术问题和通用计算机系统的定时偏离问题给发射倒计时蒙上了阴影，因此发射被推迟。最后，发射确定在肯尼迪航天中心 39A 发射台，时间为美国东部时间上午 7 时 03 秒。

正如卡纳维拉尔角的工程师们预料的那样，"哥伦比亚"号起飞后发射台一片狼藉。从推进器底部喷射出的炽烈火焰高达 3300℃，所及之处电缆烧焦了，喷水管口熔化了，就连距发射台 1 千米外的草坪也枯萎了。巨大的冲击波毁坏了照明设施和报警箱，电气控制箱的门被扯掉，电梯门也被挤出门框。不过，事后检查发现，所有损坏实际上都在预料之中。

45 分钟后，"哥伦比亚"号开始在距地球 240 千米处环绕地球飞行，到当天晚些时候，其高度又升至 270 千米。不过，在此期间还是出了一些小问题。航天飞机在太空度过了第一个夜晚，在此期间两名宇航员抱怨机舱里有点儿冷，随后地面控制人员给出一个信号让热水注入机舱的温度控制单元，问题迎刃而解。此外，一个飞行数据记录仪出了问题，但其外罩拧得太紧，约翰·扬和克里平在失重情况下没有足够力量拧开螺丝，因此也无法进行维修。

最严重的问题出现在第二天晚上，当时警铃大作，警示灯不停闪烁，显示"哥伦比亚"号上负责控制着陆传动装置和机翼中的升降副翼的液压系统中，有一个辅助动力装置的加热设备出了故障。这个问题只需简单拨动一个开关就解决了。两名宇航员还注意到航天飞机后部的一些隔热瓦片不见了，很显然是在发射升空中脱落的。经过与地面沟通，大家认为遗失瓦片的区域不太重要，对安全返航不会有多大影响。

本次发射并没安排什么重要的科研任务，不过"哥伦比亚"号还是对大多数系统进行了检验，其中包括两次开启和关闭载荷舱门，以确认其在失重状态下的有效性。第二天，在"哥伦比亚"号按计划着陆前一小时多一点，为控制好返回过程，约翰·扬和克里平开始向计算机指挥系统输入一系列指令。几个小型调姿火箭点火后进行了一系列短暂"燃烧"并使航天飞机转向180°。随后，为降低飞行速度，主发动机点火工作了147秒。20分钟后，时速达每小时27200千米的"哥伦比亚"号开始进入返程的最后时刻，虽然只有几分钟，但十分关键，让人焦躁不安。因电磁干扰的缘故，通信一度中断，航天飞机在返回途中置身于炽热的大气层中，当时温度高达1650℃。

接下来的17分钟，地面飞行控制人员焦急地等待着。不久，通信联系恢复，约翰·扬平静的问候声打破了无线电的沉寂，现场气氛开始活跃起来。接下来，"哥伦比亚"号开始从一架航天飞机变身为无动力滑翔机，机上的计算机系统经过一系列调整，速度慢慢降了下来。飞行控制中心通知两名宇航员："一切正常，准备降落"。在大约3700米的高空，约翰·扬接手着陆操作，调整襟翼、升降舵、方向舵和减速器，为最后的完美着陆做好准备。他很清楚，机会只有一次。他精准地操控飞机向前滑行，最后以每小时345千米左右的速度平稳着陆。这个速度比普通商用喷气飞机的时速高出50千米。

1981 年 4 月 12 日,"哥伦比亚"号首次执行太空任务时的发射场面。

　　后续的检查显示,固体火箭推进器点火后形成了一股巨大的压力波,受其冲击,有 16 块隔热瓦片被震松,另有 148 片受损。尽管如此,这架轨道飞行器表现仍很出色。

"哥伦比亚"号航天飞机测试飞行

任务	主乘组	后备乘组	发射日期	着陆日期	绕地圈数
STS-1	约翰·扬、罗伯特·克里平	乔·恩格尔 理查德·特鲁利	1981年4月12日	1981年4月14日	36
STS-2	乔·恩格尔 理查德·特鲁利	托马斯·肯·马丁利二世 亨利（'汉克'）·哈茨菲尔德	1981年11月12日	1981年11月14日	37
STS-3*	杰克·洛斯马 戈登·富勒顿	托马斯·肯·马汀利二世 亨利（'汉克'）·哈茨菲尔德	1982年3月22日	1982年3月30日	130
STS-4	托马斯·肯·马汀利二世 亨利（'汉克'）·哈茨菲尔德		1982年6月27日	1982年7月4日	113

* 除了STS-3任务，其他所有试验飞行都在爱德华兹空军基地的23号跑道着陆。由于爱德华兹发生水灾，STS-3任务着陆地点为新墨西哥州白沙滩导弹发射场的17号跑道。

　　"哥伦比亚"号首飞成功让笼罩在美国人心头的无助感和忧郁气氛一扫而光，两名宇航员以果敢精神完成了这次开创性飞行任务，着实值得庆贺。正如倍感欣慰的时任美国总统罗纳德·里根对约翰·扬和克里平说的那样："透过你们，我们觉得自己再次成了巨人"。[1]

　　"哥伦比亚"号的重量比其他的航天器都大，它因此也成了航天器队伍中的"老黄牛"，在后续飞行中承担一系列太空实验任务，其中就包括部署钱德拉X射线观测台和哈勃空间望远镜等。

航天飞机的后续任务

　　轨道飞行测试任务取得圆满成功后，NASA宣布航天飞机已经完全具备运行条件。接下来的 STS-5 任务将搭载 4 名乘员。其中，参加第一次飞行任务的乘组人员为指令长万斯·布兰德、驾驶员罗伯特·奥弗迈耶（Robert Overmyer）以及两名任务专家乔·艾伦（Joe Allen）和比尔·勒努瓦（Bill Lenoir）。"哥伦比亚"号第四次轨道飞行时，在其宽大的载荷舱里搭载了两颗通信卫星并将其送入轨道，NASA 借此彰显航天飞机的商业潜力。卫星被成功部署在太空；然而艾伦的宇航服因内置冷却扇出现故障而且无法修复，原计划由艾伦和勒努瓦共同执行的出舱活动被迫取消，这也是本次任务的唯一失败之处。勒努瓦曾建议自己单独出舱活动，但遭 NASA 否决。5 天的任务结束了，1982 年的 11 月16 日，航天飞机完美地降落在加利福尼亚爱德华兹空军基地的沙漠跑道上。

接下来的飞行任务是 STS-6。1983 年 4 月 4 日，"挑战者"号航天飞机搭载着由指挥长保罗·魏茨、驾驶员卡罗尔·博布科以及任务专家斯托里·马斯格雷夫（Story Musgrave）和唐·彼得森（Don Peterson）组成的 4 人乘组成功飞往太空，初战告捷。马斯格雷夫和彼得森身穿为此次任务专门设计的新式太空服、身系安全绳完成了航天飞机计划中第一次太空行走。这次出舱活动耗时 4 小时 17 分，在"挑战者"号载荷舱进行了多项测试任务。

"挑战者"号将在后续的 STS-7 任务中搭载新乘组执行太空任务，这次发射定在 1983 年 6 月 18 日，飞行时间为 6 天。这个日期很有意义，因为 20 年前的这一天，历史上第一个女宇航员瓦莲京娜·捷列什科娃进入太空，当时她正处于自己太空生涯的巅峰期。无独有偶，执行此次航天飞机第七次升空任务的 5 名乘组人员中就包括美国第一位女宇航员——任务专家萨莉·赖德。赖德现年 31 岁，是来自加利福尼亚州的物理学家，在十几岁时就曾获得过网球比赛冠军。赖德和另外的 5 名女性入选NASA 太空计划宇航员队伍，她们同男性伙伴一道为参加未来的航天飞机

萨莉·赖德是第一个搭乘"挑战者"号执行 STS-7 任务的美国女性。

飞行任务一起进行培训。在此之前,她们已经有了 5 年的太空飞行经历。这次太空飞行的主要任务是从载荷舱释放加拿大的"阿尼克"(Anik)卫星,随后,在轨飞行到第 18 圈时,再释放印度尼西亚的"帕拉帕 -b"(Palapa-b)通信卫星。

身为物理学家的宇航员诺曼·撒加德是晚些时候加入 STS-7 任务乘组的乘员。这次,他负责就"太空适应综合证"这种神秘疾病开展医学试验,原因是此前有些宇航员在任务初期会出现头晕、恶心症状,奇怪的是这类症状仅发生在有限的几个人身上。因此,对病因需要由专业人士在太空和地面进行研究,希望找到某种治疗方法。

升空后的第五天,执行 STS-7 任务的萨莉·赖德和约翰·法比安(John Fabian)利用航天飞机上的遥控机械臂释放了当时联邦德国研制的

"航天飞机支架卫星"（Shuttle Pallet Satellite，SPAS①），随后他们还对实验卫星进行释放和收回操作。按计划，执行 STS-7 任务的挑战者号航天飞机第一次返回时应降落在肯尼迪航天中心新建的长达 3 英里混凝土跑道上，但天气预报说卡纳维拉尔角天气不佳，航天飞机在等待指令期间只得在轨道上多绕 2 圈。最终，航天飞机没在佛罗里达着陆而是降落在爱德华兹空军基地。赖德后来回忆说：这次飞行很有趣，实际上，这肯定是我一生中最有趣的经历"。[2]

为适应航天飞机飞行任务的需要，1978 年选拔的 35 名宇航员在早期任务中颇具代表性。在执行 STS-7 任务的乘组里，5 人中有 4 人来自第 8 培训队，在后续的 STS-8 任务中，5 人中有 3 人来也来自该队。盖恩·布卢福德（Guion 'Guy' Bluford）作为第一个进入太空的美国黑人宇航员成就了 NASA 第一段社会历史佳话。

从某种意义上来说，航天飞机历史上另一个值得记忆的片段被定格在 1983 年 8 月 30 日。这不仅是航天飞机的首次夜间发射，而且也是"阿波罗" 17 号飞船自 1972 年午夜发射后的首次夜间发射。STS-8 任务为期 6 天，发射时间对完成一项主要目标至关重要：部署一颗印度通信和气象卫星（INSAT-B）。为适应轨道力学的要求，"挑战者"号发射升空后要以正确姿态部署这颗卫星，并将其送到距地球 35900 千米的太空。发射取得圆满成功。在任务的第三天，任务专家布卢福德和戴尔·加德纳（Dale Gardner）通过部署并回收一个重达 3470 千克的哑铃状试验物，以测试由加拿大制造的遥控机械臂的力量。该测试对象用铝、钢和铅等材料制成并存储于载荷舱。此外，威廉·桑顿（William Thornton）博士在撒加德进行"太空病"[3]研究之后继续做了一些试验。经过 6 天的成功飞行，STS-8 任务组在夜间返回爱德华兹空

---

① 原文如此。经查，此卫星是联邦德国 MBB 和 ERNO 公司 1978 年 5 月开始研制的"航天飞机支架卫星"，即"自主飞行平台（卫星）"。参见法国 1985 年 2 月 23 日《航空与宇宙》。——编者注

军基地，这是 NASA 在该基地创造的又一个"第一"。

任务专家为航天飞机乘组安排了新的角色，STS-9 任务是将引入这类太空旅行者——载荷专家。与 NASA 的任务专家不同，这些男士（后来还有女士）由所在的国家或组织甚至军方进行选拔，并负责在航天飞机上的相关试验和硬件设备或者向太空释放所搭载的卫星。这些人无须经过 NASA 专为宇航员设计的严格训练，仅需就航天飞机基本系统、操作和安全流程等方面到休斯敦参加简化训练。

航天飞机执行的 STS 任务

飞行任务名称	航天飞机	机组	发射时间	着陆时间	绕地圈数
STS-5	"哥伦比亚"号（OV-102）	万斯·布兰德、罗伯特·奥弗迈耶、约瑟夫·艾伦、威廉·勒努瓦	1982 年 11 月 11 日	1982 年 11 月 16 日	81
STS-6	"挑战者"号（OV-099）	保罗·魏茨、卡罗尔·博布科、斯托里·马斯格雷夫、唐·彼得森	1983 年 4 月 4 日	1983 年 4 月 9 日	81
STS-7	"挑战者"号（OV-099）	罗伯特·克里平、弗雷德里克·豪克、约翰·法比安、萨莉·赖德、诺曼·撒加德	1983 年 6 月 18 日	1983 年 11 月 24 日	97
STS-8	"挑战者"号（OV-099）	理查德·特鲁利、丹尼尔·布兰登施泰因、盖恩·布卢福德、戴尔·加德纳、威廉斯·桑顿	1983 年 8 月 30 日	1983 年 9 月 5 日	98
STS-9/"天空实验室"1 号（STS-41A）	"哥伦比亚"号（OV-102）	约翰·扬布鲁斯特·肖、欧文·加里奥特、罗伯特·帕克、乌尔夫·默尔波德、拜伦·利希滕贝格	1983 年 11 月 28 日	1983 年 12 月 8 日	167

阵容强大的"STS-9/'天空实验室'1号"乘组。前排:(左起)任务专家欧文·加里奥特（Owen Garriott）、驾驶员布鲁斯特·肖（Brewster Shaw）、指令长约翰·扬和任务专家鲍勃·帕克（Bob Parker）。后排：载荷专家拜伦·利希滕贝格（Byron Lichtenberg）和乌尔夫·默尔波德（Ulf Merbold）。

　　1983 年 11 月 28 日,"哥伦比亚"号航天飞机在一片轰鸣声中从佛罗里达的发射台上腾空而起，开始执行为期 9 天（后延长至 10 天）的 STS-9 任务。这次，机上首次搭载了两名载荷专家，他们是来自欧洲航天局（European Space Agency，ESA）的当时联邦德国物理学家乌尔夫·默尔波德，他是第一个搭乘 NASA 航天飞机的欧洲人；另一位是美国麻省理工学院的生物医学工程师拜伦·利希滕贝格。他们将在价值 10 亿美元的"科学研究实验室"（ESA 的科学研究实验室）里进行相关试验。该实验室由 ESA 赞助，在当时的联邦德国建造，像个活动房车一般被安放在"哥伦比亚"号宽大的载荷舱里。在航天飞机中部的乘员舱里有一个可封闭的舱盖，在该舱盖与实验室之间有一个加压移动通道，专家们可以由此进入载荷舱里的"科学研究实验室"。进入了"科学研究实验室"后，默尔波德和利希滕贝格便开始做实验，数量超过 70 项，这些实验分别由美国、西欧、日本和加拿大的科学家设计。升空前，NASA 声称此次太空飞行任务将是当时时间最长、科学成果最丰厚的一次，事后证明这不是妄言。

总体上讲这次飞行任务没什么大麻烦，但后期还是被一些问题所困扰。12 月 8 日，指令长约翰·扬启动再入控制系统（RCS）引擎，以便在返航前 4 个小时调整好航天飞机的方位，这时其中一个飞行控制计算机出现故障，几分钟后另一个又出了故障。重启系统后，扬延迟了返航时间，让航天飞机在轨道上继续漂移了几小时，以便乘组人员对各系统进行仔细检查。后续返航很顺利，最后"哥伦比亚"号在爱德华兹基地 17 号跑道成功着陆。乘组人员后来才知道，就在着陆前两分钟，3 个辅助动力单元中有两个已经起火，原因是推进剂联氨的泄漏并将有毒燃料喷射在炽热的动力单元表面。万幸的是火自己熄灭了，没蔓延开来，仅对隔间造成了损害。令人后怕的是，NASA 与航天飞机着陆时爆炸并失去 6 名宇航员仅一步之遥。[4]

采用新的飞行任务编号

自实施航天飞机计划伊始，每项飞行任务都依次被赋予数字编号。第一次任务编号为 STS-1，如此类推直至 STS-9，之后又推出了一种更复杂的编号系统。在这个新系统中，STS-9 便有了第二个编号：STS-41A。NASA 的财政年度是从当年 10 月开始的。在本例中，第一个数字是 4，表示飞行计划所处的财政年度，下一个数字表示发射地点，1 代表肯尼迪航天中心。1986 年在"挑战者"号发生灾难之前，原本在加利福尼亚范登堡空军基地建设的 2 号发射场，最后因故取消了。字母代表某个财政年度的发射顺序。字母"A"意味着某财政年度计划的第一次发射，而"H"则代表第 8 次发射。如果任务推延至下一年或不可避免地打破顺序，则该项任务仍沿用其原始数字。如某项任务因故推迟，但任务序列仍保留，NASA 的这套系统很容易造成混淆，直到"挑战者"号在执行 STS-51L 任务时发生爆炸（1985 财政年度，在肯尼迪宇航中心发射，该财政年度计划中的第 12 次发射）后这套编号系统才被停用。

1988 年 9 月，航天飞机飞行计划重新启动时，之前那种简洁明确的任务编号系统被重新启用，比如第 26 次飞行就被称作 STS-26。后来，尽管有些发射没有按顺序进行，但该编号系统一直延续到最后一次发射任务，这就是 2011 年的 STS-135（"亚特兰蒂斯"号航天飞机飞行任务）。[5]

航天飞机功能的拓展

之前曾有人预测，每两周发射一次航天飞机将成为一种例行安排，其实这种看法颇具误导性。事后很快证明，这种时间表根本就不切合实际，原因在于有关资源已经用到极致，软硬件问题、难以实施的训练计划以及缺少备件等只是 NASA 诸多棘手问题中的一部分，是其无法承载之重。为保证飞行计划，NASA 工作人员正着手从一架航天飞机上拆卸部件并安装到另一架上。一年前，NASA 曾高调宣传当年的 24 次发射任务，而 STS-9 之后的 15 次任务却花了两年多时间。"哥伦比亚"号整修时，第三架航天飞机"发现者"号（OV-103）入列，接下来是第四架同时也是最后一架计划中的航天飞机"亚特兰蒂斯"号（OV-104）。下面介绍一下这 15 次任务的概况。

STS-41B：1984 年 2 月 3 日至 2 月 11 日（"挑战者"号）

为期 8 天的飞行任务安排了两次太空行走，具体由罗伯特·斯图尔特（Robert Stewart）和布鲁斯·麦坎德利斯二世（Bruce McCandless Ⅱ）实施，为人们展现了一幕航天飞机时代令人难忘的标志性画面：麦坎德利

在 STS-41B 任务中，布鲁斯·麦坎德利斯二世离开"挑战者"号航天飞机，在无安全绳连接状态下进行太空行走，成为第一个"人体卫星"。

斯成了首颗"人体卫星"。从照片上看，他在没有安全绳连接的情况下独自操纵人工控制的飞行装置行驶在这颗蓝色星球的上方，背后是广袤无垠的黑暗宇宙。

STS-41C：1984 年 4 月 6 日至 4 月 13 日（"挑战者"号）

此次飞行为期 6 天，主要任务是完成首次"召回服务"，包括回收和修理 4 年前发射的重达 2270 千克的故障卫星"Solar Max"。第一次将 Solar Max 卫星拉出其飞行轨道的尝试失败了，第二天，任务专家特里·哈特（Terry Hart）设法用"挑战者"号上的机械臂捕捉缓慢转动的卫星。刚把这颗卫星固定在载荷舱，正在太空行走的宇航员乔治·纳尔逊（George 'Pinky' Nelson）和詹姆斯·范·霍福特（James 'Ox' van Hoften）就抓紧更换有故障的控制箱，然后他们又修复了一个损坏的设备；最后，哈特用机械臂把修好的卫星重新部署到轨道上。

STS-41D：1984 年 8 月 30 日至 9 月 5 日（"发现者"号）

由于一台计算机出现故障需要更换，"发现者"号的首飞计划推迟到 1984 年的 6 月 25 日。第二天，发射前仅 4 秒钟，由于主燃料阀突然间运转不稳定并关闭，导致航天飞机的一个主发动机起火后停止工作。此后该计划又再次推迟，终于在两个月后的 8 月 30 日发射成功，过程堪称完美。作为 6 名乘组成员中的佼佼者，查尔斯·沃克（Charles Walker）是一名载荷方面的专家，来自麦克唐纳·道格拉斯（McDonnell Douglas）公司，他最终成了第一个进入太空的商业载荷专家。他的任务是在太空无重力环境下为公司进行一项电泳试验。在成功完成 6 天的飞行任务后，"发现者"号于 9 月 5 日降落在爱德华兹空军基地。

STS-41G：1984 年 10 月 5 日至 10 月 13 日（"挑战者"号）

这是"挑战者"号第六次赴太空执行任务。作为第一个完成太空行走的美国女性，任务专家凯西·沙利文（Kathy Sullivan）和队友戴维·利斯特马（David Leestma）在太空飘浮了三个半小时，在此期间，他们在载荷舱后部安装了两个燃料箱，另外还测试了日后为燃料耗尽的卫星添加燃料的工具。他们依靠安全缆索连接载荷舱后部，并在那里安装了两个燃料箱。不过，第一个完成太空行走女性的殊荣与她失之交臂，因为在 3 个月前，苏联的斯维特兰娜·萨维茨卡雅（Svetlana Savitskaya）已经完成了太空行走。同时，萨莉·赖德完成了自己的第二次太空飞行任务。另外，出生于澳大利

戴尔·加德纳手举"出售"的标语，表明成功回收了失效的"帕拉帕-B2"和"西星-6"卫星，调侃意味十足。

亚的海洋学家保罗·斯库利-鲍尔（Paul Scully-Power）搭乘"挑战者"号执行了监测和拍照全球海洋以及洋流与螺旋状涡流状况的任务。

STS-51A：1984年11月8日至11月16日（"发现者"号）

这次任务的主要目的是释放两颗卫星，同时设法回收年初因推进器无法点火而被遗弃在地球低轨道上的两颗卫星并将它们带回地球。两颗新卫星是来自加拿大的"阿尼克"卫星和休斯公司的同步通信卫星。这两颗卫星被成功部署在太空。在接下来的3天里，任务专家乔·艾伦和戴尔·加德纳回收了已被弃用"帕拉帕-B2"和"西星-6"（Weststar-6）卫星；两人经过精准操作将这两颗卫星放入已腾空的载荷舱。在这个复杂操作中，控制遥控机械臂的是任务专家安娜·费舍尔（Anna Fisher），她是进入太空的第四个美国女性和第一位母亲。

STS-51C：1985 年 1 月 24 日至 1 月 27 日（"发现者"号）

这是一次仅用于军事目的的秘密任务，此前绝无仅有。对放置于载荷舱内的大型卫星没有任何信息披露。按军方要求，肯尼迪航天中心的所有媒体设施关闭，发射时间严格保密，关闭地面控制中心和宇航员的通信转播。作为美国空军载人航天工程师计划（Manned Spaceflight Engineer Program，MSE）的组成部分，加里·佩顿（Gary Payton）上校成了乘组中的第一个军方载荷专家。鉴于任务的性质，这次为期 3 天的飞行任务细节基本上没有披露。

STS-51D：1985 年 4 月 12 日至 4 月 18 日（"发现者"号）

作为麦克唐纳·道格拉斯公司的一名工程师，这是查尔斯·沃克第二次前往太空执行任务。他此番的工作安排是操作一台大型电泳设备（通常用来将分子分离出来）；公司希望通过此举制成一种特殊的高纯度化合物——促红细胞生成素，用以在该公司与强生公司医药事业部的合资企业中开展一种足以改变人类生活的药物临床试验。下一步如能投入生产，则有希望极大改善贫血症患者或其他需要输血者的生活状况。有证据表明，失重环境下的提纯效果比地面实验室中获得的效果高出 4 倍左右。本次飞行中还有不少其他科研任务，但媒体把注意力更多放在第二位载荷专家身上——他就是时任美国参议员的杰克·加恩（Jake Garn）。之所以安排加恩参与本次任务，一方面因为他是国会专门委员会主席，身负监督 NASA 预算执行情况的重任；另一方面他还要在太空进行医学试验。不幸的是，他在太空的多数时间里备受太空病折磨。在这次任务中，乘组向太空部署了两颗通信卫星——通信卫星 -1（"阿尼克"C-1）和同步通信卫星 IV -3（"利萨特"-3），但后者的引擎却无法启动。任务专家雷亚·塞登（Rhea Seddon）利用遥控机械臂试着嵌入一个牙签大小的点火开关，但没成功。出舱直接靠近卫星太危险，于是任务专家杰夫·霍夫曼（Jeff Hoffman）

和戴维·格里格斯（David Griggs）临时安排了一次出舱活动，将两个"苍蝇拍"状的工具安装在机械臂末端。塞登又做了一次尝试，用这两个工具轻轻地拨动 Leasat-3 的开关，但仍以失败告终。按照地面控制中心传来的指令，乘组人员很不情愿地放弃了那颗已经失去反应的卫星，随后"发现者"号小心翼翼地离去。这些操作失败了，而且无形中将任务期延长了两天。"发现者"号在肯尼迪航天中心着陆时突然遭遇侧风，将航天飞机吹离跑道中央达 6 米之多。这时，卡罗尔·博布科不得不紧急制动，导致右边内侧刹车抱死，引起内侧轮胎爆裂，亦对机翼上的副翼造成了损伤。[6]

STS-51B：1985 年 4 月 29 至 5 月 6 日（"挑战者"号）

这是"挑战者"号的第 17 次太空飞行。本次飞行搭载了 7 名乘员，他们将在欧洲航天局"科学研究实验室"3 号上开展工作；该实验室价值高达 10 亿美元，可重复使用，这是实验室第二次进入太空。实验室 3 号被再次固定在载荷舱内，从而占据了该舱的全部空间。实验室可以为精密材料加工以及流体试验提供最高质量的微重力环境。同时被携带进入轨道的还有两只松鼠猴和 24 只老鼠，它们将被用于研究失重状态对动物的影响。7 名乘员均为男性，分白班和夜班轮流工作，每班 12 小时。经过 7 天 110 圈的绕地飞行，指令长鲍勃·奥弗迈耶和驾驶员弗雷德·格雷戈里（Fred Gregory）驾驶"挑战者"号平稳降落在爱德华兹空军基地。

STS-51G：1985 年 6 月 17 日至 6 月 24 日（"发现者"号）

参加任务的 7 名乘组人员中有两名外国载荷专家，本次任务是发射 3 颗通信卫星并回收"斯巴达 I"X 射线观测台（Spartan I X-ray Observatory）。此外，他们还要进行一项隶属军方战略防御计划（SDI，也称为"星球大战"计划）项目下的激光追踪试验。帕特里克·博德里（Patrick Baudry）是一名法国宇航员，之前曾作为后备乘员与另一名法

具有国际合作背景的 STS-51G 任务乘组。后排:任务专家香农·露西德(Shannon Lucid)、史蒂夫·内格尔(Steve Nagel)、约翰·法比安、载荷专家苏丹·萨勒曼·阿勒沙特(沙特阿拉伯)和帕特里克·博德里(法国)。前排:指令长丹·布兰登施泰因和驾驶员约翰·克赖顿(John Creighton)。

国人让-卢普·克雷蒂安(Jean-Loup Chrétien)一起在苏联受训,后来克雷蒂安于 1983 年搭乘苏方的"联盟"号进入太空。第二个外国人是苏丹·萨勒曼·艾尔沙特(Sultan Salman Al-Saud)王子。身为沙特国王法赫德(Fahd)的侄子,他是第一位进入太空的王室成员和穆斯林。他在此次任务中并没有太多职责,主要是观察阿拉伯卫星通信组织中继站的发射并拍摄一些本国照片作为地理研究之用,因此他的加盟主要是为了彰显一种国际合作姿态。"星球大战"计划测试是在"发现者"号气密舱的窗口安装一个 20 厘米宽的反光镜,用以充当来自夏威夷毛伊岛的低能量激光目标。作为完善战略防御计划相关技术努力的组成部分,这项活动意在测试高精度激光的追踪技术。由于计算机指错方向，第一次试验失败，不过两天后的第二次试验取得成功。"发现者"号在完成第18次任务后着陆于爱德华兹空军基地。此次任务历时7天，被称为当时最成功的一次飞行。[7]

STS-51F：1985年7月29日至8月6日（"挑战者"号）

这次任务被认为是迄今为止由政府主导的飞行科学任务中最具雄心的一次（也是美国第50次载人太空飞行）。"挑战者"号起飞后不久就出了故障，其中一个主发动机停机达5分40秒；幸运的是这时固体火箭推进器已经分离了。地面控制人员曾考虑让"挑战者"号在西班牙迫降，但该机借助剩下的两台发动机仍能勉强进入距地球273千米的轨道，这个位置比预定目标低了116千米。为了达到预定高度，指令长戈登·富勒顿（Gordon Fullerton）已经消耗了分配给轨道操控系统（OMS）和反应控制系统（RCS）推进剂用量的三分之一，这意味着航天飞机无法爬升到更高轨道。新装配的"天空实验室"2号被固定在载荷舱中，实验室内安装有价值超过7200万美元的望远镜和其他精密设备。按原计划，此次飞行要承担轨道天文观测台的角色，用以研究太阳、星体和遥远星系。由于轨道位置低于预期，这意味着并非所有任务目标都能实现，虽然在轨道上多待了1天，才降落在爱德华兹基地，但总体而言算是一次成功的飞行。

STS-51I：1985年8月27日至9月3日（"发现者"号）

因天气恶劣和计算机故障等原因，此次发射比原计划推迟了3天，最后赶在暴风来临之前在黎明时分离开发射台；这是航天飞机发射计划中经历的最恶劣的天气之一。离开地面后仅几分钟，暴雨就倾泻在发射台上。对5名宇航员而言，进入太空后的第一天是个繁忙的日子，他们要在轨道上部署两颗卫星。第一个被送入轨道的是澳大利亚的通信卫星"澳塞特"

（Aussat），5 小时后美国卫星公司的一颗中继卫星被送入轨道。第三颗卫星是同步通信卫星Ⅳ -4，将在两天后部署。乘组的下一项任务是回收、修理"利萨特"-3 卫星，因为 4 个月前的 STS-51D 任务组没完成此项任务。这次，由于配备了工具，任务专家詹姆斯·范·霍夫腾（James van Hoften）和威廉·费希尔（William Fisher）顺利捕获了这颗故障卫星并将其小心翼翼地放入载荷舱。经过两次总计 11 小时 46 分钟的漫长太空行走，修复工作顺利完成；一度无法工作的"利萨特"-3 卫星被送回轨道。此次任务绕地 111 圈。任务结束后，"发现者"号在爱德华兹空军基地的 23 号跑道上安全着陆。[8]

STS-51J：1985 年 10 月 3 日至 10 月 7 日（"亚特兰蒂斯"号）

作为 NASA 运营的第四架航天飞机，"亚特兰蒂斯"号（OV-104）这次首秀很低调。航天飞机从肯尼迪航天中心发射升空，本次任务为期 4 天，肩负着国防部的秘密使命。正如之前的 STS-51C 任务一样，NASA 必须遵守五角大楼的严格规定，不得透露任何细节，就连发射时间也是在发射前 9 分钟才公布。按要求，5 名乘员中 4 人是 NASA 的宇航员，他们都有从军经历。尽管如此，第五名乘员是空军少校威廉·派莱斯（William Pailes），他是来自军方的第二个载荷工程师。据悉，国防部的两颗通信卫星被送入轨道，随后"亚特兰蒂斯"号开始返回并在爱德华兹空军基地 23 号跑道降落。

STS-61A：1985 年 10 月 30 日至 11 月 6 日（"挑战者"号）

这是"挑战者"号的第 9 次执行任务，也是航天飞机计划的第 21 次飞行。这次任务不仅搭载的乘员人数最多（8 名），而且也是第一次由另一个国家参与部分飞行操控任务。当时的联邦德国航天机构租用"挑战者"号执行了为期 8 天的任务，这次不仅将"空间实验室"2 号再次送入轨道，而且还搭载了3名来自欧洲的物理学家：莱因哈特·富勒尔（Reinhard Furrer）、恩斯特·梅塞施密德（Ernst Messerschmid）和维博·奥克尔（Wubbo Ockels）。这个名为"空间实验室"D-1（德国1号）的任务是第一次由德方参与管控的任务，由隶属于原联邦德国航空航天飞行试验研究院（DFVLR，现在的德国航天中心DLR的前身）的联邦德国太空运营中心实施操控。在轨飞行期间共进行了超过75个科学试验，涉及生理学、材料学、生物学和航海等领域。任务结束时，乘员们创造了绕地110圈，航行168小时的纪录。遗憾的是，这是"挑战者"号最后一次着陆。[9]

STS-61B：1985年11月27日至12月3日（"亚特兰蒂斯"号）

这次"亚特兰蒂斯"号搭载了7名宇航员从肯尼迪航天中心的39A发射台升空，开启了自己的第二次太空之旅。这是一次夜间发射，场面十分壮观。这次任务计划是在太空中停留一周并部署3颗商用通信卫星。飞行期间，任务专家杰里·罗斯（Jerry Ross）和舍伍德·斯普林（Sherwood Spring）将完成两次太空行走，在载荷舱停留共计12小时，任务是完成一些雄心勃勃的建设工程：用99根铝制支架建造一个高达14米的柱形塔，然后修建一个跨度4米的金字塔状结构，以检验人类在太空装配结构的能力。

7名乘员中有两名载荷专家，其中1人是鲁道夫·内里·贝拉（Rodolfo Neri Vela），他是第一个进入太空的墨西哥人；另一个是查尔斯·沃克，来自麦克唐纳·道格拉斯公司，这是他的第三次太空飞行。沃克的任务是利用航天飞机底层的电泳设备和失重条件继续制造高纯度促红细胞生成素样本。整个任务持续了不到7天，因担心爱德华兹空军基地的雷电天气，"亚特兰蒂斯"号提前返回地面，比原计划少飞行一圈。因受"挑战者"号灾难性事故的影响，"亚特兰蒂斯"号在3年后的1988年12月才再次飞入太空执行STS-27任务。

STS-61C: 1986 年 1 月 12 日至 1 月 18 日("哥伦比亚"号)

由罗伯特·吉布森担任指令长的"哥伦比亚"号进入太空执行此次任务,这次任务是为美国广播公司部署世界上功率最强大的全球通信卫星KU-1(Satcom KU-1)。一同进入太空的还有两名 NASA 任务专家:天体物理学家史蒂夫·霍利(Steve Hawley)和乔治·纳尔逊(George Nelson),他们将负责对哈雷彗星拍照并进行研究。另一个颇具争议的成员是来自佛罗里达州的民主党众议员比尔·纳尔逊,他是众议院负责监督 NASA 预算执行情况的小组委员会主席。经过 6 天多的成功飞行,吉布森和驾驶员查尔斯·博尔登(Charles Bolden)驾驶"哥伦比亚"号于 1986 年 1 月 18 日着陆于爱德华兹空军基地。由于恶劣天气原因,着陆地点由佛罗里达转移至此,这标志着航天飞机计划的第 24 次任务顺利完成,也是 NASA 在 1986 年创纪录的 15 次任务计划中的第一次。下一次执行 STS-51L 任务的是"挑战者"号,发射时间定在 1986 年 1 月 23 日。

1986 年的航天飞机飞行任务计划

日期	航天飞机	任务概要
1 月 12 日	"哥伦比亚"号	发射通信卫星;拍照哈利彗星;搭乘众议员比尔·纳尔逊
1 月 23 日	"挑战者"号	发射通信卫星;发射并回收研究哈雷彗星的小卫星;搭乘教师赫丽斯塔·麦考利夫(Christa McAuliffe)
3 月 6 日	"哥伦比亚"号	搭载 4 个研究哈雷彗星、行星、恒星和星状体的望远镜;发射卫星
5 月 15 日	"挑战者"号	搭载用于发射的尤利西斯(Ulysses)自动探测器,它将环绕木星,并进入太阳轨道
5 月 20 日	"亚特兰蒂斯"号	搭载伽利略探测器,于 12 月与小行星安菲特里忒(Amphitrite)交会,然后飞往木星及其卫星
6 月 24 日	"哥伦比亚"号	发射两颗卫星;搭乘英国和印尼宇航员
7 月 22 日	"挑战者"号	发射两颗卫星;萨莉·赖德第三次飞入太空

续表

日期	航天飞机	任务概要
7月中旬	"发现者"号	第一架从范登堡空军基地发射的航天飞机;研究战略防御计划实施的军事任务
8月18日	"亚特兰蒂斯"号	地球科研任务
9月4日	"哥伦比亚"号	秘密军事任务
9月27日	"挑战者"号	为印度发射卫星;搭乘第一个印度宇航员;可能搭乘第一个太空旅客
9月29日	"发现者"号	从范登堡空军基地发射,秘密军事任务
10月27日	"亚特兰蒂斯"号	发射哈勃空间望远镜
11月6日	"哥伦比亚"号	发射两颗卫星
12月8日	"挑战者"号	秘密军事任务

"挑战者"号罹难

1986年1月28日,星期二上午,美国东部时间11时38分。"挑战者"号航天飞机从肯尼迪航天中心的发射台顺利升空,当它带着柱状炽热火焰离开发射塔奔向太空时,成千上万名激动的观众正满心欢喜地欢呼跳跃。发射16秒后,航天飞机自动进行了一个单轴转向,然后缓慢地回转以恢复正常轨迹。这时7名乘员正准备经历最强烈的气流扰动,这就是所谓的最大动压,发射看起来进展顺利。

这时候,航天飞机的加速会减缓,发动机功率降至满负荷的65%,以避免对机体造成损伤。尽管如此,机组成员仍经受了剧烈的颠簸,直至四周空气变得稀薄起来。外部压力降低后,主发动机就能恢复全部推力。指令长迪克·斯科比(Dick Scobee)按既定程序向迪克·科维(Dick Covey)发出"提速"请示,后者是地面任务控制中心当天负责与航天飞机进行通信联络的人员。科维从屏幕的数据上判断发射过程一切正常,"挑

执行 STS-51L 任务的"挑战者"号在升空，这是其最后一次发射时的场景。

战者"号正以近乎完美的轨迹飞行；于是他按下通话键说："收到，开始加速！"这时是发射后的第 70 秒。

接着，在没有任何警示情况下航天飞机开始震动并剧烈摇晃起来。驾驶员迈克·史密斯（Mike Smith）已经意识到遭遇了大麻烦，这时航天飞机升空仅 73 秒，他刚喊了一句"噢！……"，一个巨大火球就在航天飞机上闪现，紧接着燃料箱发生剧烈爆炸。

爆炸的原因最后被归结为右侧固体火箭推进器内的 O 形环出了问题。那天上午天气寒冷，O 形环被冻硬失效，从而导致炙热气体从推进器侧面透出。后来从当时拍摄的照片可以看出，点火的时候，有一股黑烟从推进器下端的结合部冒出，这揭示了事故的真相。即使当时控制人员和监视器注意到了这个问题，他们也没有办法让推进器熄火。从决定发射的那一刻起，STS-5IL 任务的命运就已经注定了。

从外观上看，"挑战者"号顺利进入佛罗里达上空那片蔚蓝的天空，但肉眼看不到的是从右侧推进器漏出了炽热火焰并急速蔓延开来。接着，火

"挑战者"号航天飞机升空 73 秒后发生爆炸。

焰燃烧到了连接推进器和巨大燃料箱的支柱，当该支柱融化并碎裂时，燃料箱开始扭转。突然间火光一闪，燃料箱爆炸并形成一个巨大火球。

地面上的观众看到一股白色、橙色和红色混杂烟雾喷涌出来，瞬间包裹住航天飞机，紧接着，喷射着火焰的推进器被甩出来。碎片拖着白色浓烟天女散花般四处飞散。一时间，人们不知发生了什么，但很快意识到自己正目睹一场难以名状的灾难。

在遍布美国各地的数百万听众和观众中，几千名学生也在其中。年轻教师赫丽斯塔·麦考利夫（S. Christa McAuliffe）获选加入 STS-51L 任务乘组并开始训练以来，美国学生们就一直关注她的工作进展情况。按计划，赫丽斯塔要在太空中开展一系列授课活动，人们都期待着学生们能在地面重复其中的一些实验。现在，孩子和老师们在震惊之余开始意识到出

"挑战者"号乘员:(后排左起)任务专家埃利森·奥尼祖卡(Ellison Onizuka)、进入太空的教师赫丽斯塔·麦考利夫、载荷专家格雷格·亚尔维斯(Greg Jarvis)、任务专家朱迪·雷斯尼克(Judy Resnik)。(前排左起)驾驶员迈克尔·史密斯(Michael Smith)、指令长理查德·(迪克)·斯科比(Richard "Dick" Scobee)、任务专家隆·麦克奈尔(Ron McNair)。

现了严重问题。随后传来令人不寒而栗的一桩公告:"航天飞机出了严重事故"。刹那间,孩子们悲伤地哭了。

赫丽斯塔的父母,科里根(Corrigan)和格蕾丝·科里根(Grace Corrigan),选择在肯尼迪航天中心新闻发布厅下面那个拥挤的停车场观看发射活动。他们被刚才的场面惊呆了;在官员们的陪同下,两人来到NASA 的宇航员居住区。就是在那里,时任飞行乘组运行主管的乔治·阿比(George Abbey)正式通知他们这个可怕的消息:"航天飞机失事了,机组成员没有生还的希望"。

长期以来一直存在一种错误看法,即航天飞机自己爆炸了,但事实并

在成功的 STS-61 修复任务中，任务专家斯托里·马斯格雷夫被机械臂送到哈勃空间望远镜的顶端。背景是地球上的澳大利亚南部。

非如此。当航天飞机高速穿越大气层时，作用于其上的空气阻力是巨大的，因此航天飞机的航向必须不差分毫。由于连接支柱被烧毁，固体火箭推进器因此松动，机体便开始向一侧旋转，毫不夸张地说，"挑战者"号是在瞬间被撕碎的。乘员舱的残骸在大火中呈螺旋状甩出，最后高速坠入大海。

　　灾难发生两天后，在约翰逊航天中心 [①] 中央大厅为 7 名遇难宇航员举行的纪念活动上，里根发表了一篇感人至深的演讲。在演讲中，里根引用

————————————

① 约翰逊航天中心，1973 年由 NASA 位于休斯敦的载人飞船中心（MSC）改名而来。——译者注

了约翰·希列斯彼·马吉（John Gillespie Magee）在 1941 创作的《高飞》（*High Flight*）中的动人诗句，并提醒在场的观众："美国的民族精神植根于英雄主义和崇高的自我牺牲"。

"挑战者"号罹难之后，美国海军迅速开展了打捞和搜寻工作。最终，各种大小残骸被打捞上船并运回肯尼迪航天中心，在那里，拼装残骸等各项难度和复杂程度极高的任务正在展开。调查人员试图从中找出灾难原因。

3 月 7 日（星期五），海军潜水员在海床上发现了被压碎的乘员舱残骸。接到通知的家人开始为亲人准备葬礼，指令长迪克·斯科比和驾驶员迈克·史密斯按最高军礼被安葬于弗吉尼亚的阿灵顿国家公墓；任务专家罗纳德·麦克奈尔的家人在俄勒冈州为其举行了葬礼；埃利森·奥尼祖卡被安葬于夏威夷。另外两位任务专家朱迪·雷斯尼克和格雷格·亚尔维斯的骨灰在私人葬礼中撒入了大海。

赫丽斯塔·麦考利夫安葬在新罕布什尔州的协和墓地，墓碑上写着："S. 赫丽斯塔·麦考利夫，一位妻子、母亲、教师和女性先驱者，是'挑战者'号航天飞机的宇航员"。[10]

第11章

拓展太空探索的边界

    1988 年 9 月 29 日，星期二，这是充满忧虑甚至集体性恐惧的一天。在肯尼迪航天中心的 39B 发射台上（"挑战者"号正是由此开始了最后一次同时也是致命的旅程），"发现者"号航天飞机高高耸立，以傲然姿态指向佛罗里达那蔚蓝色的天空。

    STS-26 是自"挑战者"号失事 32 个月以来的首次航天任务。就在前一年，5 名经验丰富的 NASA 宇航员受命执行此项飞行任务。担任指令长的弗雷德里克·豪克（Frederick 'Rick' Hauck）是美国海军上校，担任驾驶员的迪克·科维是空军上校，3 名任务专家分别是海军陆战队中校达夫·希尔默斯（Dave Hilmers）以及非军人出身的乔治·纳尔逊和迈克·隆格（Mike Lounge）。现在每个人都在思考这样一个问题：乘组安全情况怎么样？为了给航天飞机制定全新的安全标准，调查人员和不计其数的工程师们在过去两年半时间里尽了最大努力。NASA 对现有的 3 架航天飞机进行了彻底检修，在"挑战者"号的灾难之后订购了数百个安全部件。总部位于犹他州的 Morton Thiokol 公司之前负责设计和制造固体火箭推进器，现在该公司在设计上又做了许多重要改进。有关方面表示问题已得到解决，但媒体和公众仍心存疑虑。

    在为期 4 天的任务中，"发现者"号乘组将部署价值 1 亿美元的追踪和数据中继卫星。尽管承担着重要任务，但总体而言 STS-26 仍是一次试验性飞行。飞行中的任何严重问题都会将整个航天飞机计划置于危险境地。

发射当天，数千人来到发射现场，他们一边等待一边祈祷。与此同时，数百万人围坐在电视机旁观看直播。因担心 3 万英尺上空的强风以及应对保险丝故障等类似小的技术问题，发射时间推迟了 1 小时 38 分。在此期间，机组成员系好安全带坐在航天飞机里，他们按要求穿好笨重的加压宇航服，这是自 STS-4 任务以来的第一次。当倒计时进入最后几秒钟时，空中吹来一阵微风，海面上飘来几片云团，但还不足以影响发射。

美国东部夏令时上午 11 时 37 分，也就是"挑战者"号灾难发生后的第 975 天，其姊妹机"发现者"号咆哮着冲入蓝天。当航天飞机拖着混杂了白色烟迹的橙色火焰顺利冲向云霄时，人们的焦虑一扫而光，各个笑逐颜开。接下来便是那令人恐惧的时刻。地面控制中心的通信联络官约翰·克赖顿发出指令："'发现者'号，加速上升！"一阵寒意袭来，举国上下鸦雀无声，大伙儿的心都提到嗓子眼。指令长里克·豪克平静地回答道："收到，加速！"航天飞机继续飞行，顺利进入轨道，所有人都长舒了一口气。[1]

4 天后的上午 9 时 34 分，随着两次声爆，"发现者"号呼啸着降落在沙漠中的爱德华兹空军基地。这时聚集在此的约 42.5 万名挥舞着彩旗的人们，一同见证了美国重返太空的伟大时刻。"发现者"号以每小时 332 千米的时速着陆，在坚硬的黏土跑道上滑行了 2330 米并于 49 秒后停稳，在 17 号跑道上卷起一片尘土。

55 分钟后，宇航员们出舱时，时任美国副总统布什前来欢迎，祝贺他们出色完成了任务："衷心感谢你们，是你们让我们重返太空。你们的行动证明太空计划更趋完善，我们获得的支持日益加强"。[2]

日益壮大

从 1986 年 1 月 26 日"挑战者"号灾难到 2003 年 2 月 1 日"哥伦比亚"

号失事，其间美国航天飞机共执行了 87 次飞行任务。虽然本书无法涵盖所有任务，但这些任务确实呈现出许多亮点。主要包括：部署了大型哈勃空间望远镜并对其进行后续修理与维护；与俄罗斯"和平"号空间站完成 9 次交会对接；从航天飞机载荷舱释放了"麦哲伦"号（Magellan）金星探测器、"伽利略"号（Galileo）木星探测器和"尤利西斯"号（Ulysses）太阳探测器；在天文 1 号和 2 号观测台及"天空实验室"开展工作；建立 NASA 的"天空实验舱"（可提供单独设备和给养供给，甚至可根据任务需要变成独立的实验室）；执行 7 次军方任务；首次执行了替换"奋进者"号的飞行任务（STS-49,1992 年 5 月 7 日发射）；1988 年 10 月 29 日在"发现者"号执行 STS-95 任务期间，第二次将执行过"水星"计划的宇航员约翰·格伦送入轨道。下面是这期间相关任务的一些细节：

★ 所有 87 次飞行任务都是从肯尼迪航天中心发射的；

★ 累计有 532 人次飞行乘员被送入太空；

★ "发现者"号执行飞行任务 24 次，"亚特兰蒂斯"号 24 次，"哥伦比亚"号 20 次，"奋进者"号 19 次；

★ 飞行任务中有 56 次在肯尼迪航天中心着陆，31 次在爱德华兹空军基地着陆；

★ 有 9 次任务与前往"和平"号空间站有关，有 16 次是执行"国际空间站"的装配和供给任务；

★ 飞行时间最长的任务为 STS-80（"哥伦比亚"号），长达 17 天零 15 分钟；

★ 最短飞行任务为 STS-83（"哥伦比亚"号），时间为 3 天零 23 分钟（燃料电池故障）；

★ 最大飞行高度为 STS-82 任务——619.6 千米。

在此期间，最引人注目的一次飞行任务是由"奋进者"号执行的STS-61，这次任务很危险但很关键，是前往太空对仍在轨飞行但却不太完善的哈勃空间望远镜进行维修。任务操作过程举世瞩目，4 名任务专家在 5 天时间里实施了若干次复杂而艰辛的长时间太空行走。

太空中那只不太完美的"眼睛"

哈勃空间望远镜是有史以来人类所拥有的一部伟大的科学仪器，它彻底改变了人类对宇宙的认知，天文学家们从此得以开展他们之前只能在梦中想象的太空研究。虽然轨道高居云端之上，但自从被送入太空之后，这部公交车般大小的望远镜就被某些完全另类的云团包裹着。让 NASA 感到沮丧和愤懑的是，这部造价高达 16 亿美元的望远镜竟患上了意想不到的严重"近视"。首次发回的模糊影像表明该望远镜存在严重的制造缺陷：主镜片变形。

早在 1977 年，美国国会就批准了哈勃空间望远镜的建造计划并以 20 世纪美国著名天文学家埃德温·哈勃（Edwin Hubble）的名字命名。从批准之日起，建造任务就被分配给几个研究机构。其中设计、研发和建造任务由马歇尔航天飞行中心负责，而望远镜上所使用的科学仪器及相关管理和控制则交给了位于马里兰州格林贝尔特的戈达德航天中心（Goddard Space Flight Center）。马歇尔航天飞行中心委托位于康涅狄格州丹伯里（Danbury）的光学设备公司设计和建造空间望远镜的光学组件，以及精密导航感应器。[3]另一家主要承包商是洛克希德公司，主要负责建造和整合单独的望远镜舱，以便其内部能放置望远镜。

发射该望远镜的目的，是观测更遥远的宇宙并发回数据和图像以帮助人们解开许多宇宙之谜。哈勃空间望远镜的主镜片直径达 2.4 米，可以聚焦遥远星系和星体发出的光线。如果一切按计划进行，望远镜获得的科学数据会传送给 NASA 的一颗通信卫星，然后再转发给位于新墨西哥州白沙市的地面接收站。接着，再用一颗商用通信卫星把信号转给 NASA 的戈达德航天中心，最后，由陆地电缆将数据传送至位于马里兰州巴尔的摩的空间望远镜科学协会（Space Telescope Science Institute）。所有数据最终都会交到焦急等待的天文学家手里。

有关哈勃空间望远镜的所有准备都已就绪，计划于 1986 年 10 月进行发射和部署。由于年初"挑战者"号发生灾难，发射计划被突然中止，而且在可以预见的未来一段时间内也毫无发射指望。哈勃空间望远镜随后被保存在纯净的"无尘房间"里，在此期间要向该房间供电并使用氮气进行净化直到确定新的发射日期。在这段等待时期内，人们还对其进行了一些测试和改进。1988 年，航天飞机发射计划恢复，哈勃空间望远镜的发射工作被分配给 1990 年 3 月 26 升空的 STS-31 任务。

经过几次推迟之后，"发现者"号搭载着哈勃空间望远镜于 1990 年 4 月 24 日美国东部夏令时上午 8 时 33 分，从肯尼迪航天中心发射升空，从而开启了当时最复杂的一次飞行任务。哈勃空间望远镜被成功部署在距地球 600 千米的轨道上。在轨运行后的数天，哈勃空间望远镜的操控人员就开始担心它的主镜片好像出现了像差，这会严重影响望远镜早期成像的清晰度。于是 NASA 开始着手调查原因所在。

NASA 的调查报告表明：

> 问题归结为镜片生产时相关设备调校不到位，导致在打磨镜片时出现了厚度达人类头发丝 1/50 的像差。拆换镜片不现实，所以最好的解决办法是像戴眼镜治疗近视眼那样用替代仪器来解决这一瑕疵。[4]

矫正镜片和新设备建造完毕，准备在 1993 年年末"奋进者"号航天飞机执行 STS-61 任务期间，由斯托里·马斯格雷夫、杰弗里·霍夫曼（Jeffrey Hoffman）、凯瑟琳·桑顿（Kathryn Thornton）和汤姆·埃克斯（Tom Akers）4 名宇航员出舱操作将其安装在哈勃空间望远镜上。这是一项既危险又复杂的修复任务，为保证任务顺利完成，专家们曾连续 10 个月每周工作 70 小时演练任务的每个细节，包括在模拟失重池里进行了总计 400 小时的水下训练。

除了给哈勃空间望远镜配上一副新"眼镜"，宇航员们还得安装 6 个新陀螺仪，用以锁定目标。原因在于现有的 3 个陀螺仪已经无法正常工作了，人们普遍担心如果再有一个陀螺仪出现故障，哈勃空间望远镜就会停止工作。此外，宇航员们还替换了为望远镜提供电力的两块太阳能电池板，它们是由英国宇航公司（British Aerospace）制造的。当哈勃空间望远镜在迎光和背光面来回运动时，温度会发生剧烈变化，从而导致现有太阳能电池板出现颤动。

1993 年 12 月 2 日，"奋进者"号升空，这是一次最危险同时也是最复杂的任务。7 名宇航员在迪克·科维的沉着领导下做了充分准备，但他们深知，如果不能修复哈勃空间望远镜或在出舱活动时造成任何损失，NASA 的名誉将严重受损。

进入轨道后，科维和驾驶员肯·鲍尔索克思（Ken Bowersox）就着手接近哈勃空间望远镜，他们用航天飞机上的机械臂捕捉在轨道上的望远镜并将其安放在载荷舱里准备进行维修。接着，从 12 月 5 日至 9 日，他们进行了 5 次舱外操作，每次有两名宇航员参与：

第一次（12 月 5 日）：马斯格雷夫和霍夫曼，7 小时 54 分钟

第二次（12 月 6 日）：桑顿和埃克斯，6 小时 36 分钟

第三次（12 月 7 日）：马斯格雷夫和霍夫曼，6 小时 47 分钟

第四次（12 月 8 日）：桑顿和埃克斯，6 小时 50 分钟

第五次（12月9日）：马斯格雷夫和霍夫曼，7小时21分钟

出舱活动共计用时35小时28分钟。

通过5次繁重的出舱活动，4名宇航员用升级更新后的广域行星际照相机2号（WFPC2）替换了望远镜上原有的相机。同时，他们在望远镜上安装了一个新设备——空间望远镜轴向光学矫正仪（大小与电话亭相当）以替换望远镜上的高速光度计，目的是为留下来的设备校正主镜片上存在的光学问题。事实证明此次任务非常圆满，让操作者们激动不已的是，哈勃空间望远镜很快就发挥了最大潜能，发回的各种影像远超世界各地天文学家的期盼。

此后又有3次涉及哈勃空间望远镜的任务，分别发生在1997年、1999年和2002年（即STS-82、STS-103和STS-109）。在实施上述任务过程中，出舱操作的宇航员们修理了望远镜的陀螺仪并安装了新的仪器，其中就包括近红外光谱仪和广域相机。

2009年5月11日，负责第五次也是最后一次执行有关哈勃空间望远镜的STS-125任务乘组在资深宇航员斯科特·奥尔特曼（Scott Altman）的带领下进入太空。为了延长哈勃空间望远镜的使用寿命，"亚特兰蒂斯"号乘组对其进行了维修和更新，为此他们进行了5次出舱作业，安装了两个新设备——宇宙起源探测光谱仪、更新的广域行星际照相机3号（WFPC3），并修理了另外两个设备，更换了陀螺仪和电池，同时安装了新的隔热板。

经过13天的飞行，"亚特兰蒂斯"号成功完成任务后于5月24日降落在肯尼迪航天中心。此次任务使哈勃空间望远镜的使用寿命延长至21世纪20年代中期（尽管一些设备最近出了问题），它将被詹姆斯·韦布空间望远镜[①]（JWST）替代。作为一个红外在轨观测台，詹姆斯·韦布空间望远

---

① 詹姆斯·韦布空间望远镜（James Webb Space Telescope），以NASA第二任局长"詹姆斯·韦布"（国内有时也译为詹姆斯·韦伯）的名字命名，已于法国时间2021年12月25日从个法属圭亚那库鲁基地发射升空。——译者注

镜拥有更高的敏感度和更广的波长覆盖范围，用于完成并延伸哈勃空间望远镜的观测成果，其镜片比哈勃空间望远镜的大 7 倍。

"哥伦比亚"号的灾难

"关上门！"NASA 飞行主管勒罗伊·凯恩（LeRoy Cain）平静地说了3 个字，这时他确信一次难以想象的灾难已经发生：美国损失了第二架航天飞机及其机组成员。美国的载人太空计划再次陷入混乱之中。

凯恩的简短命令启动了一系列既定操作，这是为应对意外事件而准备的标准程序。任务控制中心计算机上的所有数据必须封存，报告必须完成，每个人所看、所听和所做的详细说明马上落实在纸面上；任何人不得离开房间或打电话。

这种疑惧是显而易见的。在任务控制中心里，所有人都相信"哥伦比亚"号这次返航会与之前 111 次执行任务的航天飞机没什么不同。控制人员和公众已经习惯看到航天飞机结束任务后优雅着陆的场面。

这次执行的是 STS-107 任务，和其他许多任务一样，航天飞机于2003 年 1 月 16 日在肯尼迪航天中心发射升空，上面搭载了 7 名受过训练准备实施微重力科学实验的宇航员。当时，大多数任务集中在乘员修建和使用"国际空间站"方面。2001 年投资 1.45 亿美元进行大修后，"哥伦比亚"号实际上已接受了多数改造和提升以适应与空间站的交会对接。然而，STS-107 最初纯粹是为了进行地球轨道研究，并没安排与"国际空间站"对接。这架航天飞机是用 20 世纪 70 年代技术打造的着眼于未来的运输工具，计划在 2003 年前往"国际空间站"并与其进行对接，作为美国第一架运营性航天飞机，这次特殊飞行任务并没实施。

这是"哥伦比亚"号第 28 次执行太空任务，乘组人员包括指令长（陆军上校）里克·赫斯本德（Rick Husband）、驾驶员威廉·麦库尔

STS-107 任务乘组。后排左起：任务专家戴维·布朗、劳雷尔·克拉克和迈克尔·安德森，载荷专家依兰·罗曼（以色列）。前排左起：指令长里克·赫斯本德，任务专家卡尔帕纳·哈瓦拉（Kalpana Chawla）和驾驶员威利·麦库尔。

（William 'Willie' McCool）、载荷指挥官兼任务专家（陆军中校）迈克尔·安德森（Michael Anderson）、载荷专家依兰·罗曼（Ilan Ramon，以色列空军中校）、任务专家卡尔帕纳·哈瓦拉（Kalpana Chawla）、任务专家戴维·布朗（David Brown）上尉和劳雷尔·克拉克（Laurel Clark）上尉。

　　离开地面 82 秒后，一大块泡沫绝缘材料开始松动并从"双脚架坡面"（Bipod Ramp）上脱落（这是用于连接外挂燃料箱与航天飞机的结构之一）。这种脱落情况时有发生，在发射升空初期很常见，类似情况甚至可以追溯到 STS-1 任务。但令人不解的是，各方面并没采取任何防范性措施。工程师们检查了事故期间的影像，他们认为正是一片泡沫（手提箱大小）

撞击了航天飞机左机翼的前缘，但当时还无法确定是否造成了损伤。不过，NASA 工程师们认为，即使发现损伤，航天飞机在轨飞行时乘员们也没办法进行维修。

尽管如此，NASA 里仍有很多人非常关注这次事故，要求对机翼进行拍照，因为乘组人员无法看到这一部分，另外他们在航天飞机上也无法出舱。据报道，美国国防部准备使用轨道上的间谍相机对准机翼并进行检查，但因操作过程太过复杂遭 NASA 婉拒，他们认为这可能是个错误报警。

2003 年 2 月 1 日一早，在完成了 16 天的科学任务后，"哥伦比亚"号开始返航。得克萨斯休斯敦当地时间上午 7 时 53 分，航天飞机以超音速从旧金山上空掠过，飞向数千米外的佛罗里达州肯尼迪航天中心，这时任务控制中心发现有些异常。监控器上的数据开始闪烁，表明处在航天飞机左翼的水压系统温度信息感应器出了问题。接着，所有感应器都停止了工作。任务控制中心的指挥和导航员报告说"哥伦比亚"号的机翼正遭遇意想不到的拖拽或风阻。

6 分钟后，太空舱通信官、宇航员查利·豪伯联系了指令长里克·赫斯本德，向他报告了胎压升高的情况。"'哥伦比亚'，这里是休斯敦。我们看到了胎压的信息，但是没有最新的数据"。"收到，"赫斯本德回答道，"可……"突然间，出现了停顿，接着是可怕的静寂。一种恐惧感占据了控制人员的脑海。没过多久，噩耗传来，美国太空计划再次被改变了。

有些居住在美国南部的居民报告，说他们听到巨大爆炸声，紧接着是一阵长长且低沉的隆隆声。那些知道航天飞机届时在降落途中经过本地上空的人们格外担心，不久后他们得知，"哥伦比亚"号以每小时 17700 千米的速度冲向佛罗里达，在达拉斯州略偏东南的 55000 米高空突然解体。航天飞机上那些较大的固体部分，如主发动机等仍在天空中继续滑行了一段时间，而无数碎片却在接下来的半小时里雨点般落在广袤的得克萨斯州和路易斯安那州的地面上，该场景被人们抓拍后寄到报社。震惊之余，那些执行后续任务的乘组人员不得不等待时机，在训练的同时还要进行痛苦而漫长的自我评估程序、搜集这场最新的灾害数据。

2003 年 8 月，在进行了无数次检测、调查、数据重建和残骸检查后，"哥伦比亚"号事故调查委员会得出官方结论，他们认为失事的主要原因集中在其外挂燃料箱支柱上一块重达 750 克绝缘泡沫块脱落，随后撞击并戳破了飞机左机翼，在起保护作用的一个最重要外表区域砸出了一个洞。在"哥伦比亚"号返航过程中，超热空气渗入了这个裂缝，破坏了感应器并最终融化了机翼骨架，进而造成航天飞机破损。也许返航途中有些航宇航员察觉到一些迹象，但当航天飞机爆裂时他们几乎瞬间就罹难了。

调查委员会在总结中认为："NASA 的组织文化与那块泡沫一样对这起事故负有责任"。[5] 委员会并没把所有矛头都对准 NASA，同时也指责了白宫和国会由于通胀原因不断削减 NASA 的预算。报告指出，这种做法导致了一种趋势，迫使 NASA 缩减人员并过度依赖外部承包商。同时，调查委员会对 NASA 的工作、本位主义、沟通和管理等问题提出了严厉批评，认为其在"挑战者"号失事后在提高航天飞机安全性方面乏善可陈。调查委员会再次强调，如果没有改变现状的决心，NASA 还会重蹈覆辙。

调查委员会共提出了 29 项建议，他们认为在下一次飞行前至少要围绕其中的 15 项完成整改，NASA 需要"具备检查并对各种可能损坏实施紧急修复的能力"。[6] 随后，为监督 NASA 落实建议的情况，有关方面成立了一个由前宇航员斯塔福德和科维牵头的独立专家小组。

2001 年 12 月 21 日，也就是"哥伦比亚"号灾难前的 13 个月，NASA 新任局长肖恩·奥基夫（Sean O'Keefe）刚从前任局长任丹·戈尔丁（Dan Goldin）手中接管工作。在"哥伦比亚"号事故调查委员会公布报告的前一天，闷闷不乐的奥基夫在记者会上承认，NASA"完全忽视了"在升空过程中一大块泡沫撞击左侧机翼可能带来的严重后果。他接着宣称调查报告将作为 NASA 未来发展的蓝图。他说："我们接受调查结果并将尽

2006 年 12 月，STS-116 的任务专家罗伯特·库尔比亚姆（左）和克里斯特·富格莱桑
（Christer Fuglesang）通过出舱活动在"国际空间站"上搭建国际桁架结构。

2005 年 7 月 28 日，"发现者"号航天飞机在靠泊"国际空间站"前进行"翻转"演练。这可以
让空间站上的宇航员仔细检查航天飞机的隔热保护系统并确认其完整性。当指令长艾琳·柯林
斯（Eileen Collins）操作翻转时，"发现者"号距离空间站大约 200 米，地点位于瑞士上空约
353 千米处。

最大努力去落实这些建议"。[7]

这场灾害的后果在许多方面产生了深远影响，对 NASA 的未来发展计划尤为如此。虽然因"烧钱"而备受诟病，但之前的一系列装配飞行让"国际空间站"接近于完工，尽管如此，航天飞机机群也快接近其设计使用年限。与此同时，新一代载人飞船和乘员救援车计划一直都是大幅预算削减的牺牲品，尚无迹象表明美国在下一个十年中如何开展太空探索活动。

由于美国航天飞机计划暂不明朗，作为一个过渡的办法，可搭乘 3 人的俄罗斯"联盟"号飞船被用来运送俄罗斯、美国和其他国家宇航员往返"国际空间站"。这期间要保证至少有一艘"联盟"号飞船始终停靠在空间站，以便在紧急情况下撤离驻留人员。

2004 年 1 月 14 日，"哥伦比亚"号发生灾难后不到一年，时任美国总统乔治·W.布什（George W. Bush）宣布了他对 NASA 的大胆设想，为 NASA 吹来一股春风。这一设想包括在 2020 年前让人类探险家重返月球并最终到达火星。布什宣称自己已经与 NASA 负责人肖恩·奥基夫进行了协商；他高调宣布："请告诉我重振 NASA 所需的一切"。紧接着就安排了正式讨论。颇具讽刺意味的是，这些设想仅是对近期航天飞机灾难的政治表态而已。

外部燃料箱和覆盖在上面的绝缘泡沫都在设计方面进行了彻底检查，另外还在其他方面采取了安全措施。2005 年 7 月 26 日，执行 STS-114 任务的"发现者"号发射升空，这批乘员都接受过训练并进行了一系列全新过程测试，包括使用相机和机械臂仔细检查航天飞机腹部任何破损或瓦片脱落等。人们在发射台上安装了更多相机以便记录每次发射，更好地监视任何更多泡沫的脱落；但实际表明，尽管采取了防御措施，泡沫脱落依然比预期的要多。所以，接下来 STS-121（也是搭乘"发现者"号）延期了 12 个月。一旦此次任务顺利完成，NASA 将认定继续开展航天飞行计划是安全的，并依据新修正的时间表恢复进行。[8]

最后的航天飞机乘组（STS-135）。左起：任务专家雷克斯·瓦尔海姆（Rex Walheim）、驾驶员道格·赫尔利（Doug Hurley）、指令长克里斯·弗格森（Chris Ferguson）和任务专家桑迪·马格努斯（Sandy Magnus）。

　　从 1981 年到 2011 年的 30 年，美国航天飞机总计应开展 135 次飞行任务。从"哥伦比亚"号 1981 年首飞起，另有 3 架航天飞机紧跟在这架饱经风霜的航天飞机之后进入佛罗里达的天空，他们是"挑战者"号、"发现者"号和"亚特兰蒂斯"号。第五架营运的航天飞机由"奋进者"号替代了"挑战者"号并于 1991 年开始在轨飞行。

　　2011 年 7 月 21 日，"亚特兰蒂斯"号航天飞机在完成了历时 12 天零18 个多小时的 STS-135 任务后返回肯尼迪航天中心。这次飞行是"亚特兰蒂斯"号最后一次执行任务，共搭载了 4 名宇航员，同时也为令人叹为观止的长达 30 年的航天飞机计划画上了句号。

　　作为一家政府机构，NASA 无权自行终止航天飞机计划，最终决定取

2011年7月8日,"亚特兰蒂斯"号最后一次发射。STS-135是美国航天飞机计划的最后一次任务。

决于美国政府。现在问题来了:每架飞机的设计飞行寿命是100次,而现存的3架航天飞机分别飞行了25次、33次和39次,那为什么要终止计划呢?这里涉及几个方面的原因。尽管航天飞机在建设"国际空间站"过程中能够发挥关键作用,但在下一阶段的太空探索任务中并没有为这些航天飞机设计什么任务。这一阶段的任务就是所谓的"星座"计划(后来取消了),按此计划宇航员将被送往比低轨道更远的地方。此外,在日益紧张的预算(包括对那些已经服役超过20年的3架航天飞机进行维护和更新的费用)面前,航天飞机计划显得过于昂贵了。由于航天飞机计划和"国际空间站"占用了NASA预算的大部分经费,因此NASA必须做出权衡,在航天飞机计划(但从没兑现当初的低成本和常规太空飞行承诺)或者"国际空间站"中做出选择。由于延长了"国际空间站"的使用寿命,并且还有不少重要研究工作要开展,所以只能让航天飞机退役,

2011 年 7 月 21 日，"亚特兰蒂斯"号夜间着陆，标志着美国航天飞机计划落幕。

腾出预算资源用于发送宇航员至更高轨道以及重返月球并最终完成登陆火星的任务。NASA 虽有些不情愿，但也是不得已而为之。由于类似的理由，"国际空间站"早晚有一天也要退役并脱离轨道。实际上，关于空间站退役的具体时间问题也已经讨论多年了。

建造"国际空间站"

早在 1968 年，NASA 的规划人员就已经开始着眼"阿波罗"计划之后的太空探索规划，他们着眼于地球轨道空间站建设，这是人类太空探索中合乎逻辑的下一个步骤。把长时间科研作为任务的一项主要目标，规划人员需要找出为空间站提供给养和补充的方法。最后的方案是研发出能在地面和空间站之间往返的航天器。因此"穿梭机"一词在 1968 年夏天开始见诸于 NASA 技术文献中。

当时的共识是，空间站要在轨道上建造，也就是将不同舱段运送到轨道上加载于一个大型核心舱上。然而，相关费用却令人望而却步，因为当时唯一可依赖的重型运输工具是"土星"火箭。作为一种消耗性火箭，它对正在面临大幅预算削减的 NASA 而言极其昂贵；所以，在考虑新型太空交通工具的设计和用途时不得不着眼长远。

尽管和任何长期战略都无关，但尼克松在 1972 年还是批准了研发可重复使用的太空运载工具的提议。这种提议中的运载工具正式名称为"航天飞机"。要先把这种运载工具开发出来，因为当时 NASA 已经在准备利用剩余的"土星"火箭将自己的"天空实验室"和 3 组科学家送入太空。作为一项削减成本的举措，NASA 已经取消了生产更多这种大型火箭的计划。如果在空间站上执行短期任务，本身携带的给养已经够用，所以无须进行补充。

1974 年 2 月，第三次也是最后一次，3 人乘组离开"天空实验室"，并将实验室留在太空。当时 NASA 仅剩余一枚"土星"火箭，早已安排给下一年进行的"阿波罗－联盟"飞船测试项目的发射活动。有人判断，直到 1983 年前，"天空实验室"在轨飞行高度会逐步降低，这的确令 NASA 和宇航员们感到沮丧。考虑到航天飞机可能在 1979 年进入太空，NASA 便于 1977 年为第二次航天飞机与空间站交会对接的测试任务制订了应急计划。机组成员届时将在空间站上安装一个被称为"天空实验室推进舱"的小型火箭，用它可以把天空实验室送入更高轨道以便再次安排宇航员进驻。由于航天飞机的开发工作严重滞后，再加上因远超预期的太阳活动使空间站在轨运行速度明显下降，上述计划受到严重影响。被遗弃的空间站于 1979 年 7 月坠入大气层时大部分被焚毁，残片最后落在澳大利亚西部的沙漠中。[9]

1981 年 4 月，首次载人航天飞机在轨测试飞行后，NASA 开始推进一种组合式空间站计划，并于第二年 5 月建立了空间站任务团队（Space Station Task Force）。不久后，他们的设想和建议获得批准。1984 年 1 月，时任美国总统里根宣布，美国将致力于在 10 年内开发出一种永久性载人空间站。那一年的 4 月，空间站规划办公室成立；12 个月后，8 个承包商受领任务去拓展空间站概念，并在此基础上细化工作计划和提案。

里根在 1984 年的国情咨文中向其他国家发出邀请，希望共同参与研发、建设和使用空间站计划。加拿大、日本和组成欧洲航天局的 13 个国家同意加入，想为和平利用太空做出贡献。欧洲和日本的航天机构各自提供一个模块，以帮助美国减少自己的空间站实验室模块，从而极大缓解了相应的设计、建造以及费用问题。新设计的空间站拥有一个由双龙骨构架和中心桁架组成的主要生活和工作单元模块，另外还有太阳能电池板。

空间站的设计工作于 1987 年 1 月结束，第一份建造合同于当年的 12 月签订并予以公布。1988 年 9 月 29 日，四方最后同意将空间站命名为"自由"号。

然而，项目一直遭遇资金和技术问题困扰，以致长期拖延。最初估算的成本为 80 亿美元左右，但到了 1993 年，这一数字已飙升到 383 亿美元，以至时任美国总统的比尔·克林顿感到无法承受。于是，他要求重新设计以大幅降低费用，并敦促 NASA 扩大合作范围，邀请更多外国伙伴参与其中。丹尼尔·戈尔丁局长主动与俄罗斯接触，经过一系列高级别会谈，双方同意将各自空间站计划合并成一套计划。由于俄罗斯的加入，"自由"号空间站的名称也变成了更具外交色彩的名字——"阿尔法"号（Alpha）。根据协议，"阿尔法"号将沿用"自由"号上 75% 的硬件设施，俄罗斯将提供尚未启用的"和平"2 号空间站上的设施以协助降低总成本。在谈判过程中，"阿尔法"这个平淡无奇的名字被弃用，取而代之的是一个不太会引发争议的名字——"国际空间站"。坐落在休斯敦的约翰逊航天中心是实施"国际空间站"项目的牵头单位，NASA 于 1993 年 8 月选择波音公司作为空间站的主要承包商。该公司负责空间站的设计、开发和整合，并落实空间站任务中美国部分的建造任务，同时还负责建设位于肯尼迪航天中心的空间站加工设施。[10]

从 1998 年起，"国际空间站"历经 10 年左右的建设，完成了 30 多次

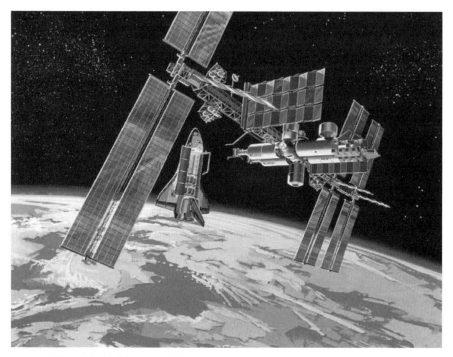

NASA 早期设计的"自由"号空间站效果图。

组装任务。在此过程中代表着 15 个国家的 5 家航天机构之间，在科学和工程方面开展了前所未有的广泛合作。今天，地球上空 400 千米轨道上飞行的"国际空间站"比美国"天空实验室"大 5 倍之多。

"国际空间站"的第一部分是被称为"曙光"号（Zarya）功能货舱，于 1998 年 11 月 20 日由俄罗斯的质子火箭送入太空。两周后的 12 月 4 日，负责与在轨的"曙光"号舱进行连接的"团结"号（Unity）节点舱搭乘"奋进者"号航天飞机进入太空，该舱段是 STS-88 要运送的 3 个节点舱中的第一个。2000 年 7 月，另一个俄罗斯制造的"星辰"号（Zvezda）服务舱被送入太空并成功对接。该舱段包括飞行控制系统、生命保障和生活单元等关键部分，能容纳 6 名宇航员，可以同时为两人提供单独睡眠区。同年 11 月 2 日，"国际空间站"接待了它的第一批访客：俄罗斯宇航员谢尔盖·克里卡列夫（Sergei Krikalev）、尤里·季申科（Yuri

Gidzenko）以及 NASA 宇航员威廉·谢泼德（William Shepherd），他们搭乘"联盟"号飞船升空。[11] 从那时起，"国际空间站"就陆续接待了数百名实施接力探索任务的宇航员们。

　　NASA 的微重力实验室"命运"（Destiny）号实验舱和其他设施陆续搭乘美国航天飞机和俄罗斯飞船进入太空，通过一系列出舱活动与不断扩大的空间站连接起来。除运送人员外，俄罗斯负责建造的一些舱段由俄罗斯火箭发射入轨，与"国际空间站"进行了自动交会对接。在后续几年里，空间站逐渐形成一个巨大的集实验室和居住舱于一身的复合体，由长架支撑的 4 组大型太阳能板和散热器横跨其中。除美国和俄罗斯，"国际空间站"的建设还得到了加拿大、日本、巴西以及 11 个欧洲航天局成员国的大力支持。在航天飞机和"联盟"号飞船往返于"国际空间站"的同时，总会安排一艘"联盟"号飞船停靠在空间站，以便在紧急情况下当作"救生船"使用。

　　"哥伦比亚"号航天飞机乘组（非"国际空间站"科学任务）于 2003 年 2 月 1 日罹难之后，NASA 的航天飞机计划被搁置了很长一段时间，从而影响到"国际空间站"的建设。在此期间，宇航员们只能借助"联盟"号飞船往返"国际空间站"，同时空间站的给养由俄罗斯的"进步"号货运飞船提供。

　　2011 年 7 月 8 日，执行 STS-135 任务的"亚特兰蒂斯"号航天飞机搭乘 4 名宇航员成功进入轨道，进而开启了历时 30 年航天飞机计划的最后一次飞行任务。两天后，乘组靠泊在"国际空间站"，随后空间站里最后一次响起了表示欢迎的铃声，宣告对接取得圆满成功。7 月 19 日，"亚特兰蒂斯"号与"国际空间站"分离，开始走上一段成功但却令人心酸的归途。NASA 的航天飞机计划终于结束了。从那时起，美国宇航员只能搭乘俄罗斯的"联盟"号飞船前往"国际空间站"。

　　今天，"国际空间站"比以前舒适了许多，它拥有 6 间卧室，另外配有

STS-132 任务乘组于 2010 年 3 月 23 日拍摄的 "国际空间站" 照片。

两间盥洗室、一个健身房和一个可以观看地球全貌的宽大穹顶。空间站由 1 英亩（1 英亩 ≈ 4046 平方米）大的太阳能电池板提供动力，这使它在穿越夜空时很容易从地面上辨认出来。

从 2000 年 11 月开始，在已经超过 20 年的存续期里，"国际空间站" 作为轨道科学、医学实验室以及观测台都发挥了独特和关键作用。截至 2021 年 2 月，到访的乘组共有 64 个，其中包括来自 19 个国家的 240 名宇航员（含 34 名女宇航员和 8 名太空游客），有的任务期很长，宇航员们获取了大量珍贵数据。

在空间站创造的多项引人注目的纪录中，美国宇航员佩姬·惠特森（Peggy Whitson）以 665 天工作和生活（经历了 3 次任务）时间保持了最长驻留时间纪录，而斯科特·凯利（Scott Kelly）则以在空间站停留 340 天创造了单次任务持续时间最长的纪录；第三名美国人克里斯蒂娜·科赫（Christina Koch）以 328 天保持了女宇航员单次任务停留时长纪录。

"暴风雪"号：苏联的航天飞机

NASA 的三角翼航天飞机高高耸立在肯尼迪航天中心发射台上，美国人对这一壮观场景早已司空见惯。如今，在距此半个世界之遥的苏联中亚地区，人们看到了类似的一幕。这一天是 1988 年 11 月 15 日，一个几乎相同的重达 110 吨（其中仅燃料就有 15.4 吨）的三角翼航天器，在耀眼的灯光下雄伟地矗立在拜科努尔航天中心发射场的发射台上。但这次与美国航天飞机发射时的情况不同，苏联航天飞机没有搭载宇航员，在整个飞行过程中均是无人操作。

"暴风雪"号航天飞机被固定在一枚"能源"（Energia）火箭上。从外观看，它与美国航天飞机非常相似。"暴风雪"号高 36.4 米，翼展约 24 米。和美国的航天飞机一样，其铝制外皮上粘贴了多达 38000 块精心制作的独立隔热瓦。位于机身后部的主推进系统由两组火箭组成，另外还有一组安装在前部。与美国航天飞机不同的是，"暴风雪"号自身没有主发动机，不过就是"能源"火箭推进器上的一个无动力载荷，并不作为整体中的一个部分在发射过程中起什么作用。由于没有主发动机，这也意味着"暴风雪"号可以比 NASA 的航天飞机拥有更大载荷，但同样，也使其着陆重量相应增加。

另外一个显著不同之处是，该机后部布置了两台喷气引擎，这是一种额外安全措施，可以让飞机在最后的着陆阶段拥有动力，如此，驾驶员就可以在跑道上出现猛烈侧风等不利条件下进行规避后再寻机着陆。与之相反，美国航天飞机的着陆方式为无动力滑翔着陆，没机会做第二次尝试。尽管在有人控制情况下这种概念是可行的，但"暴风雪"号从未尝试过。

发射时间定在黎明前的暗夜中，"能源"火箭在 4 个一级发动机推动下咆哮着冲向夜空。一开始，火箭慢慢升起，紧接着开始加速，背负着"暴风雪"号沿着一条完美轨迹进入太空。推进器分离后，航天飞机继续飞行并进入轨道。

"能源"火箭背负着"暴风雪"号在拜科努尔航天中心发射场 110 号发射台上准备发射。

　　仅仅经过两圈绕地飞行后,"暴风雪"号在经过智利上空时其制动火箭启动,然后开始调转方向为返航之旅做着准备。"暴风雪"号的第一次飞行如期结束。该机通过自动控制成功降落在特殊建造的水泥跑道上,这条跑道长 5 千米,宽 80 米,距离发射台仅 12 千米。尽管当时有强烈侧风(预

"暴风雪"号在完成了首次也是最后一次绕地两圈飞行后着陆。

计每小时 60 千米左右），但着陆过程几近完美，虽然前轮偏离跑道中心线
1.3 米，但仍属精准之列。此次飞行历时 205 分钟，成就了"暴风雪"号首
次同时也是最后一次太空飞行。

　　这次飞行被视为苏联在工程和科技方面的巨大成就，但该航天飞机在
返航时仍遭受大范围高热损伤。鉴于修复工作花费巨大，加之自身囊中羞
涩，苏联方面决定暂不马上进行。次年，新计划出炉，"暴风雪"号可能在
1993 年执行第二次发射任务（同样也不安排乘组），将持续飞行 15—20
天。然而，该计划因经费原因被搁置。最终"暴风雪"号在执行了一次太
空任务后便退役了。

　　1991 年年底苏联解体。因维护费用高昂，"能源—暴风雪"计划也无疾
而终。1993 年，历经 18 年研发，该项目正式结束。"暴风雪"号航天飞机成
了哈萨克斯坦共和国政府名下的资产，被安在"能源"火箭实体模型上，放

置在拜科努尔航天中心发射场 112 号机库里。由于该地区夏天酷热而冬天酷寒，于是人们用厚厚的泡沫层对机库进行隔热保护。但由于雨水的作用，湿气慢慢渗入，而且情况变得越来越严重。2002 年 5 月 12 日，暴雨袭击了该地，机库屋顶因大量雨水浸泡最终塌陷。5 块屋顶中的 3 块从 80 米高处跌落时撞毁了这架具有历史意义的航天飞机，同时造成 8 名试图进行抢修的工人遇难。[12]

从美苏宇航员到中国航天员

1992 年 9 月，中国成立了载人航天机构（The Chinese Manned Space Agency）。与此同时，中国启动了"921"工程，就是将中国航天员送入太空并发射自己的永久性空间站的"三步走"计划。在空间站开展研究的是来自中国的航天员（Taikonauts）。航天员的英文名称由中国普通话"太空"的拼音"taikong"，加上美、俄宇航员英文名称中的"naut"这个词尾构成。"naut"源自古希腊，意为"航海者"，又译为"旅行者"。所以，"Taikonauts"的含意就是"太空旅行者"。

中国人民解放军航天员大队成立于 1998 年，并在当年选拔出第一批航天员，共计 14 人。为了支持太空探索长期目标、实现载人登陆月球和火星的任务，中国又于 2010 年选拔了第二批航天员，共 7 人。

2003 年，中国载人航天计划迈出了第一步，自此中国成了继美国和苏联（后来是俄罗斯）之后第三个独立将人送入太空的国家。2003 年 10 月 15 日，"神舟"五号飞船将中国航天员杨利伟送入地球轨道。这次发射使用的是"长征"二号 F 火箭，从酒泉卫星发射中心位于内蒙古戈壁滩的发射场发射升空。

在完成这个关键的第一步后，中国航天计划的第二阶段是开发先进的太空飞行技术和工艺，包括航天员出舱活动以及在轨交会对接技术等。

2003 年 10 月，杨利伟搭乘"神舟"五号飞船进入太空，成了第一个进入太空的中国人。

"921"工程第二阶段的一个关键内容是研发轨道空间站的原型舱。"天宫"一号于 2011 年 9 月发射升空，在这次短期任务期间，乘员们演练了交会对接操作。这些操作在"神舟"七号、"神舟"九号和"神舟"十号飞船上得以实施（"神舟"八号是一艘无人飞船，执行的是自动交会对接任务）。

到 2016 年 3 月，虽然地面控制人员已和"天宫"一号失去了联系，但它在轨运行期间为中国提供了急需的设计和系统信息，这些信息在当年 9 月发射的"天宫"二号上派上了用场。"天宫"二号拥有更强的科学实验能力，此外还改善了更舒适的生活区，安排了货物运输、燃料补充、给养补给以及供人类长期居住的基础设施。借助这些功能，由两人组成的"神舟"十一号乘组于 2016 年年底在"天宫"二号上生活了 30 天。[13] 废弃和休眠的"天宫"一号继续在地球轨道上运行至 2018 年 4 月 2 日，再入大气层，再入过程中未烧尽的部分最后坠落在南太平洋上。之后，"天宫"二号也在 2019 年 7 月脱离轨道。

迄今为止的中国航天任务

航天员	航天器	发射时间	降落时间	任务亮点
杨利伟	"神舟"五号	2003 年 10 月 15 日	2003 年 10 月 15 日	第一位进入太空的中国人
费俊龙 聂海胜	"神舟"六号	2005 年 10 月 12 日	2005 年 10 月 16 日	中国首次两人航天任务
景海鹏 刘伯明 翟志刚	"神舟"七号	2008 年 9 月 25 日	2008 年 9 月 28 日	翟志刚是第一位出舱活动的中国人
不载人	"神舟"八号	2011 年 10 月 31 日	2011 年 11 月 17 日	与"天宫"一号空间站自动对接
景海鹏 刘旺 刘洋	"神舟"九号	2012 年 6 月 16 日	2012 年 6 月 29 日	中国首次实现"天宫"一号与载人飞船对接；刘洋是第一位进入太空的中国女性
聂海胜 张晓光 王亚平	"神舟"十号	2013 年 6 月 11 日	2013 年 6 月 26 日	第二次载人飞船与"天宫"一号交会对接；王亚平是第二位进入太空的中国女性
景海鹏 陈东	"神舟"十一号	2016 年 10 月 17 日	2016 年 11 月 18 日	与"天宫"二号空间站对接；任务指挥官景海鹏的第三次飞行；是"天宫"二号的第一批乘组人员
聂海胜 刘伯明 汤洪波	"神舟"十二号	2021 年 6 月 17 日	2021 年 9 月 17 日	"天宫"空间站"天和"核心舱首次入驻航天员

航天员	航天器	发射时间	降落时间	任务亮点
翟志刚 王亚平 叶光富	"神舟" 十三号	2021 年 10 月 16 日	2022 年 4 月 16 日	第二批乘组入驻"天宫"空间站"天和"核心舱,执行为期 6 个月的任务
陈东 刘洋 蔡旭哲	"神舟" 十四号	2022 年 6 月 5 日	预定 2022 年 12 月	监督"问天"和"梦天"实验舱和"天和"舱的对接安装任务

中国向"天宫"一号和"天宫"二号空间站总共发射 14 名航天员后,两个空间站按计划脱离轨道,从而完成了中国载人航天计划的前两个关键步骤。对中国而言,第三步是建造、发射和运营一个永久载人模块化空间站,以支持其载人太空探索的长期目标,包括可能的载人登月和火星任务。

2021 年 1 月 14 日,中国载人航天工程办公室宣布,三模块"天宫"空间站的轨道建设阶段即将开始。据报道,发射到地球轨道的空间站的第一个舱是巨大的圆柱形,即"天和"核心居住舱,航天员将长期连续在其中生活和工作。该模块还设计了用于容纳已完成的空间站的动力和推进元件。"天和"舱长 16.6m,最大直径为 4.2m,在轨质量为 22600 千克。"天宫"空间站是中国有史以来研制和建造的最大的航天器。

"天和"舱于 2021 年 4 月 29 日上午 11 时 23 分(北京时间)在中国文昌航天发射场搭载"长征"五号 B 遥二运载火箭从发射台成功发射,这标志着中国一系列关键航天任务的开始,预计 T 型天宫空间站的建设将于 2022 年年底完成。在此之后,全功能空间站计划运行 10—15 年。15 年的日常维护和维修,并在地球上空 340—450 千米的高度运行,航天员常驻其中。

2021 年 5 月 29 日,"天舟"二号无人货运飞船携带必要设备首次抵达并与"天和"舱成功对接,次年 3 月 31 日,"天舟"二号按照计划自动脱离轨道,再入大气层中并燃烧损毁。

2021年6月17日，3名航天员乘坐"神舟"十二号飞船搭载"长征"二号F遥十二运载火箭从中国酒泉卫星发射中心发射升空。当天与"天和"核心舱成功对接，乘组人员首次入驻"天宫"空间站并为其通电。接下来的3个月，聂海胜、刘伯明、汤洪波将在"天和"核心舱开展一系列任务。聂海胜曾执行"神舟"六号和"神舟"十号任务，刘伯明是"神舟"七号乘组成员，汤洪波是第一次飞上太空。7月4日，刘伯明和汤洪波进行了计划中的两次太空行走中的第一次，进行了中国新一代宇航服的舱外活动测试，以及安装和检查未来任务中使用的设备。8月20日进行了第二次预定的太空行走，其间指挥官聂海胜和刘伯明安装并测试了一些额外的航天器设备。任务完成后，他们于9月17日在中国内蒙古地区成功着陆。3天后，中国第二艘货运飞船"天舟"三号发射入轨，并与"天宫"空间站对接成功。

"神舟"十三号飞船是中国第八次载人航天和"神舟"计划的第十三次飞行，3名航天员是第二批入驻"天和"核心舱的乘组人员。翟志刚指挥官和女操作员王亚平都是第二次太空飞行，系统操作员叶光富则是首次太空飞行。他们是第一批执行为期6个月任务的乘组人员，6个月很可能将成为"天宫"空间站的正常工作周期。

2021年11月7日，进行计划中的两次太空行走中的第一次，王亚平成为第一位在太空行走的中国女性，创造了太空飞行历史。当天，她和翟志刚离开"天和"舱，在长达6小时25分钟的太空行走中，安装机械臂悬架和适配器以及其他固定任务。12月26日，叶光富和翟志刚进行了第二次太空行走，这次是王亚平在"天和"舱内协助他们。结束6个月的任务后，他们于2022年4月16日在东风着陆场成功着陆。

此时，"问天"和"梦天"这两个实验舱已研发成功并安装在空间站上。在此之前，"天舟"四号货运飞船已于2022年5月9日发射到太空与"天宫"空间站对接。随后，负责监督两个实验舱对接安装的"神舟"十四号乘组于6月5日发射升空，与空间站对接完成后将进入空间站工作。指挥官陈冬和操作员刘洋都是第二次进入在太空，系统操作员蔡旭哲则是首次升空。

2022 年 7 月 24 日，中国最大推力的"长征"五号乙运三运载火箭从文昌航天发射场升空。在发射开始大约 10 分钟后，巨大的"问天"号实验舱按计划与长征火箭成功分离，在控制室观察发射进展的航天局人员欢呼雀跃。大约 13 个小时后，"问天"号实验舱在"天和"核心舱的前港对接停靠。重达 23 吨的"问天"号实验舱长 17.9 米，被设计成一个加压的衬衫袖环境，工作人员可以在其中进行科学测试和实验。与"问天"号类似大小的第二个实验舱"梦天"号，中国已于 2022 年 10 月底成功发射。

与此同时，中国正在抓紧建造巡天空间望远镜（Chinese Survy Space Telescope，又称中国巡天望远镜），预计将于 2024 年前后投入使用。巡天空间望远镜发射后将与"天宫"空间站共轨独立飞行，可定期与空间站对接进行升级、维修和保养，它将配备一套口径 2 米的光学系统，将用于探索包括宇宙起源、宇宙演化、黑洞、暗物质以及暗能量等方面的重大科学前沿问题。巡天空间望远镜预计使用 10 年，但是通过维修保养可长期使用。

中国航天计划目前在空间技术和工程方面取得了长足的进步，并取得了不俗的成就。2019 年 1 月，"嫦娥" 4 号（Chang'e 4）月球探测器在月球背面成功实现软着陆，实现了人类首次月球背面软着陆和巡视勘察。"嫦娥" 5 号（Chang'e 5）是中国首个实施无人月面取样返回的月球探测器，是中国探月工程的第六次任务。2020 年 12 月 24 日，"嫦娥" 5 号不仅成功实现软着陆，而且收集月球表面样本并将其运回地球，实现了中国首次月球无人采样返回。仅仅两个月后，2020 年 7 月 23 日，中国的"天问"一号行星际探测器在文昌航天发射场发射升空，成功进入预定轨道。于 2021 年 2 月到达火星附近，进入火星轨道后开始环绕火星并绘制行星图。在接下来的 3 个月里，它对可能的着陆点进行了研究，于 2021 年 5 月着陆巡视器在火星乌托邦平原实现软着陆，"祝融"号火星车驶离着陆平台，建立通

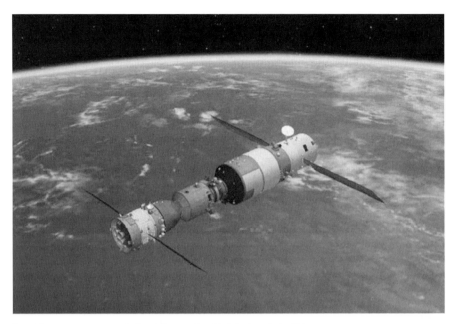

"神舟"十一号飞船正飞往"天宫"二号空间站准备实现交会对接。

2012 年 6 月，搭乘"神舟"九号飞船的刘洋成为第一个进入太空的中国女性。

信后，开始对着陆地区的土壤和地质结构进行科学探索，并测试地表水冰以及许多其他功能。所有这些数据将被传送到在轨的"天问"一号，再被传输回地面的任务控制员和科学家。在世界航天史上，"天问"一号不仅在火星上首次留下中国人的印迹，而且首次成功实现了通过一次任务完成火星环绕、着陆和巡视三大目标，充分展现了中国航天人的智慧，标志着中国在行星探测领域跨入世界先进行列。

这些探测器和其他探测器为中国探索深空及其对机器人探索和对其他世界的科学分析和理解的持续承诺提供了重大的技术飞跃。未来的计划不仅是向火星和木星发送更多的探测器，而且还会将其他小型探测器降落在我们星球附近的小行星上，获取样本为以后的科学研究所用。

中国在载人太空探索方面的雄心也在不断发展。为未来任务选拔航天员的工作仍在继续，新一代载人航天器和更强大的运载火箭——"长征"九号超重型运载火箭的研制工作仍在继续。为此，中国登月任务可能预计在21世纪30年代开展。人类征服和探索太空的激动人心和富有成效的时代即将到来，中国将全面参与。

太空"旅游"遭遇挑战

著名的科幻作家罗伯特·海因伦（Robert Heinlein）在1958年出版的《穿上太空服去旅行》（*Have Space Suit-Will Travel*）中写道："富豪们只要从腰包里掏点儿钱就可以进入太空，对此我无法接受"。然而，2001年4月，一个长相清瘦且满头灰发的60岁工程师做到了，他就是丹尼斯·蒂托（Dennis Tito）。蒂托从自己旗下的投资管理咨询公司积累了大量财富，他通过弗吉尼亚州的太空探险公司向俄罗斯航空航天局（Roscosmos）支付了约2000万美元，并因此很快收获了世界上第一位私人太空"旅客"的名头。

1957年，作为一个十几岁的孩子，丹尼斯·蒂托就被第一颗人造地球

2001年，丹尼斯·蒂托（左）和俄罗斯乘员塔尔加特·穆萨巴耶夫（Talgat Musabayev）、尤里·巴图林（Yuri Baturin）在"国际空间站"上。

卫星深深吸引。后来他获得了航空航天工程学位，此后在 NASA 位于加利福尼亚的喷气推进实验室工作了 5 年。在此期间，他参与了火星和金星探索计划的轨道设计任务。1972 年，他投身金融界，开始利用自己在数学和工程方面的特长开发出独特的股市风险预测方法。到 1998 年，他旗下的威尔逊协会（Wilshire Associates）已经是全美第三大投资管理咨询公司。[14]

蒂托原计划是前往俄罗斯的"和平"号空间站，但当有关方面决定废弃该空间站后，他不得不调整计划，改为前往已经建造过半的"国际空间站"。这是一个干扰因素，NASA 根本就不喜欢这个方案。实际上，对蒂托自费前往太空，NASA 和俄罗斯之间意见相左。NASA 认为蒂托没经过完整训练，这会带来安全风险。"国际空间站"的宇航员也抱怨说，他们还得分心"照看"他，以防他做出威胁乘组生活或空间站的事情。此外，由于模块化空间站还在组装中，此时还不适合接待一些不受欢迎的、挥舞着相机的游客。

俄方认为，根据双方政府间协定，只要经过充分训练，他们有权安排自己想要的任何宇航员。当然，他们看上了蒂托的钱包，这才是背后的真实原因。

蒂托知道"联盟"TM-32号飞船与空间站对接时他不会受到热烈欢迎，尽管如此他仍继续坚持训练。[15] 面对无法改变的形势，NASA向俄方提出了严苛条件，如果蒂托的行为给空间站设施造成任何损害，俄方必须向美方做出赔偿。幸运的是，蒂托在"国际空间站"的7天里没造成任何损害，因此该协议并没有执行。蒂托于2001年4月28日搭乘"联盟"TM-32号升空，他在太空遨游了10天，其中有7天待在空间站里。尽管遭遇许多公开批评，但他的太空之旅很成功，从而极大提升了公众对"太空旅游"的认知和热情。

自费进入太空者

参与者	后备人员	往（带"/"）返空间站搭乘的飞船	发射日期	返回日期
丹尼斯·蒂托，60岁，美国人		"联盟"TM-32号/"联盟"TM-31号	2001年4月28日	2001年5月6日
马克·沙特尔沃斯，28岁，南非人		"联盟"TM-34号/"联盟"TM-33号	2002年4月25日	2002年5月5日
格雷戈里·奥尔森，60岁，美国人		"联盟"TMA-7号/"联盟"TMA-6号	2005年10月1日	2005年10月1日
阿努什·安萨利，40岁，伊朗/美国人		"联盟"TMA-9号/"联盟"TMA-8号	2006年9月18日	2006年9月29日
查尔斯·希莫尼，58岁，匈牙利/美国人		"联盟"TMA-10号/"联盟"TMA-9号	2007年4月7日	2007年4月21日
理查德·加里奥特，47岁，美国人	尼克·哈利克，39岁，澳大利亚人	"联盟"TMA-13号/"联盟"TMA-12号	2008年10月12日	2008年10月23日
查尔斯·希莫尼，60岁，匈牙利/美国人	埃斯特·戴森，47岁，瑞士/美国人	"联盟"TMA-14号/"联盟"TMA-13号	2009年3月26日	2009年4月8日
盖伊·拉里伯特，49岁，加拿大人	芭芭拉·巴雷特，58岁，美国人	"联盟"TMA-14号/"联盟"TMA-13号	2009年9月30日	2009年10月11日

尽管有的参与者没能力自费，但仍有一些太空飞行参与者在本国政府

资助下访问了"国际空间站"。

国家资助的太空飞行参与者

姓名	后备人员	往（带"/"）返"和平"号空间站的航天器	发射日期	返回日期
马科斯·庞特斯, 巴西		"联盟"TMA-8号/"联盟"TMA-7号	2006年3月30日	2006年4月8日
谢赫·穆兹亚法·舒科尔, 马来西亚	法伊兹·哈利德	"联盟"TMA-11号/"联盟"TMA-10号	2007年10月10日	2007年10月21日
李宵银（Yi So-yeon）, 韩国	高山（Ko San）	"联盟"TMA-12号/"联盟"TMA-11号	2008年4月8日	2008年4月19日

　　在接下来的几年里，还有几次付费的"太空飞行参与者"（他们不介意公开姓名）将搭乘"联盟"号飞船进入空间站。为此，他们每个人都要接受几个月的身体训练和俄语学习。由于"联盟"号飞船每次只能安排一人，所以要选出第一候选人和一名后备人员以防在最后时刻前者因出现问题或生病而无法成行。

　　多数情况下，第一候选人都将进入了太空，但也有一些人不幸错过了机会。2002年2月，时年22岁来自"超级男孩"（NSYNC）乐队的兰斯·巴斯（Lance Bass）宣称，他已经同意支付约2000万美元搭乘"联盟"TMA-1号飞船于当年11月间进入"国际空间站"。之前，唯一对他进入太空有帮助的，是他12岁时曾参加了在亚拉巴马的太空夏令营。随后，他开始在莫斯科星城宇航员培训中心接受训练，后来他又转入得克萨斯州的约翰逊航天中心。当年8月，音乐电视网（MTV）和睿侠（RadioShack）公司等巴斯的赞助商未按期支付相关费用。到了9月，俄罗斯航天局官员很不满地告知巴斯有关付款的协商再次被搁置了。于是，他们有意透漏巴斯被查出患有"轻型心脏疾病"，结果将他挤出此次飞行。那时巴斯才 23 岁，本来很可能成为进入太空最年轻的人。[16]

13 年后，因在《歌剧幽灵》(*Phantom of the Opera*) 中一炮走红的歌手莎拉·布莱曼 (Sarah Brightman) 开始接受训练，她将自费参加始于 2015 年 9 月 1 日为期 10 天的"联盟"号飞船往返空间站的任务。经营太空旅游业务的太空探险公司为此次费用高达数百万美元太空旅游牵线搭桥。出乎意料的是，5 月 13 日，布赖曼宣布其太空之旅将无法成行。她的网站上显示："布莱曼女士说，出于家庭原因她只能改变初衷，她将推迟此次训练和飞行计划。非常感谢在她人生这一难忘时刻给予大力支持的俄罗斯空天局、'能源'火箭公司、加加林宇航员训练中心、星城宇航员培训中心、NASA 以及所有美俄宇航员"。布莱曼在"联盟"TMA-18M 号飞船上空出的位置由来自哈萨克斯坦的宇航员艾登·阿因别托夫 (Aidyn Aimbetov) 递补。[17]

人类探索太空的脚步永远不会停歇。2019 年 9 月 25 日，首位来自阿拉伯国家的宇航员哈扎·艾尔·曼索里 (Hazza Al Mansouri) 搭乘"联盟"MS-15 号飞船进入"国际空间站"。参加这次飞行的乘组人员还有来自俄罗斯的指令长奥列格·斯科里泼奇卡 (Oleg Skripochka，这是他的第三次太空飞行)、来自 NASA 的宇航员和飞船工程师杰茜卡·迈尔 (Jessica Meir)。艾尔·曼索里将成为首位进驻"国际空间站"的阿拉伯宇航员。8 天后的 10 月 3 日，他和"联盟"MS-12 号飞船乘组一起安全降落在哈萨克斯坦。丹麦也制定了载人太空飞行计划。

自 2007 年 以 来，印 度 太 空 研 究 机 构 (Indian Space Research Organization, ISRO) 就一直在开发载人飞船的相关技术，他们计划在 2021 年 12 月将 2—3 名宇航员 (Gagan Yatri, 梵语的意思是"空中旅行者") 送入太空，执行为期 7 天的航天任务。又将此任务推迟到 2022 年年底进行。这些人将搭乘太空飞船 (Gaganyaan)，由 GSLV Mark Ⅲ 型火箭发射升空。如果这些计划能实施，印度将成为继苏联 (俄罗斯)、美国和中国之后第 4 个独立实施太空飞行任务的国家。实现载人飞行后，ISRO 将研发自己的空间站并实现载人登月的目标。[18]

在 2018 年国家独立日的讲话中，时任印度总理莫迪正式宣布，为庆祝国家独立 75 周年，印度将在 2022 年前实施载人太空飞船飞行任务。截至 2019 年 11 月，印度空军共挑选了 12 名宇航员候选人员赴俄罗斯进行训练。几个月后，候选人仅剩 4 名，2020 年 2 月他们开始接受更严格的训练。在本书撰写结束时仍有 3 名候选人的名称尚未公布，但根据 2020 年 8 月的披露，来自印度空军的尼基尔·拉特（Nikhil Rath）中校参加了飞行训练。[19]

结语

太空旅行的未来

　　2004 年 6 月 21 日，62 岁的平民试飞员迈克·梅尔维尔（Mike Melvill）作为驾驶私营飞船进入太空的第一人被载入史册。他乘坐的交通工具"太空船"1 号（Space Ship One，SSI）是人类航天史上第一艘私营载人太空飞船，由缩放复合材料公司（Scaled Composites）建造，该公司掌门人伯特·鲁坦（Burt Rutan）是航天工程领域数一数二的人物。

　　这是原计划两次飞行中的第一次，这两次飞行将收获的 1000 万美元奖金由"安萨里 X 奖"基金提供。遗憾的是，由于第一次飞行出现了控制问题，第二次飞行被迫取消并推迟到 9 月 29 日再做尝试。"安萨里 X 奖"基金是一个非营利性组织，由希腊裔美国人、企业家彼得·迪亚曼迪斯（Peter Diamandis）建立，同时他也是一位亿万富翁、工程师和物理学家。该基金创设于 1996 年 5 月，旨在通过竞争激励创新，推动开发低成本高效率的飞船来实现太空旅行。20 世纪早期，该基金大多是以这种现金奖励方式来激励商业太空飞行的发展。这项私人太空飞行竞赛奖最初称为"X 奖"（X Prize），后来生于伊朗的企业家阿努莎·安萨里（Anousheh Ansari）和阿米尔·安萨里（Amir Ansari）为该基金提供了一笔数百万美元的捐赠，于是从 2004 年 5 月 5 日起改称"安萨里 X 奖"（Ansari X Prize），这一天也正好是艾伦·谢泼德 1961 年亚轨道太空飞行的 43 周年纪念日。2006 年 9 月，阿努莎·安萨里作为首位付费女性太空游客飞往了"国际空

维珍银河（Virgin Galactic）公司的理查德·布兰森爵士（Sir Richard Branson）。

间站"。要赢得"安萨里 X 奖"奖金，竞争性私人团队（有 26 个类似团队已注册）须在为期两周的时间内，用同一艘飞船搭载一名驾驶员和两名乘客（或等量压舱物）两次飞过 100 千米的高度[1]。

保罗·阿伦（Paul Allen）是微软公司的联合创始人，后来成为投资家和慈善家。他决定为缩放复合材料公司提供资金，与伯特·鲁坦联袂促进这一领域的发展。于是，设计领域的传奇人物与航空界的天才角色携手提出了"太空船"1 号的设想：这是一艘实验性的亚轨道太空飞船，由母机（运载飞机）送至高空后发射，运载飞机是一种具有未来风格的"怀特·莱特"（White Knight）双涡轮喷气式飞机。

2004 年 9 月 27 日，当"太空船"1 号为争取"安萨里 X 奖"正准备进行第二轮飞行尝试时，维珍大西洋航空公司（Virgin Atlantic Airways）主席理查德·布兰森爵士，公布了他与鲁坦和阿伦共同签署的一份合同。

该合同为设计和建造可搭载 5—8 位乘客的运载工具提供资金，并为商业性亚轨道飞行提供技术支持。

　　第二轮尝试中的第一次飞行，也就是"太空船"1 号的第 16 次飞行，于 2004 年 9 月 29 日进行。"太空船"1 号搭载着驾驶员迈克·梅尔维尔飞到了 102.93 千米的高度，这一高度超越了获奖所要求的 100 千米的标准。第二轮尝试中的第二次飞行，也是"太空船"1 号的第 17 次飞行，于一周后的 10 月 4 日进行。布兰森在莫哈韦沙漠（Mojave Desert）亲自见证了这次希望赢得"安萨里 X 奖"及其 1 千万美元奖金的飞行。这一天恰巧是第一颗人造卫星（Sputnik Satellite）发射 47 周年纪念日，"太空船"1 号搭载着驾驶员布莱恩·宾尼（Brian Binnie），由"怀特·莱特"号运载飞机带到空中进行发射。与运载飞机脱离后，"太空船"1 号引擎随即启动，呼啸着向上继续爬升，飞行高度达到了 112.014 千米。"安萨里 X 奖"基金创始人彼得·迪亚曼迪斯难掩激动的心情，他对聚集在此的记者们说："今天，我们创造了太空历史；今天，我们走向了星际空间！"[2]

　　不久，英国维珍银河公司宣布了自己未来商业性亚轨道太空飞行计划。消息发布后仅一个月，就有 7000 人表达了强烈兴趣，而且这一数字不断飙升。布兰森应邀对自己的宏大计划做了如下宣介："我们希望在未来几年'制造'出成千上万的宇航员，让他们的飞天之梦成为现实，带着他们的荣耀和令人惊叹的失重感，俯瞰我们这颗星球的静穆之美。这项计划将让各国都拥有自己的'宇航员'，而不再像以前那样只是极少数国家的专利"。[3]

　　起初，布兰森认为首次搭载普通乘客的太空飞行最快会在 2009 年实施，但发射日期却不断推后。到了 2009 年，维珍银河对尽快实现首飞仍很乐观，并预计将在两年内在位于莫哈韦沙漠的美国航天中心（Mojav Desert's Spaceport America）实施。2009 年 12 月 7 日，第二艘太空飞船，即"太空船"2 号在航天中心亮相，300 人齐聚这里，其中很多人都是布兰森太空飞船的准乘客，他们已按每位 20 万美元的价格订了座。布兰森告诉

2004 年 10 月 4 日，赢得"安萨里 X 奖"的布莱恩·宾尼（Brian Binnie）站在"太空船"1 号顶部欢庆胜利。

大家，当时他希望 2011 年就能实现付费乘客的首次太空之旅。

　　商业太空飞行的发射日期不断拖延，让该项目备受煎熬，其中最严重的事故当数"太空船"2 号的坠毁。这艘太空飞船名为"VSS 企业"号（Virgin Space Ship Enterprise），2014 年 10 月 31 日是其第 4 次火箭动力的测试飞行；与运载飞机分离后不久即在空中解体，副驾驶米切尔·阿尔茨伯里（Michael Alsbury）在坠落中丧生，驾驶员彼得·希耶博尔德（Peter Siebold）也身受重伤。后来的调查发现，阿尔茨伯里似乎过早打开了空气制动系统，从而导致飞船解体。[4]

　　"VSS 团结"号（VSS Unity）飞船是一艘替代飞船，2016 年 11 月完成了首次试飞，两年后，其飞行高度达到了 82.7 千米，速度接近 3 倍音速。两位驾驶员马克·斯塔基（Mark Stucky）和前 NASA 宇航员弗里德里克·斯图尔考（Frederick Sturckow）执行了这次飞行任务。美国

"VSS 团结"号,即此前的"VSS 航海者"号,是维珍银河公司建造的第二艘亚轨道"太空船"2 号。

政府因其成就而为他们颁发了商业航天飞行奖章(Commercial Astronaut Wings)。

随着"团结"号飞船内部持续更新和其他方面的不断升级,维珍银河不断打造自己的太空船机队,并打算在 2023 年前组成一支拥有 5 艘太空船的机队。2020 年,维珍银河计划实施 16 次亚轨道飞行。但是,根据新墨西哥州健康部门发布的新冠病毒扩散应对指南,维珍银河不得不最大限度减少其飞行次数,并在充分考虑安全的前提下公布了一份新的飞行时间表。

维珍银河并非该领域里的唯一玩家。在众多企业家麾下,埃隆·马斯克(Elon Musk)的太空探索技术公司(SpaceX),杰夫·贝索斯(Jeff Bezos)的蓝色起源公司(Blue Origin)都瞄准了包括私人飞行在内的未来太空业务。在此之前,随着公众对太空飞行认知程度的飞速提升,政府对这个领域的立法工作也提上了日程。2004 年 11 月,《商业太空发射修正案》（*Commercial Space Launch Amendments Act*）以 269 票赞成、120 票反对的结果在美国国会通过。商业太空飞行如雨后春笋般发展起来。为了推动行业的健康发展，该修正案还包括如下条款，即允许付费乘客根据自身风险承受能力参与太空飞行。两个月后，位于华盛顿的美国联邦航空管理局（Federal Aviation Administration，FAA）对此做出回应，发布了指南草案，旨在对那些希望测试可重复使用的亚轨道火箭的公司进行授权。指南还有意将私人航空器上的机组与乘客纳入监管范围。至此，FAA 在利用规则对行业进行监管方面迈出了重要的一步，政府在认可行业自律模式的同时，还要对其进行必要的管理。[5]

2005 年 2 月，对私人太空飞行感兴趣的 12 家公司成立了"私人太空飞行联盟"（Personal Spaceflight Federation），现在名为"商业太空飞行联盟"（Commercial Spaceflight Federation），意在与联邦立法者合作，帮助初创企业提升在这一领域发展的积极性。该联盟的创建者包括：迪亚曼迪斯、鲁坦、埃里克·安德森（Eric Anderson）和约翰·卡尔迈克（John Carmack）。安德森是太空探险公司（Space Adventures）的联合创始人和主席，卡尔迈克是视频游戏的发明者，他的阿玛蒂洛太空团队（Armadillo Aerospace Team）是同一时期"安萨里 X 奖"的有力竞争者。

企业家格雷格·马里尼亚克（Gregg Maryniak）是"安萨里 X 奖"基金的联合创始人和执行董事、私人太空飞行联盟的首席发言人。当时，他曾告诉微软国家广播公司（MSNBC）有线新闻，新的立法"主要是要求政府与企业进行合作，以共同提出安全标准；我们坚信企业提供的产品会比现行民用太空项目更安全"。他还引用了一些民意调查结果告诉人们，"如果有机会且价格合适"[6]，70% 的美国人愿意付费进行一次太空旅行。加州大学讲师格雷格·奥特利（Greg Autry）是一位太空飞行爱好者，他认为，实际上，乘坐那些简易火箭到达太空边缘的旅行者，也许会被他们体验到的速度弄得晕头转向。他说，"尽管这会吸引大量追求'极速体验'的人，但他们很可能对自己乘坐时的紧张状态感到吃惊；除非你重新脚踏实地，否则便没有欲望或时间集中精力去欣赏你能看到的一切"。[7]

从太空俯瞰地球

在本书即将付梓之际，许多未来太空探险计划正不断涌现并进行测试。另外，NASA 也在制订计划，准备让宇航员重返月球并到达更远的地方，一些富有的企业家也加入这一行列中，正大把烧钱制造用于载人飞行的交通工具与火箭。

1969 年，当阿姆斯特朗和奥尔德林在月球上行走时，太空探险技术公司的埃隆·马斯克还没有出生，蓝色起源公司的杰夫·贝索斯才刚满 5 岁，而维珍银河的理查德·布兰森爵士在此前两天才刚满 19 岁。在许多拥有太空梦想的人士中，这几人是今天推动太空开放以拓展太空探险甚至商业旅行活动的主要追梦人。

太空船公司（The Spaceship Company，TSC）是维珍银河太空业务体系中的生产制造机构，总部设在加利福尼亚的莫哈韦航天中心（Mojave Air and Space Port）。目前，他们正在建造和测试由"怀特·莱特" 2 号运载飞机和"太空船" 2 号（可重复使用的飞船）构成的舰队，并以此组成维珍银河载人太空飞行系统。尽管布兰森的圆梦历程已迁延日久、过去多年，但仍有超过 600 人签约要成为其公司的乘客，他们来自 60 个国家，每人都支付了相当于 20 万美元的费用，就是为了在太空进行一次短暂飞行，透过"太空船" 2 号的舷窗，凝望一下地球的曲面美，体验一下几分钟的失重感。或如同布兰森对客户们保证的那样，"在多天飞行中，体验一次独一无二的极至感受，从太空俯瞰地球，在失重状态下体验漂浮感"。[8]

然而，由于"太空船" 2 号坠毁以及为防范新型冠状病毒肺炎而强制实行的严格健康限制，使得首次搭载乘客进行太空旅行的日期一推再推，向

加利福尼亚莫哈韦的机库中，缩放复合材料公司的"太空船"2 号太空飞机（主机身）停放在"怀特·莱特"2 号运载飞机下面。

后延了一年又一年。

2002 年，出生于南非的亿万富翁埃隆·马斯克创立了太空探索技术公司，即今天更为人知的 SpaceX 公司。1999 年，马斯克还是 X.com 公司的联合创始人，这家公司后来成了电子支付平台"贝宝"（PayPal）；马斯克也是电动汽车制造商特斯拉（Tesla）的联合创始人和首席执行官。马斯克满怀激情，梦想探索太空，他认识到，只有开发和制造出性能更高、价格更具竞争力以及可重复使用的火箭和航天器，才能适应轨道飞行甚至飞向更远太空的需要。他旗下的第一型火箭"猎鹰"1 号（Falcon 1）的首发时间在 2006 年，而功能强大的"猎鹰"9 号火箭（Falcon 9）则在 2010 年完成了首次发射。

2018 年 2 月，马斯克的第三型火箭"猎鹰"重载（Falcon Heavy）进行了第一次发射。这种火箭的设计能力可将 53000 千克的荷载送入轨道。在这次测试发射中，"猎鹰"重载运送的是一件非同寻常的有效载荷——

以地球为背景的埃隆·马斯克的特斯拉敞篷车。身着 Space X 太空服的"星际人"模型坐在驾驶座位上。摄影机安装在外部的吊杆上。

一辆红色特斯拉敞篷车，该车不仅配备有摄像机，能在航天器飞行过程中拍摄和传输充满诗意的画面，而且还搭载了一个身着宇航服的模拟驾驶员"星际人"（Starman），这个名字源自大卫·鲍伊（David Bowie）的歌曲。

SpaceX 公司也一直致力于龙飞船（Dragon Spacecraft）的开发，该飞船的设计用途是为国际空间站及上面的 7 名宇航员运送补给。公司还在尽力开发起飞后能以垂直降落方式返回发射场的可重复使用火箭。2018 年7 月，一枚新系列"猎鹰"5 号火箭发射，之后不到 9 分钟即成功落回到一艘无人回收船上。

马斯克还一直关注着太空旅行。2018 年，SpaceX 公司宣布，日本亿万富翁前泽由作（Yusaku Maezawa）已经为他自己和两位客人预定了一次绕月旅行座位，将使用 SpaceX 公司的"星船"火箭（SpaceX Starship Rocket）[①] 发射。这型火箭此前被称为"大猎鹰"火箭（BFR），目前仍处于开发和测试阶段。

① "Starship Rocket"也译为"星际飞船"火箭或"星际船"火箭。——译者注

一位艺术家对停泊于"国际空间站"的 SpaceX 载人龙飞船的描绘，当时它正在执行 NASA 的商业载人飞行任务。

　　2020 年 1 月，SpaceX 公司对一艘无人龙飞船进行了一次途中返回测试。飞船在肯尼迪航天中心发射后不到 90 秒即与"猎鹰"9 号火箭分离，随后带着降落伞溅落在距佛罗里达海岸约 32 千米的海水中。对于实现计划飞往"国际空间站"的首次载人飞行任务而言，这是关键的一步。2020 年 3 月 2 日，一艘名为"样船"1 号的载人龙飞船在无人状态下发射升空，第二天与"国际空间站"成功对接。5 天后，空载的龙飞船与"国际空间站"分离，随后重返大气层，并在大西洋上被完好无损地回收起来。

　　随后的一次飞行任务，即"样船"2 号于 2020 年 5 月 30 日发射升空。这一次搭载两名 NASA 宇航员进行了往返"国际空间站"的测试飞行。两位宇航员分别是鲍勃·本肯（Bob Behnken）和道格·赫尔利。这次飞行标志着自 2011 年以来美国宇航员首次由商业化建造和运营的美国载人飞船送入地球轨道。随后，飞船与"国际空间站"成功对接，鲍勃·本肯和道格·赫尔利在空间站驻留了两个月。之后，他们再次搭乘龙飞船（他们称

2019 年 6 月 24 日，佛罗里达肯尼迪航天中心 39A 发射台，一枚 SpaceX 公司的"猎鹰"重载火箭正蓄势待发。

2019 年 4 月，埃隆·马斯克为北美防空司令部（NOARD）及美国空军太空司令部讲解"星船"火箭的性能。

之为"奋进"号），于 8 月 2 日重返大气层并成功在海上溅落。

　　2020 年 11 月 15 日，"载人" 1 号飞行任务（Crew-I Mission）在夜间从肯尼迪航天中心成功发射，这又是一次具有历史意义的飞行。"猎鹰" 9 号火箭，以及名为"坚韧"号的龙飞船完美地完成了这次飞行任务。"坚韧"号由搭乘这艘飞船的宇航员命名，他们是迈克·霍普金斯（Michael

Hopkins）、维克托·格洛弗（Victor Glover）、香农·沃克（Shannon Walker），以及日本人野口聪一（Soichi Noguchi）。经过 27 小时在轨追赶后，"坚韧"号在第二天与"国际空间站"成功对接，成为抵达"国际空间站"的第 100 艘载人飞船。打开舱门后，他们受到了空间站驻留人员的欢迎。驻留人员包括：谢尔盖·莱兹科夫（Sergei Ryzhikov，空间站指令长）、谢尔盖·卡德－斯维尔契科夫（Sergei Kud-Sverchkov），以及 NASA 宇航员、飞行工程师凯特·罗宾斯（Kate Ribins）。搭乘龙飞船而来的宇航员们将在"国际空间站"停留 6 个月，然后搭乘这艘龙飞船返回地面。完成这次任务的龙飞船将被翻新，以便投入到下一次飞行任务中。

　　另一个瞄准太空业务的公司是蓝色起源，这是一家航天设备制造商，由企业家杰夫·贝索斯创立并拥有。贝索斯是亚马逊公司的创始人和首席执行官，2013 年又入主了《华盛顿邮报》，据说，他是目前这个世界上最富有的人。蓝色起源公司正在开发"新谢泼德"火箭，将专门用于运载付费者进行短程太空旅行，同时也在开发用于卫星发射和太空旅行观光的重型"新格伦"火箭。这两种火箭都是以"水星"计划的先驱宇航员命名的。与维珍银河和太空探索技术公司一样，正值蓝色起源打算将普通乘客送入太空时，也面临着来自新冠疫情的严重威胁，公司可能会因此重新制定一个发射时间表。贝索斯还宣布了他称之为"蓝月"（Blue Moon）的月球登陆器开发计划，可以将太空游客、货物和补给送到月球表面，这个目标最早可能在 2023 年实现。

　　当然，NASA 仍然在人类太空探索中扮演着主要角色，也承担着将下一代宇航员送上月球的使命。NASA 已经宣布，而且前总统唐纳德·特朗普随后也强调指出，下一位踏上月球的人将是一位女性。新的登月计划称为"阿耳忒弥斯"（Artemis），在希腊神话中，阿耳忒弥斯是宙斯和勒托的女儿，是阿波罗的孪生姐姐和月亮之神。该计划目前的构想是，用 NASA 开发的强大新型火箭——太空发射系统（Space Launch System, STS），

太空探索技术公司提供的插图，描绘了载人龙飞船与"猎鹰"9号火箭在佛罗里达肯尼迪航天中心发射的情景。

执行SpaceX公司龙飞船"奋进"号前往"国际空间站"测试飞行任务的NASA宇航员：鲍勃·本肯（左）、道格·赫尔利。这是美国2011年以来首次执行的轨道载人飞行任务。

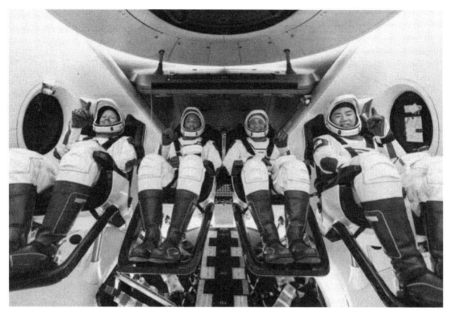

NASA的SpaceX"载人"1号（Crew-1）飞行任务机组乘员，正坐公司宽敞的载人龙飞船中接受训练。从左至右为：NASA宇航员香农·沃克、维克托·格洛弗、迈克·霍普金斯、野口聪一。

蓝色起源公司的一枚"新谢泼德"火箭成功发射。

杰夫·贝索斯，蓝色起源公司的创始人和所有者。

把一艘载有宇航员的"猎户座"飞船发射升空；进入月球轨道后，"猎户座"将首先与事先发射的小型太空飞船"通道"（Gateway）对接，然后再向月面降落。NASA 对此做了如下解释：

> NASA 正携手其合作伙伴共同设计开发一种能够绕月飞行的小型太空飞船，该船名为"通道"（Gateway）。这种飞船可作为宇航员的临时居住和办公场所，有日常生活的空间、供科学研究的实验室，以及为到访太空船及更多其他设备而设置的对接口。相比以前的登月活动，部署这艘小型太空飞船将使 NASA 及其合作者能够抵达月表更加广阔的区域，为人类和机器人完成飞行任务提供支撑。无论是宇航员的月球探险，还是人类未来前往火星，"通道"太空飞船都将是我们遂行这些任务的大本营。甚至在人类首次造访火星之前，宇航员们就将利用"通道"对远离地球所需的生活技能进行训练，而且我们还将借助它练习飞船在深空不同轨道上进行移动……。宇航员们每年至少要到访"通道"一次，

洛克希德·马丁公司建造好的"猎户座"太空飞船（Orion Spacecraft）将进行绕月航行，这是"阿耳忒弥斯"计划的一个组成部分。

但与"国际空间站"上的驻留人员不同，他们不会一年到头都待在上面……。"通道"内部空间相当于一间工作室的大小（比有6间卧室的房子还要大）。一旦与"通道"对接，宇航员们就可以在这里一次生活和工作3个月，既可从事科学实验，也可从这里到月面去旅行。[9]

目前，NASA 正在为发射"阿耳忒弥斯"1号而努力，这是太空发射系统和"猎户座"太空飞船的一次无人测试飞行。接下来便是"阿耳忒弥斯"2号，按计划要实施的首次载人测试飞行。NASA 雄心勃勃的目标是："阿耳忒弥斯"2号最早于2023年8月发射，在2024年晚些时候，再由"阿耳忒弥斯"3号将第一批乘员送上月球。然后，大概每年都会制订一个更远的飞行计划。飞向火星，虽然尚属未来之举，但也已进入谋划阶段。

与 NASA 的计划一样，我们无疑已接近了一个令人激动的太空探索新阶段——人类最伟大的冒险。克里斯蒂安·达文波特（Christian Davenport）在其著作《太空男爵》（*The Space Barons*）（2018）中言简意赅地写道，"像马斯克和贝索斯一样关注太空飞行的过去与未来的梦想家们，他们竞相探索宇宙星空的动机，既非战争亦非政治，而是通过金钱、自我及冒险精神去创造机会，将人类文明扩展至太空并使之生生不息"。[10]

浩瀚宇宙，风光无限而又危险丛生。人类下一阶段的太空之旅，脚步虽然有些迟缓，但我们已做好准备去见证它的到来，我们中的一些人还将亲身参与其中。未来之路不会一帆风顺，我想引用电影《夏娃的故事》（*All about Eve*）（1950）中一句台词作为本书的结语：

"请系好安全带，颠簸的旅途即将开始"。（Fasten your seatbelts, it's going to be a bumpy ride.）

参考文献

导言

1. Robert Forsyth, *Bachem Ba 349 Natter*（London, 2018）, p. 7.

2. Wernher von Braun, excerpt from speech given at the Sixteenth National Conference on the Management of Research, French Lick, Indiana, 18 September 1962. From 'Retrospective：A Speech by Wernher von Braun on Management', available at https://medium. com, 22 September 2015.

3. John F. Kennedy, Department of State Central Files, National Archives, Washington, DC, 711. 11-KE/2-1261. Also printed in *Public Papers of the Presidents of the United States: John F. Kennedy, 1961*, p. 257, available at www. quod. lib. umich. edu.

4. John F. Kennedy, news conference held at State Department Auditorium, Washington, DC, 12 April 1961, available at www. jfklibrary. org.

5. John F. Kennedy, excerpt from *Address before a Joint Session of Congress*, 25 May 1961, available at www. jfklibrary. org.

第 1 章　明日的召唤

1. James Harford, *Korolev: How One Man Masterminded the Soviet Drive to Beat America to the Moon*（New York, 1997）.

2. Colin Burgess and Chris Dubbs, *Animals in Space: From Research Rockets to the Space Shuttle*（Chichester, 2007）, pp. 25-6.

3. Rex Hall and David J. Shayler, *The Rocket Men: Vostok and Voskhod, the First Soviet Manned Spaceflights*（Chichester, 2001）, p. 25.

4. Burgess and Dubbs, *Animals in Space*, pp. 64-8.

5. A. V. Pokrovsky, 'Vital Activity of Animals during Rocket Flights into the Upper

Atmosphere', in *Behind the Sputniks: A Survey of Soviet Space Science*, ed. F. J. Kreiger (Washington, DC, 1958). Originally presented as a report to the International Congress on Guided Missiles and Rockets, Paris, 3-8 December 1956.

6. Burgess and Dubbs, *Animals in Space*, p. 83.

7. Sir Bernard Lovell quoted in Paul Dickson, *Sputnik: The Shock of the Century* (New York, 2001), p. 24.

8. Robert Silverberg, *First American into Space* (Derby, CT, 1961), p. 31.

9. Science Correspondent, 'Five Years of the Space Age: Benefits and Dangers-IGY Aims Submerged by Cold War', *The Guardian*, 5 October 1962, p. 10.

10. Dwight D. Eisenhower quoted in 'Impact of Russian Satellite to Boost U. S. Research Effort', *Aviation Week*, XIV (October 1957), pp. 28-9.

11. Anatoly Zak, 'Sputnik-2 in Orbit', www. russianspaceweb. com, updated 2 November 2017.

12. Colin Burgess oral interviews with Dr Oleg Gazenko and Vitaly Sevastyanov, ASE (IX) Congress, Vienna, Austria, 10-17 October 1993.

13. Oleg Ivanovskiy (writing as Alexei Ivanov), *Vpervyye: zapiski vedushchego konstruktova* [in Russian; The First Time: Notes of a Leading Designer], 2nd edn (Moscow, 1982).

14. Colin Burgess and Simon Vaughan, 'America's First Astro-chimps', *Spaceflight* (British Interplanetary Society), XXXVIII (July 1996), pp. 236-8.

15. Helen C. Allison, 'News Roundup', *Bulletin of the Atomic Scientists: A Magazine of Science and Public Affairs*, XIV/3 (March 1958), p. 126.

16. Maj. Gen. John B. Medaris, U. S. Army: Testimony Given at Inquiry into Satellites and Missile Programs, Hearings before the United States Senate Committee on Armed Services, 85th Congress, Washington, DC, 14 December 1957. From *History of Acquisition in the Department of Defense*, vol. I: *Rearming for the Cold War 1945-1960*, Elliott V. Converse III for the Historical Office of the Secretary of Defense, Washington, DC (2012), p. 572.

17. Garrison Norton, U. S. Asst. Secretary of the Navy for Air: Testimony Given at Inquiry into Satellites and Missile Programs, Hearings before the United States Senate Committee on Armed Services, 85th Congress, Washington, DC, 16 December 1957 (First and Second Sessions, Part 2, Page 721). Published by U. S. Government Printing Office (Washington, DC), 1958.

18. Kurt Stehling quoted in Dickson, *Sputnik*, p. 156.

19. Helen T. Wells, Susan H. Whiteley and Carrie E. Karegeannes, *Origins of* NASA *Names* (Washington, DC, 1976), p. 106.

20. Burgess and Dubbs, *Animals in Space*, pp. 137-40.

21. 'Soviet Space Medicine, Smithsonian Videohistory Program, with Abraham Genin',
    Smithsonian Videohistory Program. Cathleen S. Lewis interviewer, 29 November 1989,
    available at Smithsonian Institution Video Archives, Record Unit 9551.

第 2 章 初入太空

1. Colin Burgess, *Selecting the Mercury Seven: The Search for America's First Astronauts* (Lincoln,
   NE, 2011), pp. 274-8.

2. Anon. , 'USS Donner LSD 20 Recovery Ship MR 2 with Space Chimpanzee Ham', *Gator
   News* (Amphibious Force, U. S. Atlantic Fleet, Little Creek, VA), XIX, 3 February 1961.

3. Yaroslav Golovanov, *Our Gagarin: The First Cosmonaut and His Native Land*, trans. David
   Sinclair-Loutit (Moscow, 1978), pp. 44-55.

4. *New York Times*, 15 March 1961, p. 8, citing Sergei Khrushchev: *Nikita Khrushchev: krizisy i
   rakety: uzglyad iznutri* [Crises and Missiles: An Inside Look], vol. I (Moscow, 1994), p. 97.

5. Robin McKie, 'Sergei Korolev: The Rocket Genius behind Yuri Gagarin', *The Guardian*,
   March 2011, p. 11.

6. Joint Publication Research Service, 'Manned Mission Highlights', in *Report on Science and
   Technology-Central Eurasia: Space* (JPRS-USP-92-004) (Springfield, VA, 10 June 1992).

7. Francis French and Colin Burgess, *Into That Silent Sea: Trailblazers of the Space Era, 1961-
   1965* (Lincoln, NE, 2007), p. 54.

8. James Schefter, *The Race: The Uncensored Story of How America Beat Russia to the Moon* (New
   York, 1999), p. 112.

9. Dee O'Hara, telephone interview with the author, 22 May 2002.

10. French and Burgess, *Into That Silent Sea*, p. 59.

11. M. Scott Carpenter, Gordon L. Cooper, John H. Glenn, Virgil I. Grissom, Walter M. Schirra,
    Alan B. Shepard and Donald K. Slayton, *We Seven: By the Astronauts Themselves* (New
    York, 1962), p. 241.

12. French and Burgess, *Into That Silent Sea*, p. 62.

13. Howard Benedict, Jay Barbree, Alan Shepard and Deke Slayton, *Moon Shot: The Inside Story
    of America's Apollo Moon Landings* (Nashville, TN, 1994), p. 78.

14. 'U. S. Hurls Man 115 Miles into Space: Shepard Works Controls in Capsule, Reports by
    Radio in 15-Minute Flight', *New York Times*, 6 May 1961, p. 1.

15. Telegram from USSR Chairman Nikita Khrushchev to U. S. President John Kennedy, 6 May
    1961. Department of State Central Files, National Archives, Washington, DC, 911. 802/5-
    661.

16. John F. Kennedy, *Excerpt from Address before a Joint Session of Congress*, 25 May 1961,

John F. Kennedy Presidential Library and Museum, Boston, MA.

17. Curt Newport, *Lost Spacecraft: The Search for Liberty Bell 7* (Burlington, on, 2002), pp. 164−73.

18. Michelle Evans: *The X−15 Rocket Plane*: *Flying the First Wings into Space* (Lincoln, NE, 2013).

19. Frederick A. Johnsen, 'X−15 Pioneers Honored as Astronauts', 23 August 2005, www. nasa. gov/missions/research/index. html.

第 3 章 入轨

1. Loyd S. Swenson Jr, James M. Grimwood and Charles C. Alexander, 'MR−1: The Four-inch Flight', in *This New Ocean: A History of Project Mercury*, nasa History Series SP−4201 (Washington, DC, 1989), available at https://history. nasa. gov.

2. Rex Hall and David J. Shayler, *The Rocket Men: Vostok and Voskhod, the First Soviet Manned Spaceflights* (Chichester, 2001), pp. 174−5.

3. Lester A. Sobel, ed. , *Space: From Sputnik to Gemini* (New York, 1965), p. 126.

4. Colin Burgess, *Friendship 7: The Epic Orbital Flight of John H. Glenn, Jr.* (Chichester, 2015), p. 58

5. Colin Burgess, *Selecting the Mercury Seven: The Search for America's First Astronauts* (Chichester, 2011), pp. 279−80.

6. Burgess, *Friendship 7*, p. 23.

7. Colin Burgess and Chris Dubbs, *Animal Astronauts: From Research Rockets to the Space Shuttle* (Chichester, 2007), pp. 264−8.

8. Sobel, ed. , *Space*, p. 160.

9. Anon. , 'John Glenn: One Machine That Worked without Flaw', *Newsweek*, 5 March 1962, p. 24.

10. Burgess, *Friendship 7*, p. 149.

11. Colin Burgess, *Aurora 7: The Mercury Space Flight of M. Scott Carpenter* (Chichester, 2016), pp. 101−24.

12. Walter Cronkite, live CBS television report, 24 May 1962.

13. Francis French and Colin Burgess, *Into That Silent Sea: Trailblazers of the Space Era, 1961−1965* (Lincoln, NE, 2007), p. 184.

14. 'U. S. Stunned by Soviet Double', *Daily Mirror* (Sydney), 13 August 1962, p. 4.

15. Evgeny Riabchikov, *Russians in Space* (New York, 1971), p. 190.

16. Sobel, ed. , *Space*, pp. 169−70.

17. 'Schirra's Space Thrill: Controls Cut Off in Orbit', *Daily Telegraph* (Sydney), 5 October

1962, p. 2.

18. Colin Burgess, *Faith 7: L. Gordon Cooper, Jr. , and the Final Mercury Mission* (Chichester, 2016), pp. 88–122.

19. Gordon Cooper, 'Astronaut's Summary Flight Report', in *Project Mercury Summary, Including Results of the Fourth Manned Orbital Flight*, NASA SP–45 (Washington, DC, October 1963), p. 358.

20. Bart Hendrickx, 'The Kamanin Diaries 1960–1963', *Journal of the British Interplanetary Society*, 1 (1997), pp. 33–40.

21. David J. Shayler and Ian Moule, *Women in Space: Following Valentina* (Chichester, 2005), pp. 46–50.

22. French and Burgess, *Into That Silent Sea*, pp. 312–31.

第 4 章　虚空漫步

1. Francis French and Colin Burgess, *Into That Silent Sea: Trailblazers of the Space Era, 1961–1965* (Lincoln, NE, 2007), p. 344.

2. Rex Hall and David J. Shayler, *The Rocket Men: Vostok and Voskhod, the First Soviet Manned Spaceships* (Chichester, 2001), pp. 233–4.

3. David J. Shayler and Colin Burgess, *NASA'S ScientistAstronauts* (Chichester, 2007), p. 52.

4. Lester A. Sobel, ed. , *Space: From Sputnik to Gemini* (New York, 1965), p. 270.

5. Hall and Shayler, *The Rocket Men*, p. 246.

6. David Scott and Alexei Leonov, *Two Sides of the Moon* (London, 2004), p. 109.

7. Ibid.

8. French and Burgess, *Into That Silent Sea*, pp. 363–4.

9. Asif Siddiqi, 'Cancelled Missions in the Voskhod Program', *Journal of the British Interplanetary Society*, l/1 (January 1997), pp. 25–31.

10. NASA Manned Spacecraft Center, Houston, Texas, News Release: *Manned Space Flight Comes of Age as Project Mercury Nears Its End*, January 1962, p. 3.

11. 'Naming Mercury–Mark II Project', memorandum from D. Brainerd Holmes, director of Manned Space Flight Programs, to Associate Administrator, nasa, 16 December 1961, NASA History Division, Folder 18674.

12. Colin Burgess, *Liberty Bell 7: The Suborbital Flight of Virgil I. Grissom* (Chichester, 2014), pp. 206–7.

13. Sobel, ed. , *Space*, p. 274.

14. 'Rocket Casing Missed by Spacemen', *The Sun* (Sydney), 5 June 1965, pp. 2, 4.

15. Francis French and Colin Burgess, *In the Shadow of the Moon: A Challenging Journey to*

Tranquility, 1965−1969（Lincoln, NE, 2007）, p. 32.

16. 'Chasing a Space Case', *The Australian*, 20 August 1965, p. 5.

17. Colin Burgess, *Faith 7: L. Gordon Cooper, Jr., and the Final Mercury Mission*（Chichester, 2016）, p. 222.

18. Colin Burgess, *Sigma 7: The Six Mercury Orbits of Walter M. Schirra, Jr.*（Chichester, 2016）, p. 226.

19. David Scott and Alexei Leonov, *Two Sides of the Moon: Our Story of the Cold War Space Race*（New York, 2004）, p. 101.

20. Flora Lewis, 'Gemini−9's Lost Bird Slows u. s. Moon Race', *The Australian*, 18 May 1966, p. 8.

21. 'Space Walk for Repairs：Satellite Crippled', *Daily Mirror*（Sydney）, 4 June 1966, p. 1.

22. Eugene Cernan with Don Davis, *The Last Man on the Moon*（New York, 1999）, p. 135.

23. Dr David R. Williams, 'The Gemini Program（1962−1966）', https://nssdc. gsfc. nasa. gov, accessed15 November 2020.

第 5 章　发射台上的悲剧

1. Donald K. Slayton with Michael Cassutt, *Deke:* u. s. *Manned Space from Mercury to the Shuttle*（New York, 1994）, p. 164.

2. Francis French and Colin Burgess, *In the Shadow of the Moon: A Challenging Journey to Tranquility, 1965−1969*（Lincoln, NE, 2007）, p. 200. 3 Colin Burgess, *Liberty Bell 7: The Suborbital Mercury Flight of Virgil I.*

3. *Grissom*（Chichester, 2014）, p. 222.

4. Colin Burgess and Kate Doolan with Bert Vis, *Fallen Astronauts: Heroes Who Died Reaching for the Moon*（Lincoln, NE, 2016）, p. 118.

5. George Leopold, *Calculated Risk: The Supersonic Life and Times of Gus Grissom*（West Lafayette, in, 2016）, p. 222.

6. Burgess and Doolan with Vis, *Fallen Astronauts*, p. 128.

7. William Harwood, 'Apollo1 Crew Honored50 Years after Fatal Fire', www. cbsnews. com, 27 January 2017.

8. Report：*Apollo204 Review Board to the Administrator National Aeronautics and Space Administration*, Appendix D, tabled 5 April 1967, available at https://history. nasa. gov.

9. Walter Cunningham, *The AllAmerican Boys*（New York, 1977）, p. 15.

10. Richard Hollingham, 'The Fire That May Have Saved the Apollo Programme', www. bbc. com, 27 January 2017.

11. Colin Burgess, *Sigma 7: The Six Mercury Orbits of Walter M. Schirra, Jr.*（Chichester, 2016）,

p. 235.

12. Ibid. , p. 237.

13. 'Astronaut Wally Schirra, 84, Dies', www. tulsaworld. com（via Associated Press Wire Services）, 4 May 2007.

14. Jamie Doran and Piers Bizony, *Starman: The Truth behind the Legend of Yuri Gagarin*（London, 1998）, p. 187.

15. Burgess and Doolan with Vis, *Fallen Astronauts*, pp. 243−5.

16. Alexander Petrushenko（Moscow）, correspondence with the author, June 1992.

第 6 章　俯瞰月球

1. Melanie Whiting, ed. , *50 Years Ago: Considered Changes to Apollo8*, NASA History Office, www. nasa. gov, 9 August 2018.

2. Robert Kurson, *The Daring Odyssey of Apollo8 and the Astronauts Who Made Man's First Journey to the Moon*（New York, 2018）, p. 244.

3. Christian Davenport, 'Earthrise: The Stunning Photo That Changed How We See Our Planet', *Washington Post*, 24 December 2018.

4. *Soviet Space Programs, 1962-65: Goals and Purposes, Achievements, Plans, and International Implications*, prepared by the Committee on Aeronautical and Space Sciences, U. S. Senate, 89th Congress, 2nd session（Washington, dc, December 1966）, pp. 388−9.

5. David Scott and Alexei Leonov with Christine Toomey, *Two Sides of the Moon*（London, 2004）, p. 239.

6. Ibid.

7. Ibid.

8. Becky Little, 'The Soviet Response to the Moon Landing？ Denial There Was a Moon Race at All', www. history. com/news, 11 July 2019.

9. Kelli Mars, ed. , *50 Years Ago, Apollo8 Is go for the Moon*, nasa History Office, Apollo 8, www. nasa. gov, 14 November 2018.

10. Donald K. Slayton with Michael Cassutt, *Deke: u. s. Manned Space from Mercury to the Shuttle*（New York, 1994）, p. 207.

11. Scott and Leonov with Toomey, *Two Sides of the Moon*（London, 2004）, p. 237.

12. Eugene Cernan with Don Davis, *The Last Man on the Moon*（New York, 1999）, p. 215.

第 7 章　伟大的飞跃

1. *Roundup*（NASA JSC Space Center magazine）, VIII/7（24 January 1969）, p. 1.

2. James R. Hansen, *First Man: The Life of Neil A. Armstrong*（New York, 2005）.

3. Douglas B. Hawthorne, *Men and Women of Space*（San Diego, CA, 1992）, pp. 33−5.

4. Francis French and Colin Burgess, *In the Shadow of the Moon*（Lincoln, NE, 2007）, pp. 123−6.

5. Hawthorne, *Men and Women of Space*, pp. 154−7.

6. John M. Mansfield *Man on the Moon*, 1st edn（Sheridan, OR, 1969）, pp. 204−5.

7. Neil Armstrong, Michael Collins and Edwin E. Aldrin Jr, *First on the Moon*, 1st edn（Toronto and Boston, MA, 1970）, p. 289.

8. Mansfield, *Man on the Moon*, p. 226.

9. NASA Marshall Space Flight Center report, *Analysis of Apollo 12 Lightning Incident*, MSC−01540, available at https://spaceflight. nasa. gov, February 1970.

10. Rick Houston and Milt Heflin, *Go Flight: The Unsung Heroes of Mission Control, 1965−1992*（Lincoln, NE, 2015）, pp. 184−6.

11. Gene Kranz, 'Apollo 13', talk at National Air and Space Museum, Washington, DC, 8 April 2005.

12. Tim Furniss and David J. Shayler with Michael D. Shayler, *Praxis Manned Spaceflight Log, 1961−2006*（Chichester, 2007）, p. 138.

13. Kranz, 'Apollo 13'.

14. Donald K. Slayton with Michael Cassutt, *Deke! U. S. Manned Space from Mercury to the Shuttle*, 1st edn（New York, 1994）, p. 258.

15. Ibid.

16. Kranz, 'Apollo 13'.

17. Lunar and Planetary Institute, 'Apollo 14 Mission Overview', www. lpi. usra. edu/lunar/missions/apollo/apollo_14, 2019.

18. Al Worden with Francis French, *Falling to Earth: An Apollo 15 Astronaut's Journey to the Moon*（Washington, DC, 2011）, pp. 213−14.

19. Furniss and D. Shayler with M. Shayler, *Praxis Manned Spaceflight Log*, pp. 158−9.

20. Eugene Cernan and Donald A. Davis, *The Last Man on the Moon*（New York, 2007）, p. 337.

21. Colin Burgess, *Shattered Dreams: The Lost and Canceled Space Missions*（Lincoln, NE, 2019）, pp. 28−31.

22. 'Peace Call as Moon Mission Ends', *Canberra Times*, 15 December 1972, pp. 1, 5.

23. Eileen Stansbury, 'Lunar Rocks and Soils from Apollo Missions', https://curator. jsc. nasa. gov, 1 September 2016.

第 8 章　苏联的挫折与美国的"天空实验室"

1. Colin Burgess and Rex Hall, *The First Soviet Cosmonaut Team: Their Lives, Legacy and*

Historical Impact（Chichester, 2009）, pp. 285-7.

2. NASA Scientific and Technical Information Office, *Astronautics and Aeronautics, 1971: Chronology on Science, Technology and Policy*, nasa publication sp-4016（Washington, DC, 1973）, p. 105.

3. Rex D. Hall and David J. Shayler, *Soyuz: A Universal Spacecraft*（New York, 2003）, pp. 174-5.

4. Colin Burgess and Kate Doolan with Bert Vis, *Fallen Astronauts: Heroes who Died Reaching for the Moon*（Lincoln, NE, 2016）, pp. 260-61.

5. Derryn Hinch, 'Prisoners of the Earth？', *Sydney Morning Herald*, 1 July 1971, p. 7.

6. 'Bubbles in Blood Killed3 Soviet Spacemen', *Sydney Daily Mirror*, 2 July 1971, p. 3.

7. Burgess and Doolan with Vis, *Fallen Astronauts*, p. 262.

8. Ben Evans, 'The Plan to Save Skylab（Pt 2）', *Space Safety Magazine*, 20 May 2013, www.spacesafetymagazine. com.

9. 'Tired Nauts Link to Skylab', *San Francisco Chronicle*, 26 May 1973, p. 1.

10. Derryn Hinch, 'Skylab Space Station Gets a Sunshield', *Sydney Morning Herald*, 27 May 1973, p. 4.

11. Alex Faulkner, 'Skylab Fine as Crew Move In', *Daily Telegraph*, 27 May 1973, p. 3.

12. 'Skylab-2：Mission Accomplished！', www. nasa. gov/feature/skylab-2-mission-accomplished, 22 June 2018.

13. 'Second Crew Join Skylab in Orbit：Astronauts Set for 59 Days in Space', *Sydney Morning Herald*, 30 July 1973, p. 6.

14. Kathleen Maughan Lind, *Don Lind: Mormon Astronaut*（Salt Lake City, UT, 1985）, pp. 143-4.

15. 'Skylab 2's Space Leak Is Solved', *Daily Mirror*（Sydney）, 6 August 1973, 3.

16. 'Houston Chides Skylab Crew for Hiding Pogue's Vomiting', *International Herald Tribune*, 19 November 1973, p. 1.

17. 'Kohoutek Turns Mysterious', *Straits Times*（Singapore）, 30 December 1973, 7.

18. David Shayler, *Around the World in84 Days: The Authorized Biography of Skylab Astronaut Jerry Carr*（Burlington, ON, 2008）, pp. 203-4.

19. Don L. Lind interviewed by Rebecca Wright, Houston, Texas, 27 May 2005, NASA JSC Oral History Project, https://historycollection. jsc. nasa. gov.

第 9 章　恢复"联盟／礼炮"飞行计划

1. *Soviet Space Programs, 1976-1980（Part 2）*, Report prepared for the 98th Congress, 2nd session, United States Senate, for the Committee on Commerce, Science and Transportation,

October 1984, p. 548, available online at https://files. eric. ed. gov.

2. 'Mission Misfire', *Time*, CV/16（21 April 1975）, p. 38.

3. Geoffrey Bowman, 'The Last Apollo', in *Footprints in the Dust: The Epic Voyages of Apollo, 1969–1975*, ed. Colin Burgess（Lincoln, NE, 2010）, pp. 386–8.

4. Paul Recer（Associated Press）, 'They Shake Hands in Space', *San Francisco Examiner*, 17 July 1975, p. 1.

5. Tim Furniss and David J. Shayler with Michael D. Shayler, *Praxis Manned Spaceflight Log, 1961–2006*（Chichester, 2007）, p. 193.

6. 'Russians in Second Space Docking', *The Australian*, 13 January 1977, p. 3.

7. Furniss and D. Shayler with M. Shayler, *Praxis Manned Spaceflight Log*, p. 262.

8. Umberto Cavallaro, *Women Spacefarers: Sixty Different Paths to Space*（Cham, 2017）, p. 14.

9. 'NASA to Recruit Space Shuttle Astronauts', 8 July 1976, nasa news release 76–44, Johnson Space Center, Houston, TX.

10. David J. Shayler and Colin Burgess, nasa's *First Space Shuttle Astronauts: Redefining the Right Stuff*（Cham, 2020）, pp. 17–18.

11. Colin Burgess and Bert Vis, *Interkosmos: The Eastern Bloc's Early Space Program*（Cham, 2016）.

12. Furniss and D. Shayler with M. Shayler, *Praxis Manned Spaceflight Log*, pp. 345–6.

13. Eric Betz, 'The Last Soviet Citizen', *Discover*, 1 December 2016, www. discovermagazine. com.

14. Clay Morgan, 'Jerry Linenger: Fire and Controversy, January 12–May 24, 1997', chapter in *Shuttle-Mir: The United States and Russia Share History's Highest Stage*, NASA jsc History Series, nasa Publication sp–4225,（Washington, DC, 2011）, p. 92.

15. Ibid. , p. 109.

第 10 章　航天飞机和"国际空间站"

1. John M. Logsdon, *Ronald Reagan and the Space Frontier*（Cham, 2018）, p. 35.

2. Lynn Sherr, *Sally Ride: America's First Woman in Space*（New York, 2014）, pp. 159–65.

3. Tim Furniss and David J. Shayler, *Praxis Manned Spaceflight Log, 1961–2006*（Chichester, 2007）, pp. 278–80.

4. Kelli Mars, ed. , '35 Years Ago, sts–9: The First Spacelab Science Mission', NASA History Office, www. nasa. gov, 28 November 2018.

5. Colin Burgess, *Teacher in Space: Christa McAuliffe and the Challenger Legacy*（Lincoln, NE, 2000）, pp. 101–2.

6. Tim Furniss, 'Shuttle Leaves Leasat Adrift', *Flight International*, 27 April 1986, p. 18.

7. 'Shuttle Mission Success', *Flight International*, 28 June 1986, p. 6.

8. Furniss and Shayler, *Praxis Manned Spaceflight Log*, pp. 324-5.

9. Jeanne Ryba, ed. , 'NASA Mission Archives：STS-61a', nasa John F. Kennedy Space Center, www. nasa. gov, updated18 February 2010.

10. Colin Burgess, *Teacher in Space: Christa McAuliffe and the Challenger Legacy*（Lincoln, NE, 2000）, pp. 76-80.

第 11 章　拓展太空探索的边界

1. Lee Dye, 'American Back in Space with Majestic Launch of *Discovery*', *Los Angeles Times*, 30 September 1988, p. 1.

2. '*Discovery*'s "Great Ending"', *Los Angeles Daily News*, 4 October 1988, p. 1.

3. 'The First Orbiting Solar Observatory', nasa Goddard Space Flight Center, www. gsfc. nasa. gov, 26 June 2003.

4. Brian Dunbar, 'Hubble's Mirror Flaw', nasa Media Resources, www. nasa. gov, updated 26 November 2019.

5. Columbia Accident Investigation Board Report, vol. I, part 2, Chapter 5, 'Why the Accident Occurred', p. 97.

6. Columbia Accident Investigation Board Report, vol. I, part 1, Chapter 11, 'Return to Flight Recommendations', p. 225.

7. Miles O'Brien for cnn. com（International）, 'NASA Chief to Resign', http://edition. cnn. com, 13 December 2004.

8. Colin Burgess, 'The Final Countdown', *Australian Sky and Telescope*（May 2005）, pp. 35-8.

9. 'The Fight to Save Skylab', *Flight International*, 24 May 1973, pp. 810-11.

10. NASA *Space Station Freedom Media Handbook*（NASA Archive Document nasa-tm-10291）, Washington, DC, April1989, pp. 4-6, available online at https://ntrs. nasa. gov/citations/19900014144.

11. Tim Furniss and David J. Shayler, *Praxis Manned Spaceflight Log, 1961-2006*（Chichester, 2007）, pp. 665-7.

12. Chris Bergin, 'Remembering Buran- The Shuttle's Estranged Soviet Cousin', www. nasaspaceflight. com, 15 November 2013.

13. Marina Koren, 'China's Growing Ambitions in Space', *The Atlantic*, www. theatlantic. com, 23 January 2017.

14. Matthew S. Williams, 'All You Need to Know about China's Space Program', https://interestingengineering. com, 16 March 2019.

15. Michael Cassutt, 'Citizen in Space', *Space Illustrated*（February 2001）, pp. 27-9.

16. Colin Burgess, 'All Systems Go!', *Australian Sky and Telescope*（November 2005）, pp. 25–9.

17. Jonathan Amos, 'Sarah Brightman Calls Off Space Trip', www. bbc. com, 14 May 2015.

18. Sandhya Ramesh, 'India Says It Will Send a Human to Space by 2022', the Planetary Society, www. planetary. org, 24 August 2018.

19. 'Four iaf Men to Train as Astronauts for Gaganyaan Mission：isro', *New Indian Express*, www. newindianexpress. com, 1 January 2020.

结语　太空旅行的未来

1. Rebecca Anderson and Michael Peacock, *Ansari X-Prize: A Brief History and Background*, nasa History, www. history. nasa. gov, updated 5 February 2010.

2. Leonard David, 'SpaceShipOne Wins $10 million Ansari X-Prize in Historic 2nd Trip into Space', www. space. com, 4 October 2004.

3. Natasha Bernal, 'Sir Richard Branson's Space Race：Over Two Decades of Broken Promises', *Daily Telegraph*, 9 July 2019, p. 16.

4. Mahita Gajanan, 'Virgin Galactic Crash：Co-pilot Unlocked Braking System, Enquiry Finds', www. theguardian. com, 29 July 2015.

5. Erik Seedhouse, 'Space Tourism', www. britannica. com, accessed 17 November 2020.

6. Alan Boyle, 'Space Racers Unite in Federation', www. nbcnews. com, 2 August 2005.

7. Peter N. Spotts, 'Private Space Tourism Takes Off', www. christianscience- monitor. com, 21 July 2005.

8. Virgin GalacticPress, 'Virgin Galactic and Social Capital Hedorophia Announce Merger', www. virgingalactic. com, 9 July 2019.

9. Erin Mahoney, ed. , 'Q & A：NASA's New Spaceship', nasa Johnson Space Center, online at www. nasa. gov, 13 November 2018.

10. Christian Davenport, *The Space Barons: Elon Musk, Jeff Bezos, and the Quest to Conquer the Cosmos*（New York, 2018）.

部分参考书目

1. Baker, David, *The History of Manned Space Flight*（New York, 1981）Brzezinski, Matthew, *Red Moon Rising: Sputnik and the Hidden Rivalries That Ignited the Space Age*（New York, 2007）

2. Burgess, Colin, and Kate Doolan, *Fallen Astronauts: Heroes Who Died Reaching for the Moon*（Lincoln, NE 2016）

3. Burgess, Colin, and Chris Dubbs, *Animals in Space: From Research Rockets to the Space Shuttle*（New York, 2007）

4. Burgess, Colin, and Rex Hall, *The First Soviet Cosmonaut Team: Their Lives, Legacy and Historical Impact*（New York, 2009）

5. Burgess, Colin, and Bert Vis, *Interkosmos: The Eastern Bloc's Early Space Program*（New York, 2016）

6. Carpenter, M. Scott, L. Gordon Cooper Jr, John H. Glenn Jr, Virgil I. Grissom, Walter M. Schirra Jr, Alan B. Shepard Jr and Donald K. Slayton, *We Seven: By the Astronauts Themselves (New York, 1962)* Cernan, Eugene, and Don Davis, *The Last Man on the Moon*（New York, 1999）

7. Chaikin, Andrew, *A Man on the Moon: The Voyages of the Apollo Astronauts*（New York, 1994）

8. Dickson, Paul, *Sputnik: The Shock of the Century*（New York, 2001）

9. Doran, Jamie, and Piers Bizony, *Starman: The Truth behind the Legend of Yuri Gagarin*（London, 1998）

10. Dubbs, Chris, and Emeline Paat-Dahlstrom, *Realizing Tomorrow: The Path to Private Spaceflight*（Lincoln, NE, 2011）

11. Evans, Michelle, The X-15 Rocket Plane：Flying the First Wings in Space（Lincoln, NE, 2013）

12. French, Francis, and Colin Burgess, *In the Shadow of the Moon: A Challenging Journey to*

Tranquility, 1965-1969（Lincoln, NE, 2007）

13. French, Francis, and Colin Burgess, *Into That Silent Sea: Trailblazers of the Space Era, 1961-1965*（Lincoln, NE, 2007）

14. Furniss, Tim, David J. Shayler and Michael D. Shayler, *Praxis Manned Spaceflight Log, 1961-2006*（Chichester, 2007）

15. Hall, Rex D. , and David J. Shayler, *Soyuz: A Universal Spacecraft*（New York, 2003）

16. Hall, Rex D. , David J. Shayler and Bert Vis, *Russia's Cosmonauts: Inside the Yuri Gagarin Training Center*（New York, 2005）

17. Hitt, David, Owen Garriott and Joe Kerwin, *Homesteading Space: The Skylab Story*（Lincoln, NE, 2008）

18. Kluger, Jeffrey, *Apollo 8: The Thrilling Story of the First Mission to the Moon*（New York, 2017）

19. Murray, Charles, and Catherine Bly Cox, *Apollo: The Race to the Moon*（New York, 1989）

20. Pyle, Rod, *Space2. 0: How Private Spaceflight, a Resurgent* nasa, *and International Partners are Creating a New Space Age*（Dallas, TX, 2019）

21. Riabchikov, Evgeny, *Russians in Space*, trans. Guy Daniels（Garden City, NY, 1971）

22. Shayler, David J. , and Michael D. Shayler, *Manned Spaceflight Log* Ⅱ, *2006-2012*（New York, 2013）

23. Shelton, William, *Soviet Space Exploration: The First Decade*（London, 1968）Slayton, Donald K. , and Michael Cassutt, *Deke! U. S. Manned Space: From*

24. *Mercury to the Shuttle*（New York, 1994）Wolfe, Tom, *The Right Stuff*（New York, 1979）

25. Worden, Al, and Francis French, *Falling to Earth: An Apollo15 Astronaut's Journey to the Moon*（Washington, DC, 2011）

致谢

悉如往常，我要对那些从事太空飞行的众多伙伴、我的家人和朋友（无论在澳大利亚的还是海外其他地方的）表达深深的谢意，他们为我付出了自己的时间、分享了专业知识，提供了宝贵的建议。由于新型冠状病毒肺炎流行，强制隔离规定让大部分时间变得烦闷难熬，使用家用电脑工作几乎成了出版行业的标配。所以，我首先要对编辑团队的迈克尔·利曼（Michael Leaman）、亚力克斯·乔巴努（Alex Ciobanu）、苏珊娜·雅耶丝（Susannah Jayes）、埃米·索尔特（Amy Salter），以及许多我叫不出名字的人表达谢意，他们对我的工作不仅很有耐心，也很理解，他们效率惊人、才华横溢，对于本书的编辑与筹划出版功不可没。

还要感谢伦敦科学博物馆的高级研究员彼得·莫里斯（Peter Morris），作为 Reaktion 图书公司的一线编辑（现已退休），在我写作的起步阶段，他最先与我打交道，征求我的意见，询问是否可以将本书纳入他所编辑的丛书中。这次合作虽然偶有波折，但总体十分美妙、令人兴奋。我还要感谢彼得的同事道格·米勒德（Doug Millard）先生，他在科学博物馆主管技术和工程方面的业务。

眼下，能够反映人类早期太空探索历程的高质量图片资料常常难以找到。在这件事上，我得到了约阿希姆·贝克（Joachim Becker）（供职于Spacefacts.de）和爱德华·亨格维尔德（Ed Hengeveld）善意而持续的帮助，对此，我深怀感激。有了这些图片的助阵，本书才得以图文并茂。

最后，我要对那些帮助我校勘几十年前太空飞行档案的人和朋友们表达谢意。尽管无法一一提及他们的姓名，但他们都始终坚定地给我施以援手，比如，戴维·谢尔勒（David Shayler）、伯特·维斯（Bert Vis）、迈克尔·卡苏特（Michael Cassutt）、弗朗西斯·弗伦奇（Francis French），以及已故的雷克斯·霍尔（Rex Hall）等。

通过本书的出版，我希望读者认识到团队国际合作的价值。特别是在人类遭遇特殊困难的历史时刻，这种合作对于研究、编辑及出版而言是不可或缺的。

致谢图片提供者

作者及出版者对本书图片资料提供及授权再加工的机构和人士表达谢意。

Alexei Leonov；Joachim Becker, Spacefacts. de；Blue Origin； Celestia (free software)；Keith McNeill, Space Models Photography；NASA；NASA/Associated Press；NASM Archives；NORAD and USNORTHCOM Public Affairs；Scaled Composites, LLC（via Wikimedia Commons）；Dr. David Simons；Robert Sisson, with permission of National Geographic Society；SpaceX；SpaceX/NASA；USAF；U.S. Army；Virgin Galactic；Wikimedia Commons.

索引

A

阿列克谢·古巴廖夫 253

阿列克谢·柯西金 106

阿列克谢·列昂诺夫 108, 109, 113, 114, 121, 159, 174, 233, 255, 266

阿列克谢·伊万诺夫 26

阿米尔·安萨里 349

阿纳尔多·塔马约·门德斯 267

阿纳托利·菲利普琴科 231, 253

阿纳托利·扎克 24

阿努莎·安萨里 349

埃德加·米切尔 212-214, 224

埃德温·奥尔德林 136, 139, 140

埃德温·哈勃 315

埃里克·安德森 354

埃利奥特·西伊 132, 140, 188, 189

埃利森·奥尼祖卡 309, 311

埃隆·马斯克 355-357, 360

艾博哈特·克尔纳 269

艾登·阿因别托夫 347

艾尔·罗奇福德 90

艾尔弗雷德·沃登 216, 225

艾伦·比恩 203, 224, 243

艾伦·哈特 150

艾伦·谢泼德 9, 47, 51, 53, 59—61, 64, 65, 71, 74, 83, 117, 142, 185, 212-214, 224, 349

爱德华·吉布森 246

安德烈·图波列夫 15

安德烈安·尼古拉耶夫 92, 93, 231, 234

安迪·托马斯 276, 278

安娜·费舍尔 298

奥尔德日赫·佩尔查克 269

奥列格·加津科 25

奥列格·马卡洛夫 253, 254, 261

奥列格·斯科里泼奇卡 347

奥列格·伊万诺夫斯基 26

B

拜尔陶隆·法卡斯 267, 269

保罗·阿伦 350

保罗·魏茨 239, 240, 289, 292

鲍勃·奥弗迈耶 255, 300

鲍勃·克里平 255, 283, 284

鲍里斯·彼得罗夫斯基 158

译者后记

　　探索浩瀚宇宙、和平利用太空是中华民族的千年梦想和不渝追求。从1957年10月4日苏联发射世界上第一颗人造地球卫星开始，在之后的半个多世纪里，人类见证了许多筑梦星空的里程碑时刻，第一艘载人飞船、第一次太空行走、第一位女宇航员、第一个空间站、第一次登月……。人类的太空探索之旅诠释了人类不断进取、追求卓越的品质，彰显了对科学的信仰、对征服星空的信心。

　　2022年，中国载人航天正好走过了30年的历程，中国的空间站将全面建成，我们在太空探索方面，取得了举世瞩目的伟大成就。本书的翻译、出版可谓恰逢其时。这本书内容翔实、深入浅出、图文并茂，全方位展示了人类征服太空的历史，读起来让人身临其境，即使对从未接触过类似题材的读者而言也会引发强烈共鸣。太空探索的过程艰巨、复杂，有欢笑，有蹉跎，也有心碎时刻。其间，困难和挑战层出不穷，且往往伴随着沉痛代价，在人类挑战引力定律、征服充满危险的太空之旅中，参与各方并不能独善其身，但人类的艰辛努力硕果累累，谱写了一部人类探索未知、顽强拼搏与创新精神的华彩乐章。

　　圣徒们都有渴望朝觐的圣地。作为译者，我们的至高目标和虔诚信仰则是"信、雅、达"。本书的翻译工作历时数月，我们花费了大量时间和精力悉心推敲每一段文字、每一个图表，查证每一个专业术语、刊物名、人名和地名，考究段落之间的关联性和秩序感。因为我知道，对文字的准确把握就是对思想的精准衡量，只有最大限度地忠实于原著，才能把作者的意图完整表达出来，为读者奉上一部优秀作品。

尽管如此，由于语言、文化差异以及译者水平所限，书中难免存在纰漏和错误之处，敬请读者批评指正。

燕子

2022 年 6 月